研发工程师的实用参考
创业创新青年的思路启发
发明创造专利写手的经典案例

实用发明创新设计方案集锦

吴文平 著

**SHIYONG FAMING CHUANGXIN
SHEJI FANG'AN JIJIN**

海峡出版发行集团 | 福建科学技术出版社

图书在版编目（CIP）数据

实用发明创新设计方案集锦 / 吴文平著. —福州：福建科学技术出版社, 2022.7
ISBN 978-7-5335-6721-7

Ⅰ.①实… Ⅱ.①吴… Ⅲ.①创造发明—设计方案 Ⅳ.①G305

中国版本图书馆CIP数据核字（2022）第073737号

书　　名	实用发明创新设计方案集锦
著　　者	吴文平
出版发行	福建科学技术出版社
社　　址	福州市东水路76号（邮编350001）
网　　址	www.fjstp.com
经　　销	福建新华发行（集团）有限责任公司
印　　刷	福州德安彩色印刷有限公司
开　　本	889毫米×1194毫米　1/16
印　　张	13
字　　数	335千字
版　　次	2022年7月第1版
印　　次	2022年7月第1次印刷
书　　号	ISBN 978-7-5335-6721-7
定　　价	78.00元

书中如有印装质量问题，可直接向本社调换

前言

让工作更加高效、生活更加舒适美好是大家的不懈追求。企业家和研发工程师希望开发设计出技术先进、用户满意、市场前景广阔的产品；创业创新青年力图拿出人无我有、人有我新我好我强的创意，在市场竞争中胜出；发明发烧客在不断努力变梦想为现实。一个好产品能使企业辉煌、企业家成功，这就是发明创新的魅力所在。

笔者在长期的工作和生活实践中，发现了许多可以提高工作效率和经济效益，提升生活便利性、舒适性、安全性的所需所缺，经调研推敲提出了一系列详细的解决方案，内容涉及家居生活、安全防范、工商设备、交通管控、防疫、环保、信息化、智能化等技术领域，已经获得或正在申请中国专利。这些方案力求技术前瞻性，如《光伏黑匣子》在共享单车还未投运时，提出了单车"光伏、定位、遥控、报警"，《带智能电量表的蓄电池组》在电动汽车还未普及时，提出了"换电池而非充电，买电量而非买电池"的解决方案。每一项方案都是现实需求引发的创新冲动，直击现实痛点，充分体现新颖性、创造性、实用性，并力争方案最佳、原理正确、图文并重、清晰明了、易于实现、效果明显，如《燃气安全监控装置》样机在自家使用多年，稳定可靠，效果良好。但因条件所限，多数项目只是搭建样机，至今还未被开发生产，市面上还鲜见相应产品。为此，笔者精选34个方案，结合新近技术和需求相关情况进行优化改进后汇辑成册，毫无保留地奉献给大家，以供企业家及产品开发设计工程师作为选题或解决方案参考，或作为在校大学生、创业创新青年在发明创造过程中的思路启发。其内容格式与专利申请文件接近，也可以作为专利申请文件起草的参考案例，与其与代理师艰难地反复沟通，不如自己动手一气呵成。读者可以站在自己的角度，评估项目的市场潜力及研发价值，34项中只要有一项与您的创意相近，对您的研发创新有所启发，那么拥有这本书就很值得。

在本书撰写过程中，得到了厦门美好出行、厦门东方远景、厦门东方四维、厦门思码电子、厦门众合天元等公司，及邵爱花、贾东、王孝强、陈莉惠、吴宏彦等人的鼎力支持，在此一并致谢！由于笔者水平所限，本书错漏之处在所难免，欢迎指正以便改进提高。

吴文平

2021年10月19日于厦门

目录

1 物料自动分售机 ……………………… 1

2 自动配料机 …………………………… 9

3 水难逃生潜囊 ………………………… 15

4 公共自行车消毒清洗机 ……………… 25

5 电梯智能控制附加器 ………………… 33

6 消毒囊 ………………………………… 37

7 钻屑收容器 …………………………… 41

8 特殊垃圾消毒垃圾桶 ………………… 45

9 法向规引导反射镜阵列 ……………… 49

10 电源分配单元 ………………………… 59

11 燃气安全监控装置 …………………… 63

12 蹲厕洁身器 …………………………… 67

13 公厕卫生系统 ………………………… 75

14 手机平视装置 ………………………… 85

15 水下诱捕装置 ………………………… 91

16	嵌入式防空防灾警报器……………	99
17	智能报警定位终端…………………	105
18	光伏黑匣子…………………………	111
19	人体参数监测T恤……………………	117
20	随身电子多用夹……………………	121
21	多功能帽子…………………………	125
22	落物监测拦截装置…………………	129
23	地下空间安全监测控制器…………	135
24	带智能电量表的蓄电池组…………	141
25	消电毯………………………………	145
26	绿色能源与室内安全管控器………	151
27	地质灾害监控装置…………………	157
28	自动燃气炊具………………………	167
29	智能垃圾分类系统…………………	173
30	监护手表……………………………	177
31	隐形鼻塞……………………………	181
32	限行车道路面警示灯………………	185
33	制冷系统热量回收器………………	189
34	指向斑马线…………………………	193

1 物料自动分售机

（发明专利号 ZL201610450031.6）

1.1 方案概述

一种物料自动分售机，先把一斗物料平分给一个栅格环上的每个栅格，再根据购买指令打开栅格底的翻盖，让物料落入料盘，以"二次分配"方式实现分售的分量均等、干稀均匀；用于商铺、酒店的物料，或食堂、快餐店的份饭自动分料销售。该机包含多个（如6个）栅格环，各提供一样物料，并对应各自的开盖器、落料管，各个落料管出口分别对准同一料盘的不同配料位；各个料斗闸门的开闭、栅格环的转动、开盖器的动作分别控制；从触摸屏输入物料名、定价并确认，栅格环转动，分料管调整到位，料斗开闸分料，完成分料后栅格环停转；从提供的几样（如6样）物料中多选或全选刷卡后，被选中的栅格底的翻盖同时打开，物料同时落入料盘，完成一次自动分售，开过的栅格环转动一格，等待下次购买；某种物料售完后，分别提醒启动分料；能自动清洗，能联机联控、共享数据。

1.2 创造性特征（图1-1~图1-5）

1. 一种物料自动分售机，包含机壳（1）、保温装置、机架（2）、料斗（3）。其特征是：包含不少于2个栅格环（4），每个栅格环（4）对应各自的开盖器（5）、落料管（6），各个落料管（6）出口分别对准同一料盘（7）的不同配料位。

栅格环（4）内外圈（41）为圆柱形或圆锥形的一段，内外圈之间用隔板（42）隔成容量均等的栅格（43）。隔板（42）顶部比内外圈低，底部与内外圈对齐。栅格（43）顶部开放，底部有翻盖（44），受弹性铰链（45）作用而压紧栅格（43）底部。铰链（45）另一侧有开盖翘板（46），对准开盖器（5）时，翻盖（44）可被推开。开盖器（5）接控制器（8），翻盖（44）上表面有胶垫（47）。

有径向辐条（48）从栅格环（4）内圈接至轴（49），栅格环（4）可在驱动机构（9）驱动下转动，驱动机构（9）接控制器（8）。栅格环（4）内圈至轴（49）之间有监测板（410），板上有监测孔，其两边有栅格监测器（411），接控制器（8），内圈内侧有制动器（412），接控制器（8）。

一个料斗（3）容量小于一个栅格环（4）中各个栅格（43）容量总和。料斗（3）竖截面为倒三角形，斗底有闸门（31），与开闸机构（32）连接。闸门下面有分料管（33），分料时伸入栅格环（4）内外圈（41）之间，与隔板（42）接近。

2. 如创造性特征1所述物料自动分售机，其特征是：有摄像头（34）对准料斗（3）斗面，斗底有料位监测器（35），斗身与上振动器（36）连接，有清洗龙头经电控水阀（37）指向料斗（3）斗面。开闸机构（32）、摄像头（34）、料位监测器（35）、上振动器（36）、电控水阀（37）均接控制器（8）。

3. 如创造性特征1所述物料自动分售机，其特征是：落料管（6）上口对准开盖位的栅格（43）底部，下口对准料盘（7）配料位，落料管（6）与下振动器（61）连接，下振动器（61）接控制器（8）。

4. 如创造性特征3所述物料自动分售机，其特征是：落料管（6）下口有防溅护套（62），料盘架上有料盘提升机构（71）、无盘监测器（72），接控制器（8）。

5. 如创造性特征1或2或3或4所述物料自动分售机，其特征是：控制器（8）由数字处理器及外围电路组成，有触摸屏（81）、感应读卡器（82）、通信模块（83）接入。

1.3 技术现状及设计目的

1.3.1 技术领域

本设计涉及自动化技术领域，尤其涉及商铺物料及食堂、快餐店份饭的自动分装、智能销售等技术领域。

1.3.2 技术现状

商铺、酒店餐厅的物料及食堂、快餐店份饭的分装、零售，普遍的做法是由人工手工配料，手工划价，刷卡收费。其劳动强度大、速度慢、效率低，物料分量难于均等，公平公正难以保证。市面上未见物料自动分售机产品，此前有大量类似物料自动分售机专利申请，但仍存在如下技术缺陷：

1. 直接控制料斗的分料闸，将料斗内的物料分入料盘，分量难于控制，各份物料分量难以做到均等。

2. 有汤汁的物料，往往汤汁沉底，而诸如稀饭往往米粒沉底，这些要自动均分，干稀均匀比较困难，物料汤汁容易溢出，造成浪费，此前专利申请未见圆满的解决方案。

3. 当一份物料由多样料品组成时，要依次分入料盘，如6样物料配售，要分6次倒入，分装效率低，未见到把多样物料同时倒入同一料盘不同配料位的技术方案。

1.3.3 本设计目的

提供一种物料自动分售机，拟克服上述技术缺陷，解决下述问题。

1. 先将料斗的物料，平分给一圈栅格，再依次打开栅格配售物料，最大程度做到各份物料分量均等。

2. 将料斗的物料，分成多轮次分入栅格，使有汤汁的物料、诸如稀饭等分到各栅格后，各份干稀均匀，且汤汁不会溢出浪费。

3. 当一份物料由多样料品组成时，多个栅格（如6个）同时打开让物料落入料盘，一次性同时导入同一料盘的不同配料位，提高工作效率。

1.4 总体方案及效果

1.4.1 本设计总体方案

提供一种物料自动分售机，包含机壳、保温装置、机架、料斗、驱动机构、触摸屏。其包含不少于2个（如6个）栅格环，每个栅格环对应各自的开盖器、落料管，各个落料管出口分别对准同一料盘的不同配料位。

栅格环内外圈为圆柱形或圆锥形的一段，内外圈之间用隔板隔成容量均等的栅格。隔板顶部比内外圈低，底部与内外圈对齐。栅格顶部开放，底部有翻盖，受弹性铰链作用而压紧栅格底部。铰链另一侧有开盖翘板，对准开盖器时，翻盖可被推开。开盖器接控制器，翻盖上表面有胶垫。有径向辐条从栅格环内圈接至轴，栅格环可在驱动机构驱动下转动，驱动机构接控制器。栅格环内圈至轴之间有监测板，板上有监测孔，其两边有栅格监测器，接控制器；内圈内侧有制动器，接控制器。

一个料斗容量小于一个栅格环中各个栅格容量总和。料斗竖截面为倒三角形，斗底有闸门，与开闸机构连接。闸门下面有分料管，分料时伸入栅格环内外圈之间，与隔板接近。有摄像头、清洗龙头对准斗面。斗底有料位监测器，斗身与上振动器连接，清洗龙头受电控水阀控制。开闸机构、摄像头、料位监测器、上振动器、电控水阀均接控制器。

落料管上口对准开盖位的栅格底部，下口对准料盘配料位，落料管与下振动器连接，下振动器接控制器。落料管下口有防溅护套，料盘下的料盘架有无盘监测器，接控制器。

控制器由数字处理器及外围电路组成，有触摸屏、感应读卡器、通信模块接入。

1.4.2 本设计效果

这种物料自动分售机，先把一斗物料平分给一个栅格环上的每个栅格，再根据购买指令打开栅格底的翻盖，让物料落入料盘。包含多个（如6个）栅格环，各提供一样物料，并对应各自的开盖器、落料管，各个落料管出口分别对准同一料盘的不同配料位；各个料斗闸门的开闭、栅格环的转动、开盖器的动作分别控制；从触摸屏输入物料名、定价并确认，栅格环转动，分料管调整到位并开闸分料；从提供的几样（如6样）物料中多选或全选刷卡后，被选中的栅格底的翻盖同时打开，物料落入料盘，完成一次自动分售，开过的栅格环转动一格，等待下次购买；某种物料售完后，分别提醒启动分料；能定期自动清洗，能联机联控、共享数据。用于商铺、酒店的物料及食堂、快餐店的份饭自动分料销售，本设计克服了先前技术方案的缺陷，解决了下述问题：

1.先将料斗的物料，平分给一圈栅格，再依次打开栅格配售物料，最大限度地做到了各份物料分量均等。

2.将料斗的物料，分成多轮次分入栅格，使有汤汁的物料、诸如稀饭等分到各栅格后，各份干稀均匀，且汤汁不会溢出浪费。

3.当一份物料由多样料品组成时，多个栅格（如6个）同时打开让物料落入料盘，一次性同时导入同一料盘的不同配料位，提高了工作效率。

1.5 设计原理与实施方案

1.5.1 附图说明

图1-1为本设计实施例整体示意图。

图1-2为本设计实施例分料通道示意图。

图1-3为本设计实施例栅格环结构示意图。

图1-4为本设计实施例料斗结构示意图。

图1-5为本设计实施例控制器电路框图。

图1-6为本设计实施例工作流程图。

图1-7为本设计实施例售饭菜触摸屏示意图。

图1-8为本设计实施例售甜点触摸屏示意图。

1.5.2 具体工作原理与实施方案

图1-1为本设计实施例整体示意图。首先将用于分售的物料倒入料斗（3），不可过满，保证一个栅格环（4）的一圈栅格（43）能装完。接着从触摸屏（81）输入相应的物料名、定价并确认后，栅格环（4）开始匀速转动，料斗闸门（31）打开，物料落入栅格（43），根据料品粗细及流动性大小控制打开闸门的大小，最好转2圈以上分完一斗，使每个栅格（43）分得物料的分量和干稀均等，料斗（3）的物料漏完，栅格环（4）停止转动，处于待售状态。顾客根据需要可以在提供的几种物料中选择几样，也可全选，从触摸屏（81）输入选购指令，并从感应读卡器（82）刷卡，则选中的物料对应的栅格环（4）的一个栅格（43）

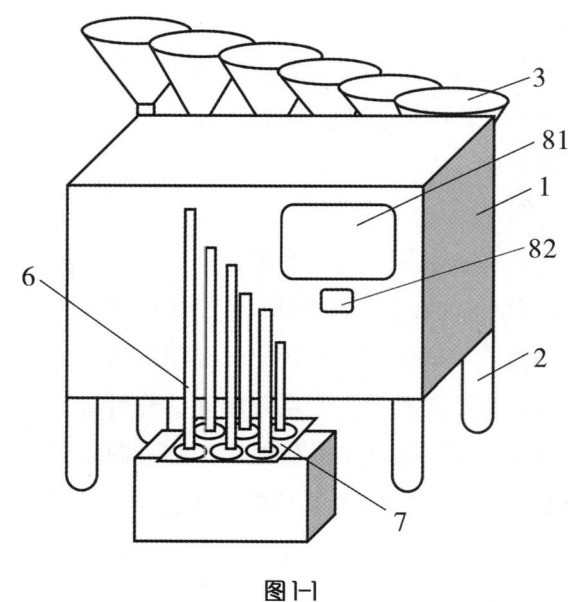

图1-1

打开，物料落入落料管（6），继而落入料盘（7）的相应配料位，多个栅格环（4）的不同物料（如6种）同时落入同一料盘（7）的不同配料位，顾客即可端走物料，完成一次出售。之后，出售过一份物料，开过栅格（43）的栅格环（4）转动一格，使下一个栅格（43）对准开盖器（5），以备下一次出售。当某样物料出售完时，系统提示给料斗（3）加物料，再次启动分料。机体包含机壳（1）、保温装置、机架（2）、料斗（3）、驱动机构（9）、控制器（8）、触摸屏（81）。机壳（1）内的保温装置，包含保温层，也可以加装温度传感器（10）及加热器（11），接控制器（8），当监测到机箱内温度低于设定值时接通加热，用于防止分售过程物料散热变凉，本实施例为6个栅格环（4），每个栅格环（4）对应各自的开盖器（5）、落料管（6），各个落料管（6）出口分别对准同一料盘（7）的不同配料位；料斗（3）、栅格环（4）、开盖器（5）等各个部件分别接控制器（8），可以独立控制。

落料管（6）应该大部分在机壳内，或者有保护罩，防止物料散热变凉；料盘（7）可以是不锈钢或其他材质，可以直接采购或定制，每个配料位要能容得下一个栅格（43）的物料分量，最好每个配料位有一个冲压成形的碗状凹坑。当然，如果希望各样物料在料盘（7）混合，如中药抓配，配料位就不需要分开。

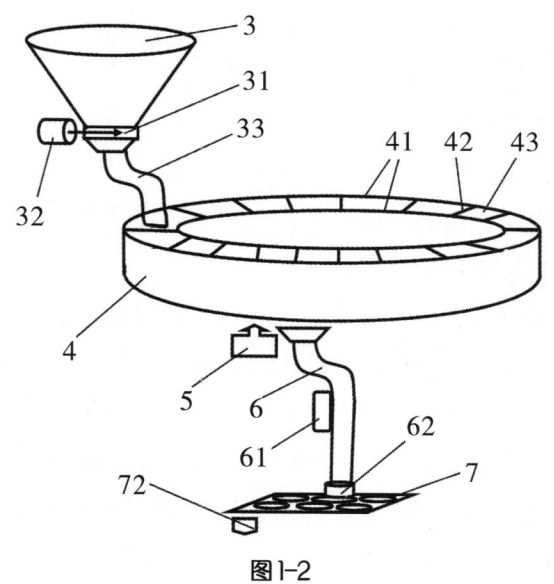

图1-2

图 1-2 为本设计实施例分料通道示意图。料斗（3）底部有分料闸门（31）与开闸机构（32）连接，出口处有分料管（33）伸入栅格环（4）内外圈（41）之间，几乎触及隔板（42），如某个栅格（43）分得过满，会被刷到邻近的栅格（43），这样，分料管（33）的出口也起到平分刷的作用。驱动机构（9）的驱动电机最好是步进电机。在控制器（8）的控制下和驱动机构（9）的配合下，开盖时一个栅格（43）对准开盖器（5），也对准落料管（6），出口处堆叠着料盘（7），料盘架上有料盘提升机构（71），该机构可以由电动螺杆组成，接控制器（8）。每出售一份物料，电动螺杆在控制器（8）控制下往上推，将料盘（7）提升一格，因料盘（7）有凹坑，购买者取盘时有提升动作。提升机构（71）也可以为顶升弹簧加滚动限位，每出售一份物料，限位滚动一格，当料盘（7）用完，无盘监测器（72）监测到，销售暂停，并用声音和显示提醒。无盘监测器（72）可以用微动开关，或光电监测器，料盘未用完时，料盘压住微动开关，使之接通，反之用完时微动开关释放断开；或料盘未用完时，料盘遮挡光电监测器，使光接收端呈高阻，反之用完时因无料盘遮挡，光接收端呈低阻。落料管（6）上口对准拟开盖的栅格（43）正下方，落料管（6）下口对准料盘（7）的一个配料位，落料管（6）向下延伸坡度应适中，保证物料不滞留，而且不是自由落体砸落。落料管（6）外侧有下振动器（61），防止物料滞留。落料管（6）下口有防溅护套（62），防止汤汁溅出或溢出。各个落料管（6）可以共用下振动器（61），也可以分别设置。

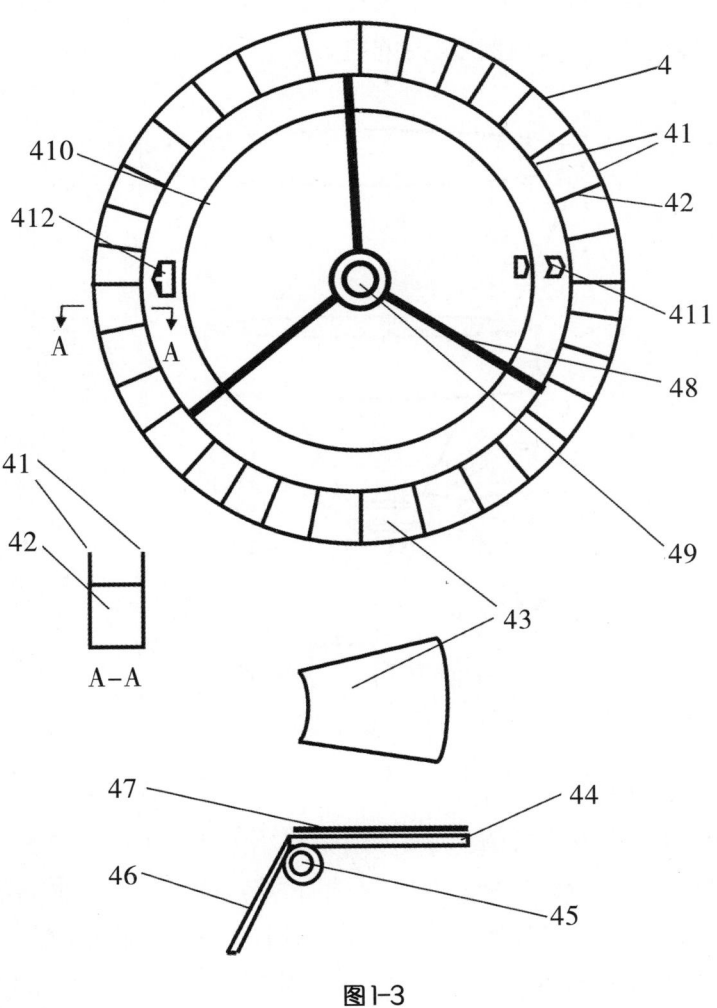

图1-3

图1-3为本设计实施例栅格环结构示意图。栅格环（4）最好用不锈钢制成，内外圈（41）为圆柱形，内外圈（41）之间用隔板（42）隔成均等栅格（43）。隔板（42）顶部比内外圈（41）低，防止物料漏出格外，底部与内外圈（41）对齐，便于底盖扣紧封密。栅格（43）顶部开放，便于分料，底部有翻盖（44），受弹性铰链（45）作用而压紧栅格（43）底部，弹性力必须足够克服物料加上翻盖（44）本身的重量，保证翻盖（44）盖紧。铰链（45）支点靠近内圈，铰链（45）另一侧有开盖翘板（46），顶压此翘板（46）能使翻盖（44）打开超过90度。翻盖（44）上表面有胶垫（47），用于防止滴漏，可以使用与电饭煲、高压锅密封圈类似的橡胶材料。

有径向辐条（48）从栅格环（4）内圈接至轴（49），辐条可以是线状的，也可以是板状或其他形状的。栅格环（4）可在驱动机构（9）驱动下转动，驱动机构（9）接控制器（8）。栅格环（4）内圈至轴（49）之间有监测板（410），板上有监测孔，其两边有栅格监测器（411），接控制器（8）。栅格监测器（411）用于监测栅格（43）的准确位置，使开盖时栅格（43）对准开盖器（5）及落料管（6）。同时也给每一个栅格（43）编码，可以用二进制编码。内圈内侧有制动器（412），接控制器（8），制动器（412）用于使栅格环（4）停止转动。多个栅格环（4）可以全部同轴叠加，也可以分2个3层叠加，或采用其他错开方案，如同平面同轴内外分布，则内圈直径小，栅格（43）数量或容量小，用于小份或被选中较少的料品，要能独立驱动；每个栅格环（4）可以各自用一套驱动机构（9），也可以共用一套，用离合装置来控制实现分别驱动，根据结构空间和需求情况安排确定。开盖器（5）可以是电磁推杆、电动伸缩杆、电动螺杆、气动推杆、液压推杆，本实施例用电磁推杆。

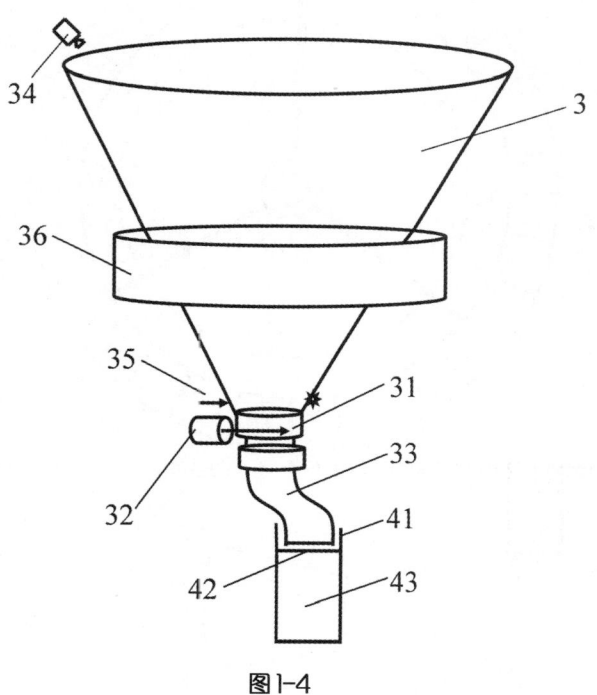

图1-4

图1-4为本设计实施例料斗结构示意图。料斗（3）容量小于栅格环（4）中各个栅格（43）容量总和，保证一斗物料能被一圈栅格（43）分完。料斗（3）竖截面为倒三角形，保证物料能自由下落。斗底有闸门（31），可以用抽出插入或者翻一个角度实现开闭动作，闸门（31）与开闸机构（32）连接，接控制器（8），开闸机构（32）用电动螺杆或其他电动阀。闸门（31）下面有分料管（33），伸入栅格环（4）内外圈（41）之间，与隔板（42）接近。有摄像头（34）对准斗面，可以抓拍料样，显示在售料界面，供顾客辨识选择，

摄像头（34）自带 LED 闪光照明灯。斗底有料位监测器（35），可以用光电监测或微动开关，用于监测物料是否分完。斗身外侧有上振动器（36），可以直接采用市售振动器。分料时，尤其是分流动性差的干性物料，当物料落下不流畅时启动上振动器（36），抖落滞留斗内的物料。有清洗龙头对准斗面，其受电控阀（37）控制，用于随时启动整机清洗，保持清洁卫生。摄像头（34）、料位监测器（35）、上振动器（36）、电控阀（37）均接控制器（8）。料斗（3）横截面可以是圆形，也可以用矩形、方形等其他形状。料斗（3）可以与栅格环（4）一一对应，在机架（2）上可以错开位置和高度固定安装，这样料斗（3）分料前不需要任何调整，图 1-1 实施例体现的就是这种情况。也可以每个料斗（3）给 2—3 个栅格环（4）供物料，以减小整机体积，但是要增加分料管（33）对准不同栅格环（4）的分料管调整机构（38），接入控制器（8）。有清洗龙头经电控水阀（37）指向料斗（3）斗面，用于定期或不定期清洗。本机各部件应设计得方便拆卸，以利清洗。

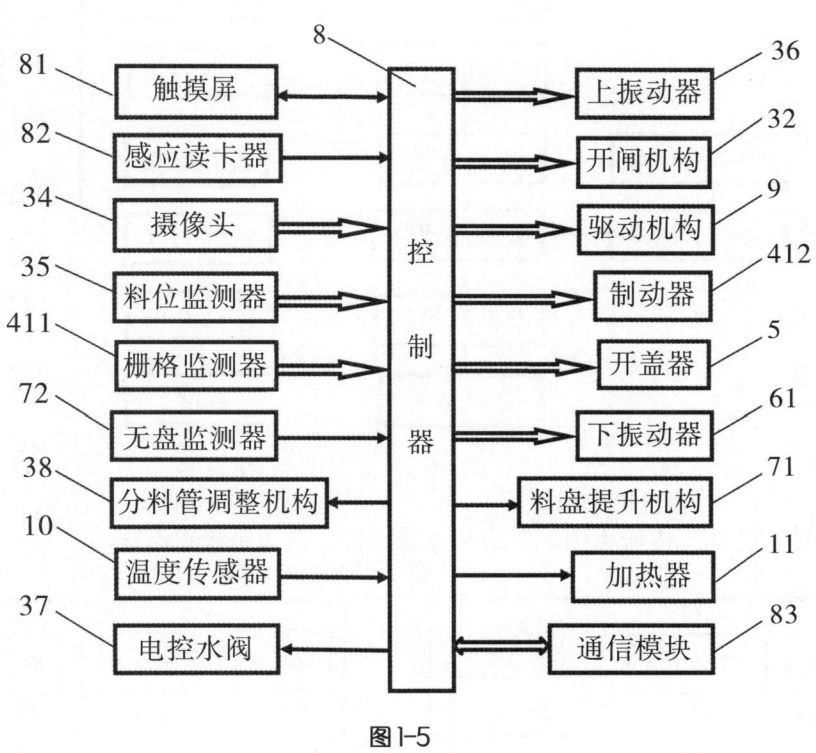

图 1-5

图 1-5 为本设计实施例控制器电路框图。 图中各个框标明了各个部件与控制器的连接关系。控制器（8）由数字处理器及外围电路组成，具体的可以用嵌入式工控机，或数字处理器板，当然也可以自行开发。有触摸屏（81）、感应读卡器（82）接入，分料和售料可以共用触摸屏（81），也可以分开。通信模块（83）用于进行有线或无线的数据通信，便于联机联控，即进行销售数据共享和统计，或远程设置、控制。连接箭头指向控制器（8）的，是从部件获取监测信息为主；连接箭头指向部件的，是向部件输出控制信息为主。需要说明的是，空心箭头所连接的部件，表示不止一个，如开闸机构（32）、摄像头（34）、料位监测器（35）与料斗（3）数量一样，开盖器（5）、栅格监测器（411）、制动器（412）与栅格环（4）数量一样，而且每个都分别接入。驱动机构（9）、上振动器（36）、电控阀门（37）、下振动器（61）则根据具体实施方案分别确定数量，分别接入，分别控制。

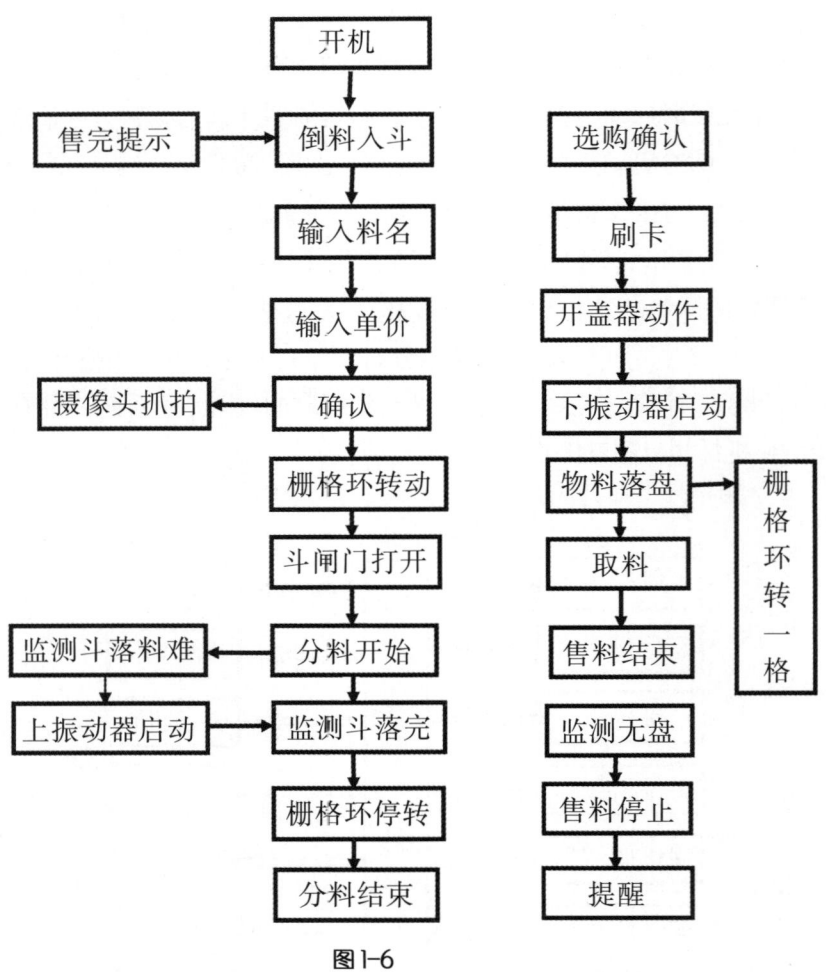

图1-6

图1-6为本设计实施例工作流程图。 左边是分料流程，右边是售料流程。

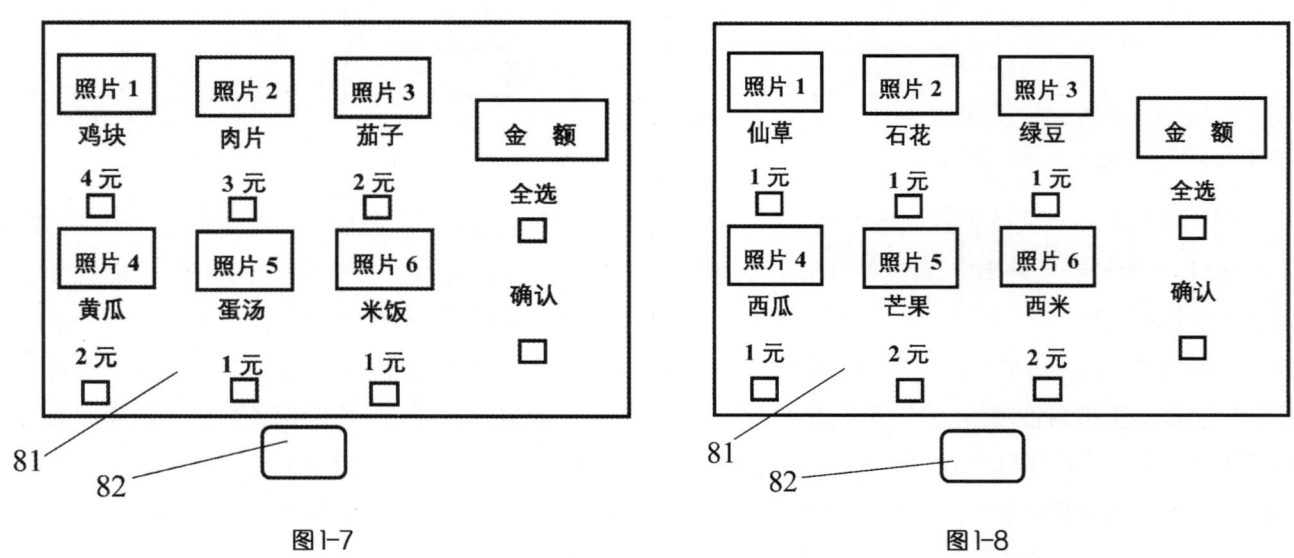

图1-7　　　　　　　　　　　　　　　　　图1-8

图1-7为本设计实施例售饭菜触摸屏示意图，图1-8为本设计实施例售甜点触摸屏示意图。 可以根据需要从提供的6种物料中选择几样，也可以全选；被选中的，方框内打钩，也可以设置图或文字变色标记；确认刷卡后，物料自行落入料盘，并提示顾客可端走享用。

8

2 自动配料机

（发明专利号 ZL201610450032.0）

2.1 方案概述

一种自动配料机，先把料斗的物料平分给一圈栅格，再打开栅格底的翻盖，让物料落入料盒，多个栅格环对应多个料种，每个栅格环对应多个料盒，同步控制联动，精简传动机构和控制流程，提高分装效率和运行稳定性，用于工厂化自动分配物料。举例说明：6个料斗盛6种料，给6个栅格环分料，每个栅格环有60个栅格，6个栅格环下面各隔开120度安装3套落料管。6个料斗同时开闸，6个栅格环同步转动分料，分完之后停转，改为分1次转1格，6个栅格环的3套落料管同时给3个料盒供料，每个料盒分装到6样物料，同时装3个料盒，并给料盒上盖，装20次，共装60盒，然后栅格环再次转动分料，如此分料、装盒、上盖过程重复进行。

2.2 创造性特征（图2-1~图2-3）

1. 一种自动配料机，包含机壳、保温装置、机架、料斗（1）、栅格环（2）、驱动机构、开盖器（3）、落料管（4）、控制器。其特征是：包含不少于2个料斗（1），每个料斗（1）对应各自的栅格环（2），每个栅格环（2）下方等角度错开安装不少于2套落料管（4），每个落料管（4）的出口对准1个料盒（5）的1个分料位，各个栅格环（2）的栅格（6）数相等，每个栅格环（2）的栅格（6）数是落料管（4）数的整数倍。

各个料斗（1）的开闸出料、各个栅格环（2）的转动分料、各个开盖器（3）的动作分别同步联动。

各个栅格环（2）之间上下同轴联动，或者各个栅格环（2）之间同平面同轴联动，或者各个栅格环（2）之间上下同轴联动与同平面同轴联动相结合，有不少于2种组合。

2. 如创造性特征1所述自动配料机，其特征是：控制器由可编程控制器及外围电路组成，或者控制器由数字处理器及外围电路组成，有触摸屏接入。

2.3 技术现状及设计目的

2.3.1 技术领域

本设计涉及自动化技术领域，尤其涉及物料的工厂化自动配料装盒等技术领域。

2.3.2 技术现状

工厂配料、中药店配药、快餐集供中心生产盒饭，普遍的做法是手工分配物料，手工上盖，速度慢、劳动强度大、效率低，物料分量难于均匀。市面上未见自动配料机产品，尽管此前有大量类似自动配料机专利申请，包括本设计人的专利申请"物料自动分售机"也是针对食堂、快餐店设计的，用于现场分装、选购、刷卡销售。然而现有的工厂配料、快餐店生产盒饭等技术，仍存在如下缺陷：

1. 一次只能分装一份，工作效率低。
2. 各个部件分别控制，而不是联动，控制流程和驱动机构复杂。

2.3.3 本设计目的

提供一种自动配料机，拟克服上述技术缺陷，解决下述问题：

1. 同时分装多个料盒，成倍提高工作效率，达到工厂化生产要求。

2. 各个部件分别同步联动，简化控制流程和驱动机构。

2.4 总体方案及效果

2.4.1 本设计总体方案

提供一种自动配料机，包含机壳、保温装置、机架、料斗、栅格环、驱动机构、开盖器、落料管、控制器。其特征是：包含不少于2个（如6个）料斗，每个料斗对应各自的栅格环，每个栅格环下方等角度（如120度）错开安装不少于2套（如3套）落料管，每个落料管的出口对准一个料盒的一个分料位，各个栅格环的栅格数相等，每个栅格环的栅格数（如60个）是落料管（如3套）数的整数倍（20倍）。

各个料斗的开闸出料、各个栅格环的转动分料、各个开盖器的动作分别同步联动。

各个栅格环（2）之间上下同轴联动，或者同平面同轴联动，或者上下同轴联动与同平面同轴联动相结合，有不少于2种组合。

控制器由可编程控制器及外围电路组成，或者由数字处理器及外围电路组成，有触摸屏接入。

2.4.2 本设计效果

这种自动配料机，先把料斗的物料平分给一圈栅格，再打开栅格底的翻盖，将物料装入料盒，多料种多料盒同步进行，提高工作效率和稳定性。举例说明：6个料斗盛6种料，给6个栅格环分料，每个栅格环有60个栅格，6个栅格环下面各隔开120度安装3套落料管。6个料斗同时开闸，6个栅格环同步转动分料，分完之后栅格环停止连续转动，改为装盒1次转动1格，6个栅格环的3套落料管同时给3个料盒供料，每个料盒分装到6样物料，共有18个开盖器同时动作，同时装3个料盒，并给料盒上盖，装20次，共装60盒物料，如此分料、装盒、上盖过程重复进行。这种同步联动，精简了传动机构和控制流程，提高了分装效率。用于工厂化自动分配物料，本设计克服现有技术方案的缺陷，解决了下述问题：

1. 实现了同时分装多个料盒，成倍提高了工作效率，达到了工厂化生产的要求。

2. 各个部件分别同步联动，简化了控制流程和驱动机构。

2.5 设计原理与实施方案

2.5.1 附图说明

图2-1为本设计实施例主体结构示意图。

图2-2为本设计实施例栅格环对应落料管示意图。

图2-3为本设计实施例栅格环联动关系示意图。

图2-4为本设计实施例控制器电路框图。

图2-5为本设计实施例配料流程图。

2.5.2 具体工作原理与实施方案

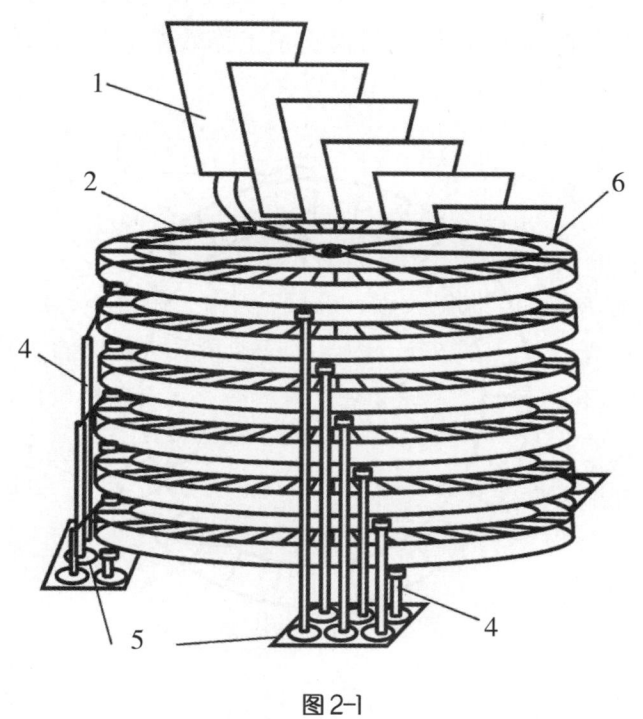

图 2-1

图 2-1 为本设计实施例主体结构示意图。本设计为本设计人的专利申请"物料自动分售机"的实质性改进型。整机包含机壳、保温装置、机架、料斗（1）、栅格环（2）、驱动机构、开盖器（3）、落料管（4）、控制器等，包含多个（如 6 个）料斗（1），每个料斗（1）对应各自的栅格环（2），为料盒（5）提供一种物料，每个栅格环（2）下等角度（如 120 度）错开安装多套（如 3 套）落料管（4）及其对应的开盖器（3），每个落料管（4）的出口对准一个料盒（5）的一个分料位，每个栅格环（2）的栅格（6）数（如 60 格）是落料管（4）数（3 个）的整数倍（20 倍）。

实施例中，保温装置包含保温层、温度传感器、加热装置。料斗（1）包含斗身、斗底的闸门、开闸机构、料位监测器、振动器等，立截面为倒三角形，横截面为圆形或其他形状；料斗（1）容量小于一圈栅格（6）的容量总和，保证一斗物料能分完。栅格环（2）最好为不锈钢制成，一圈栅格（6）连成一个圆环，即为栅格环（2）；栅格（6）墙面垂直，或稍内斜，保证落料顺畅；内外圈高一些，避免物料甩出栅格外；上面开放，用于分料，底有翻盖，用于让物料落入料盒。驱动机构包含驱使所有栅格环（2）同步转动的机构，可以用步进电机。每个落料管（4）分装 1 份料，如 6 种料 6 个栅格环（2），同时分装 3 个料盒（5），每个对着 6 个落料管（4），共 18 个。开盖器（3）可以使用气动推杆，18 个共用控制阀，或使用电磁推杆，只需一个控制信号，同步操作。

本设计是先把料斗（1）的物料平分给一圈栅格（6），再打开栅格（6）底的翻盖，让物料落入料盒（5），多料种多料盒（5）同步进行，大大提高设备的工作效率和稳定性。举例说明：6 个料斗（1）盛 6 种料，给 6 个栅格环（2）分料，每个栅格环（2）有 60 个栅格（6），栅格环（2）下面隔 120 度错开安装 3 套落料管（4）。6 个料斗（1）同时开闸，6 个栅格环（2）同步转动分料，分完之后栅格环（2）停止连续转动，改为装盒 1 次转动 1 格，6 个栅格环（2）的 3 套落料管（4）同时给 3 个料盒（5）供料，每个料盒分装到 6 样物料，共有 18 个开盖器同时动作，同时装 3 个料盒（5），并给料盒上盖，装 20 次，共装 60 盒物料，如此分料、装盒、过程重复进行。这种同步联动，精简了传动机构和控制流程，提高了分装效率，用于工厂化自动分配物料，也可按照面板触摸屏命令分装；克服了先前技术方案的缺陷，实现了同时分装多个料盒（5），成倍提高了工作效率；各个部件同步联动，简化了控制流程和驱动机构。

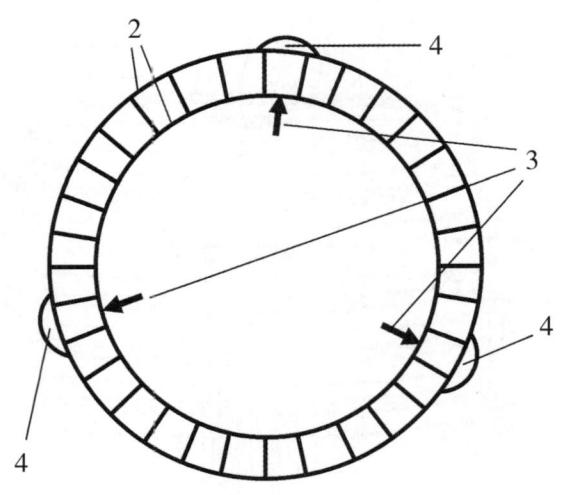

图 2-2

图 2-2 为本设计实施例栅格环对应落料管示意图。 各个落料管（4）必须等角度错开安装，如隔 120 度共安装 3 个，隔 90 度共安装 4 个，栅格环（2）的栅格（6）数是落料管（4）的整数倍，保证各个落料管（4）分得份数相等，并同时装完，重新启动分料。

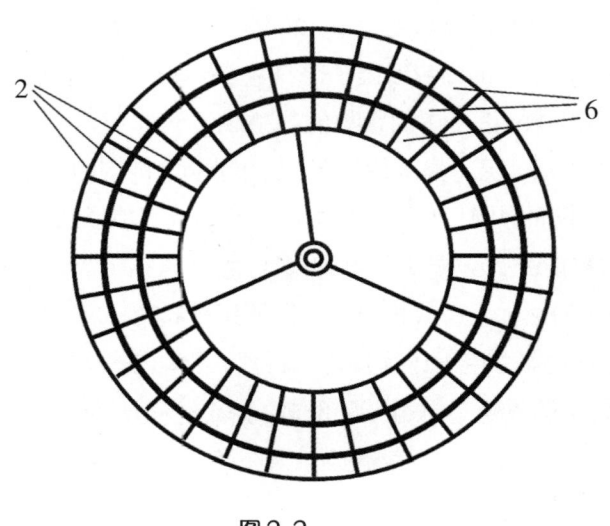

图 2-3

图 2-3 为本设计实施例栅格环联动关系示意图。 图中所示栅格环（2）为同平面同轴联动关系，节省了空间。落料管（4）及对应的开盖器（3）可以呈直线排列，也可以错开安装，避免影响同步操作，只要安装简单、容易，空间允许即可。内圈直径小，内外圈栅格（6）数一样，如要求内外圈单个栅格（6）容量接近，用径向宽度，或轴向深度大于外圈来弥补。实际使用中，各种物料分量是不同的，如餐厅的肉类往往小份，素菜大份些，米饭最大份，因此，应该允许内外圈栅格（6）容量不等，只要同一圈容量

相同即可。

栅格环（2）的联动关系，可以上下同轴与同平面同轴灵活组合，视结构空间需求确定。同平面同轴就是内外相套，上下同轴就是上下相叠（图2-1）。实施中可以6个内外相套，也可以6个上下相叠（图2-1）。也可以居于两者之间，如3个内外相套，再上下相叠，有不同组合方案。

对于同平面同轴关系的，如内外圈对应栅格（6）各有自己的翻盖，则内外圈之间要留有翻盖铰链的位置，也可以内外圈对应的栅格（6）共用翻盖，同时开闭。如不同料品不是要求在料盒（5）上分开放置分明，落料管（4）也可以考虑共用。有些使用需求是将不同料品掺和在一起，不同料品的落料管（4）应该共用。

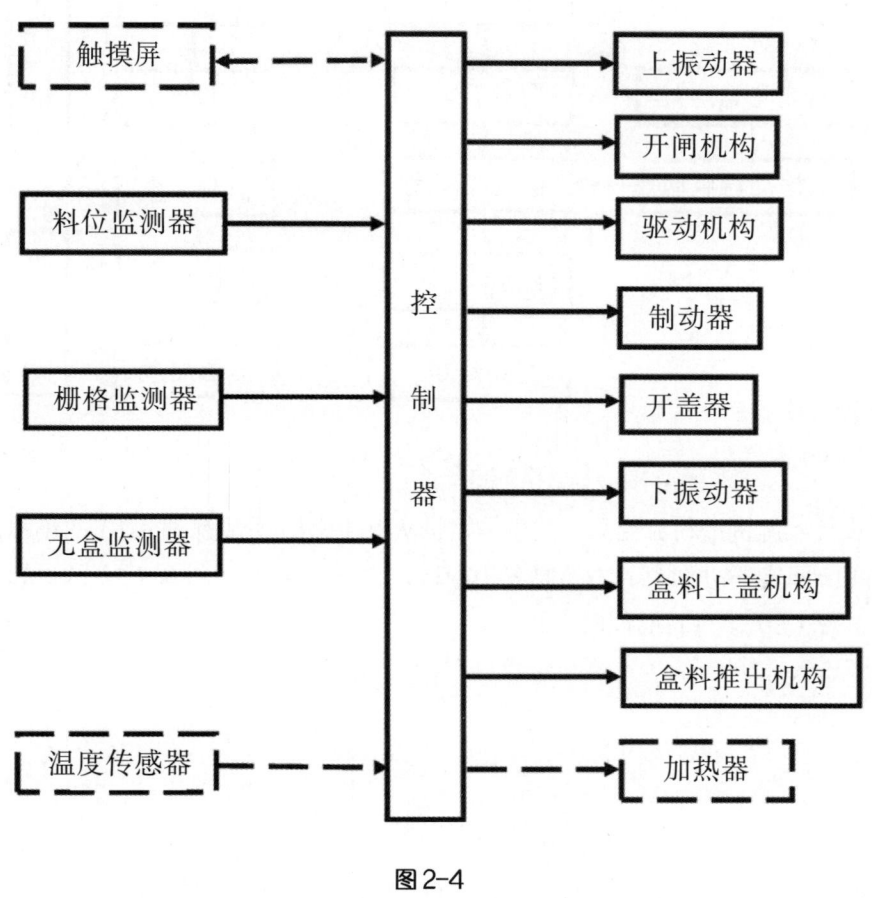

图 2-4

图2-4为本设计实施例控制器电路框图。由于多部件联动，控制关系比较简单。控制器（5）可以使用可编程控制器及外围电路，实现一个控制输出，驱动多个部件。如同时装3个料盒（5），每盒6种物料，则开盖控制信号驱动18个开盖器（3）。一个开盖器盖多个栅格时，开盖器的数量成倍减少，分料控制信号驱动6个料斗（1）及6个栅格环（2）。当然使用工控电脑板或自行开发数字处理器控制器也是可行的。

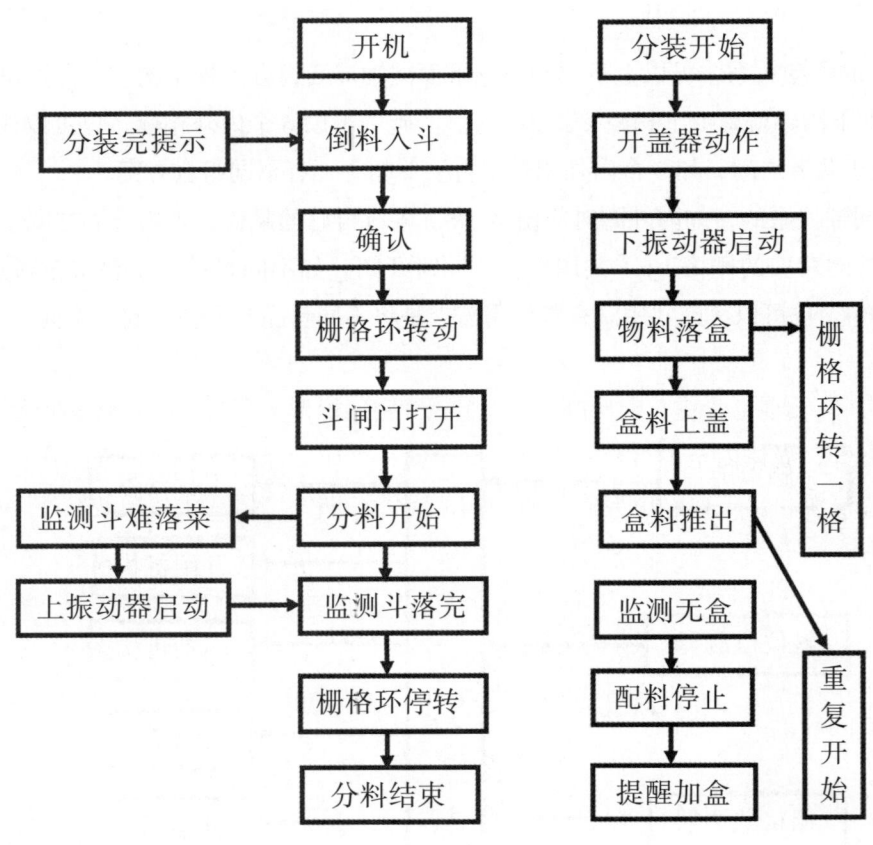

图 2-5

图 2-5 为本设计实施例配料流程图。左边是物料从料斗（1）分到栅格（2）的流程，多个料斗（1）、栅格环（2）的各项动作都同步进行；右边是各个栅格（6）把物料倒入料盒（5）的过程，多个开盖器（3）同步动作，多个料盒（5）多种料品同时入盒。

3 水难逃生潜囊

(发明专利号 ZL201510490818.0)

3.1 方案概述

一种水难逃生潜囊，配备在江、河、湖、海作业的船只或平台上，用于在发生翻、沉等水难时躲进囊内逃生。其由基座、囊骨、囊皮、密封口为主，组成气密的桶形、椭圆柱形或流线型囊体，备用时折叠，取用触发后快速展开，囊体内至少可容一人。至少包含一个压力储气容器，内充高压空气，其主进气口经单向阀接压缩空气源，出气口经电控阀门通囊内主空间；储气容器在主控模块、压力传感器、电动气泵、电控阀门配合下，与囊体主空间构成自动空气循环与气压调节回路，使人在囊里不浸水、能呼吸，可维持生命。遇水难落水后，在黑暗中可以开照明灯，手臂可从臂套、手套伸出以自救脱困，万一破损漏气可紧急戴上呼吸面罩，浮出水面前，打开超声信标，浮出水面后打开无线信标、求救闪灯、求救喇叭，打开透气排污口呼吸新鲜空气。饥渴时可吃干粮、喝矿泉水或过滤水。

3.2 创造性特征（图3-1~图3-6）

1. 一种水难逃生潜囊，包含基座（1）、囊骨（2）、囊皮（3）。其特征是：展开时呈桶形、椭圆柱形或流线型，以基座（1）为桶底，囊骨（2）支撑囊皮（3）为桶壁，囊皮（3）顶端部分与密封口（4）结合为桶盖。折叠时呈台形，以基座（1）为台柱，靠挤的囊骨（2）为台箍，折叠的囊皮（3）为台衣，密封口（4）为台沿，呈全张开。囊骨（2）为刚性并有弹性的细条，囊皮（3）为气密柔性薄片，展开时囊体内至少可容1人。

2. 如创造性特征1所述水难逃生潜囊，其特征是：肩部以下囊骨（2）及囊皮（3）横径渐小。密封口（4）包含两片气密柔性薄片，两片相对的正面中部为魔术贴（41）的两面，上下部各有至少一条封口条（42），两片相背的背面中部分别与囊皮（3）顶端部分连接。

3. 如创造性特征2所述水难逃生潜囊，其特征是：密封口（4）中部两面魔术贴（41）的背面各连接有弹性封口夹条（43），两封口夹条（43）两端铰连，铰连处外侧有张口插销（44）。

4. 如创造性特征3所述水难逃生潜囊，其特征是：至少包含1个压力储气容器（5），其主进气口经单向阀（51）接压缩空气源，出气口经出气口阀门（52）通囊内主空间。

5. 如创造性特征4所述水难逃生潜囊，其特征是：基座（1）内有充气泵（11），其进气口（111）通囊内主空间，出气口（112）经导管接压力储气容器（5）的辅进气口（53），构成囊体空气循环与气压调节回路。

6. 如创造性特征5所述水难逃生潜囊，其特征是：囊骨（2）为弹性螺旋形弹簧细条，弹开时呈桶形、椭圆柱形或流线型，与囊皮（3）连接，负责撑开囊皮（3）。

7. 如创造性特征5所述水难逃生潜囊，其特征是：囊骨（2）为刚性环形细条，展开时呈平行环，与囊皮（3）连接，负责撑开囊皮（3）。

8. 如创造性特征5所述水难逃生潜囊，其特征是：压力储气容器（5）为柔性螺旋形储气管，缠绕在囊体上，辅进气口（53）靠基座（1）端，出气口阀门（52）靠顶端。

9. 如创造性特征 5 所述水难逃生潜囊，其特征是：压力储气容器（5）为柔性环形，套住囊体，环形管内有一个隔断，隔断两侧分别接辅进气口（53）和出气口阀门（52）。

10. 如创造性特征 5 所述水难逃生潜囊，其特征是：压力储气容器（5）为刚性高压气室，其辅进气口（53）和出气口阀门（52）分布在两端。

11. 如创造性特征 6 或 7 或 8 或 9 或 10 所述水难逃生潜囊，其特征是：充气泵（11）为电动充气泵，压力储气容器（5）的出气口阀门（52）为电控阀门，基座（1）内有主控模块（12）、无线信标发生器（13）、超声信标发生器（14）、电池（15），基座（1）上表面有触发开关（16）、气压传感器（17）、二氧化碳吸收剂（18）。

12. 如创造性特征 11 所述水难逃生潜囊，其特征是：囊体上部有操作键盘（61）、显示器（62）、照明灯（63）、求救闪灯（64）、求救喇叭（65）、定位模块（66）、无线信标天线（67），电路部件均连接主控模块（12）。囊体上部还有干粮包（71）、饮水管（72）、透气排污口（73）、袖子孔（74）、呼吸面罩（75）、反光面（76），囊皮（3）上部呈透明。

13. 如创造性特征 12 所述水难逃生潜囊，其特征是：饮水管（72）之囊体内部分连接过滤器（721）、密封盖（722），囊体外部分连接矿泉水接头（723）。透气排污口（73）与囊皮（3）连接处有小密封口（731），一侧备有透气管（732）。袖子孔（74）与囊皮（3）连接处有小密封口（741）外接气密臂套（742），末端连接气密手套（743）。呼吸面罩（75）上部有目镜（751），下部有嘴呼气口（752），中部有鼻塞（753），经输气管（754）接压力储气容器（5）出气口阀门（52）前的分支。

14. 如创造性特征 13 所述水难逃生潜囊，其特征是：基座（1）与囊体顶端的囊骨（2）之间有至少 3 条囊筋（8）及相应收放机构（81）。

3.3 技术现状及设计目的

3.3.1 技术领域

本设计涉及水难救生设备技术领域，尤其涉及落水者生命保护、维持、逃生、求救、自救，密封体空气循环与气压调节等技术领域。

3.3.2 技术现状

江、河、湖、海里的作业人或乘船人遇到翻沉事故，或陆地上的人遇到水灾、洪灾等水难灾害时，人们常依赖救生艇、救生筏、救生衣、救生圈、救生绳逃生，但常因技术缺陷使逃生失败：

1. 水难来得迅猛、突然，来不及登救生艇、救生筏，甚至来不及逃出船舱而丧失逃生机会。
2. 虽然已经使用救生衣、救生圈，但因被翻扣在水里无法浮出水面而窒息身亡。
3. 虽然已经使用救生圈、救生衣并浮出水面，但长时间浸在冰冷的水中而丧生。
4. 没有超声信标、无线信标、求救闪灯、饮水、食物等，不能及时获得救助而丧生。
5. 救生舱体积大、造价高难以普及，不适合配备在小船舱内。

历史上有翻沉事故先例无数，远的如英国的"泰坦尼克号"、中国的"太平轮"，近的如韩国的"岁月号"、中国的"东方之星号"等，悲剧一再重演。

3.3.3 本设计目的

提供一种水难逃生潜囊，拟克服上述技术缺陷，解决下述问题。

1. 解决水难来得迅猛、突然，来不及逃生的问题：人可以迅速进入气密囊并展开、封口，数秒至数十秒的时间即可完成。

2. 解决缺氧窒息问题：可以用囊体封闭时保留的空气加所带的压力储气容器的高压空气供人呼吸。

3. 解决浸泡水里受冻问题：利用囊体的隔水作用，使人衣物不被水浸湿，不泡在水里，不受冻。

4. 便于呼救：可用定位模块及无线信标发生器发送求救及位置信息，无法浮出水面时用超声信标发送求救信号；可在囊内提供一些干粮，饮水管外接矿泉水瓶，或直接从所处水体过滤而提供饮水；可用压力储气容器与囊内空间，配合电动气泵及压力传感器等，构成密封体空气循环与气压调节回路，提供足够的氧气、合适的气压，实现较长时间维持生命。

5. 可以折叠，适合配备在小船舱内：备用状态体积缩至最小，可以悬挂或放置在座椅下面等，占据空间小，易于配备；展开后体积不大，人手可以从袖子口伸出囊体，把密封口的囊体外部分压紧，保证囊体密封性，即使被困水中，不能浮出水面，也不会漏气或进水，可暂时潜于水中。囊体保持一定的蠕动性，人手伸出囊体外，借助内部通道或空间，在水中挪动，逃离密闭的船舱，以自救脱困，浮出水面。基座与囊体顶端的囊骨之间设至少3条囊筋及相应收放机构，可以调节囊体高度，进而调整体积及浮力，便于脱困，防止浮力太大，被顶在倒扣的船底。

3.4 总体方案及效果

3.4.1 本设计总体方案

提供一种水难逃生潜囊，以基座（1）、囊骨（2）、囊皮（3）、密封口（4）为主组成气密囊体。展开时呈桶形、椭圆柱形或流线型，以基座（1）为桶底，囊骨（2）支撑囊皮（3）为桶壁，囊皮（3）顶端部分与密封口（4）结合为桶盖。折叠时呈台形，以基座（1）为台柱，靠挤的囊骨（2）为台箍，折叠的囊皮（3）为台衣，密封口（4）为台沿，呈全张开。囊骨（2）为刚性细条，囊皮（3）为气密柔性薄片，展开时囊体至少可容1人，具体方案如下：

1. 密封口（4）包含两片气密柔性薄片，两片相对的正面中部为魔术贴（41）的两面，上下部各有至少一条封口条（42），两片相背的背面中部分别与囊皮（3）顶端部分连接；密封口（4）中部两面魔术贴的背面各连接有弹性封口夹条（43），两封口夹条（43）两端铰连，铰接处有张口插销（44）。

2. 至少包含1个压力储气容器（5），其主进气口经单向阀（51）接压缩空气源，出气口经出气口阀门（52）通囊内主空间。在基座（1）内安装充气泵（11），其进气口（111）通囊内主空间，出气口（112）经导管接压力储气容器（5）的辅进气口（53），构成囊体空气循环与气压调节回路。如充气泵（11）为电动充气泵，压力储气容器（5）出气口阀门（52）为电磁阀、电动阀等电控阀门，配以主控模块（12）、气压传感器（17），则构成自动的空气循环与气压调节回路。囊体内配二氧化碳吸收剂（18）以减小囊体空间二氧化碳浓度。

3. 囊骨（2）与囊皮（3）连接，负责撑开囊皮（3）。囊骨（2）可以为弹性螺旋形弹簧细条，弹开时呈桶形、椭圆柱形或流线型；囊骨（2）也可以为刚性环形细条，展开时呈平行环，可以用钢质、合成树脂等基料。囊皮（3）可以用涤纶TPU复合面料等材料。压力储气容器（5）的形状可以为柔性的，充气后呈螺旋形，缠绕在囊体上，辅进气口（53）靠基座（1）端，出气口阀门（52）靠顶端，或充气后呈环形，套住囊体，环形管内有一个隔断，隔断两侧分别接辅进气口（53）和出气口阀门（52）；压力储气容器（5）也可以为刚性的气室，如高压气罐、气瓶等。囊体展开时尽量合身，减小体积。

4. 基座（1）内安装有主控模块（12）、无线信标发生器（13）、超声信标发生器（14）、电池（15），基座（1）上表面有触发开关（16）、气压传感器（17）、二氧化碳吸收剂（18）。囊体上部有操作键盘（61）、显示器（62）、照明灯（63）、求救闪灯（64）、求救喇叭（65）、定位模块（66）、无线信标天线（67）、干粮包（71）、饮水管（72）、透气排污口（73）、袖子孔（74）、呼吸面罩（75）、反光面（76），囊皮（3）上部呈透明。

5. 饮水管（72）的囊体内部分连接过滤器（721）、密封盖（722），囊体外部分连接矿泉水接头（723）。透气排污口（73）与囊皮（3）连接处有小密封口（731），一侧备有透气管（732），袖子孔（74）与囊皮（3）连接处有小密封口（741），外接气密臂套（742），末端连接气密手套（743）。呼吸面罩（75）上部有目镜（751），下部有嘴呼气口（752），中部有鼻塞（753），经输气管（754）接压力储气容器（5）出气口阀门（52）前的分支。

6. 基座（1）与囊体顶端的囊骨（2）之间有至少3条囊筋（8）及相应收放机构（81）。

3.4.2 本设计效果

江、河、湖、海里的作业人或乘船人遇到翻沉事故，或陆地上的人遇到水灾、洪灾等水难灾害时，可迅速进入并展开逃生潜囊，使以下问题得到了解决。

1. 解决了水难来得迅猛、突然，来不及逃生的问题：人可迅速进入气密囊并展开、封口，数秒至数十秒的时间即可完成。

2. 解决了缺氧窒息问题：囊体封闭时保留的空气加压力储气容器的高压空气供人呼吸。

3. 解决了长时间泡在水里的问题：囊体的隔水作用，使人衣物不被水浸湿，不泡在水里，不受冻。

4. 解决了求救问题：配备求救闪灯、求救喇叭、反光面用于求救，定位模块及无线信标发生器便于求救及发送位置信息，超声信标便于无法浮出水面时发送求救信号；囊内提供一些干粮，饮水管外接矿泉水瓶，或直接从所处水体过滤而获得饮水；压力储气容器与囊内空间，配合电动气泵及压力传感器等，构成密封体空气循环与气压调节回路，提供足够的氧气、合适的气压；配备呼吸面罩，用于当囊体破损进水时呼吸，防止脱困前窒息。

5. 解决了适合配备在小船舱、小空间内的问题：可以折叠，备用状态体积缩至最小，可以悬挂或放置在座椅下面等，占据空间小，易于配备；展开后体积不大，人手可以从袖子口伸出囊体，把密封口囊体外部分压紧，保证囊体密封性，即使被困水中，不能浮出水面，也不会漏气或进水，即可以潜于水中。囊体保持一定的蠕动性，借助其他有利条件，在水中挪动，逃离密闭的船舱，浮出水面。配照明灯用于处黑暗环境时的照明；基座与囊体顶端的囊骨之间设至少3条囊筋及相应收放机构，可以调节囊体高度，进而调整体积及浮力，便于脱困，防止浮力太大，被顶在倒扣的船底。

3.5 设计原理与实施方案

3.5.1 附图说明

图3-1为本设计实施例展开状态示意图。

图3-2为本设计实施例囊壁入水及折叠状态示意图。

图3-3为本设计实施例密封口示意图。

图3-4为本设计实施例压力储气容器示意图。

图3-5为本设计实施例空气循环与气压调节回路及基座配套设备示意图。

图3-6为本设计实施例救助配套部件示意图。

图3-7为本设计实施例电路框图。

图3-8为本设计实施例救生过程流程图。

3.5.2 具体工作原理与实施方案

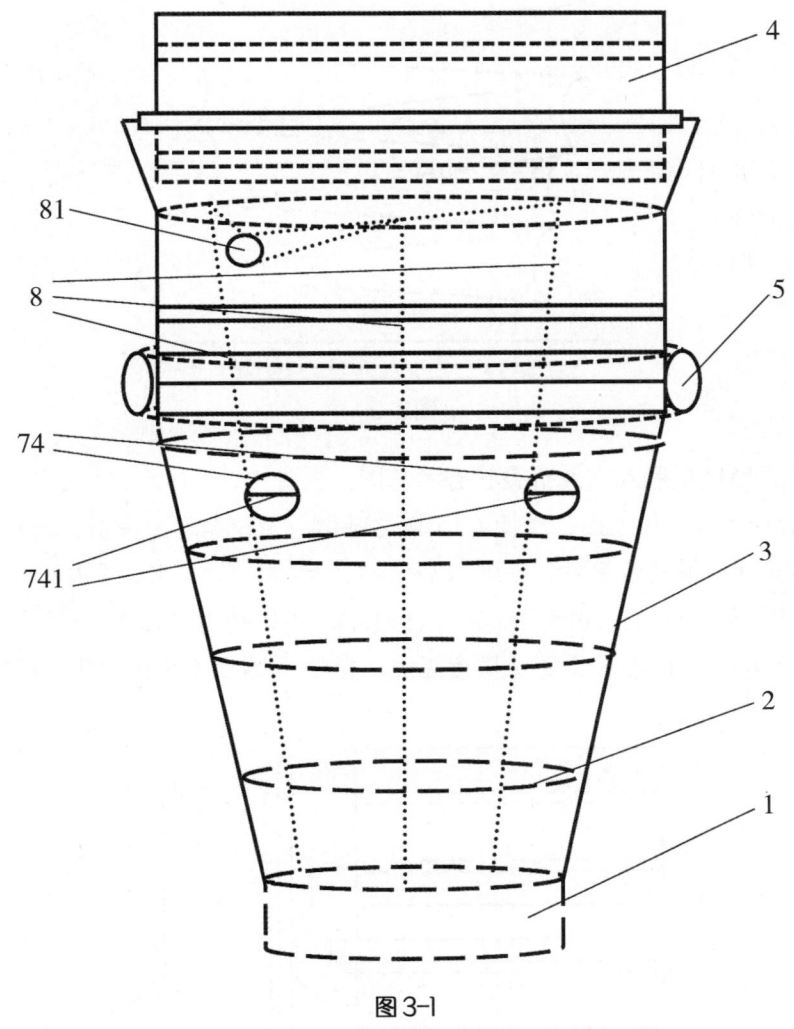

图3-1

图3-1为本设计实施例展开状态示意图。本设计主体是以基座（1）、囊骨（2）、囊皮（3）、密封口（4）为主组成的气密囊体。逃生者站于囊体内，密封时囊内保留的空气，加上压力储气容器（5）里的压缩空气供其呼吸。根据需要设计囊体容积，可以容纳1人或加1个小孩较为合适。因囊内空气的存在，如无被压扣，很容易浮出水面，经过配重，一旦落水，在浮力作用下，基座（1）朝下，密封口（4）朝上。袖子口（74）上有小密封口（741）用于防止漏气漏水，当袖子破损时，人手抽回，小密封口（741）封闭。基座（1）与囊体顶端的囊骨（2）之间有至少3条囊筋（8），调整相应收放机构（81），可以改变囊体开合程度，从而调整排水量及浮力，便于脱困，防止浮力太大，被顶在倒扣的船底。需注意囊皮的坚韧度必须足够，不至于在水压下破裂，如使用内夹经纬加强筋的塑胶薄片等。

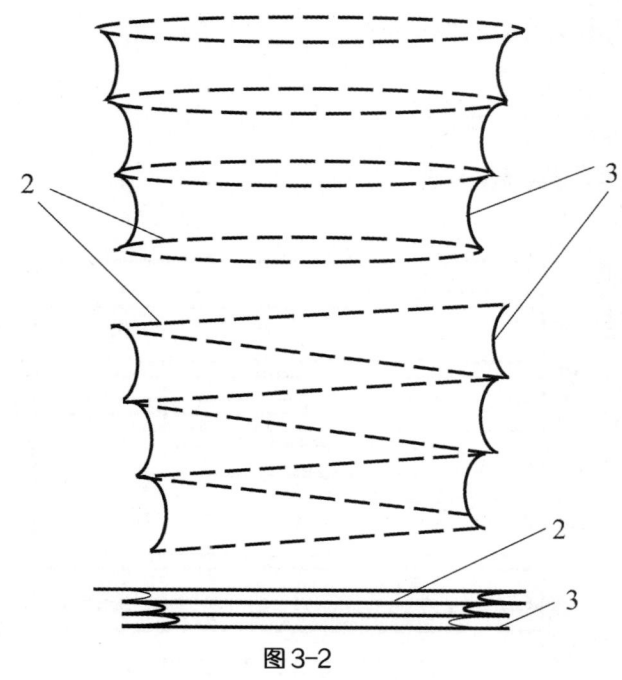

图3-2

图 3-2 为本设计实施例囊壁入水及折叠状态示意图。囊骨（2）及压力储气容器（5）均为环形时，需人工将囊皮（3）沿身体人工往上提，囊骨（2）随之疏散，上拉至超过头顶；囊骨（2）及压力储气容器（5）有一样是螺旋形时，触发后囊体会弹开。已经密封的囊体一旦入水，受水的压力影响，在囊骨（2）支撑下，囊皮（3）向里凹陷，囊内空间体积减小，气压升高，可以利用空气循环与气压调节回路进行调整，以适合逃生者生存。折叠时，囊骨（2）最大限度靠拢，囊皮（3）最大限度弯折，以节省空间。

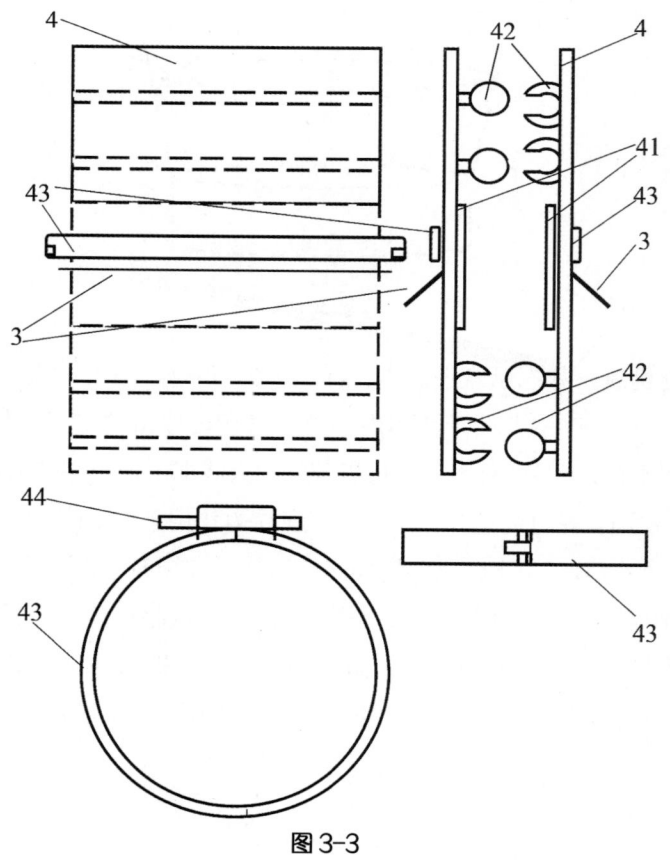

图3-3

图 3-3 为本设计实施例密封口示意图。密封口（4）包含两片气密柔性薄片，两片相对的正面中部为魔术贴（41）的两面，上下部各有至少 1 条封口条（42），两片相背的背面中部分别与囊皮（3）顶端部分连接；密封口（4）中部两面魔术贴的背面各连接有弹性封口夹条（43），两封口夹条（43）两端铰连，铰连处外侧有张口插销（44）。折叠状态时，密封口（4）全张开，其两封口夹条（43）拱开呈环状，张口插销（44）插入使之不能弹回夹紧，保持其状态，两片气密柔性薄片呈筒形状态；当囊体展开到设定高度时张口插销（44）被抽出，封口夹条（43）弹回夹紧，密封口（4）的两片气密柔性薄片处在同一平面，两面魔术贴（41）粘合，封口条（42）啮合。如必要，可以在封口条（42）附近涂防漏胶，保证囊体的气密性。

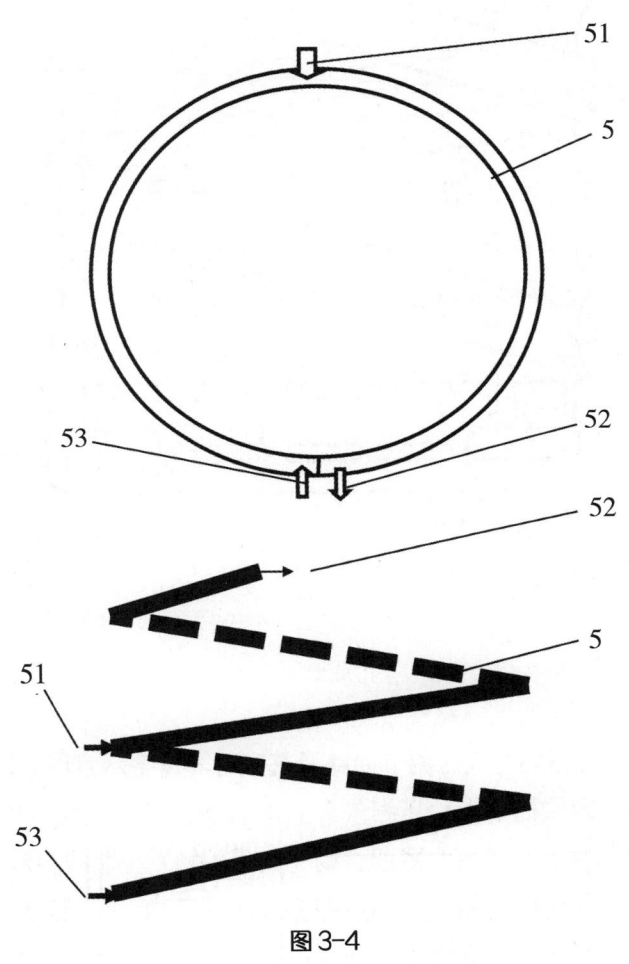

图 3-4

图 3-4 为本设计实施例压力储气容器示意图。当压力储气容器（5）是环形时，与轮胎极其相似，只是多了隔断和辅进气口（53）、出气口阀门（52）；当压力储气容器（5）是螺旋形时，辅进气口（ ）、出气口阀门（52）分设头尾两端，主进气口单向阀（51）靠中间。压力储气容器（5）若为柔性气管，处在囊皮（3）之外，具有防止囊皮被割破及防撞击的作用；当压力储气容器（5）为刚性的气室时，可以是任何形状，适合要求体积小的实施例，可以与基座（1）一体化设计。囊体展开一般较快，然而充气占用逃生时间，可以考虑出发前预充气；或当海况差、危险大时预充气；当压力储气容器（5）为刚性的气室时，预充气不影响体积，更应该预充气。根据水上设备规模，高压气源可以是管道，可以是高压钢瓶，

也可以是大功率气泵；压力储气容器（5）的容量、气压越大，囊体可潜于水中时间越长，容许逃生者脱困时间越长。

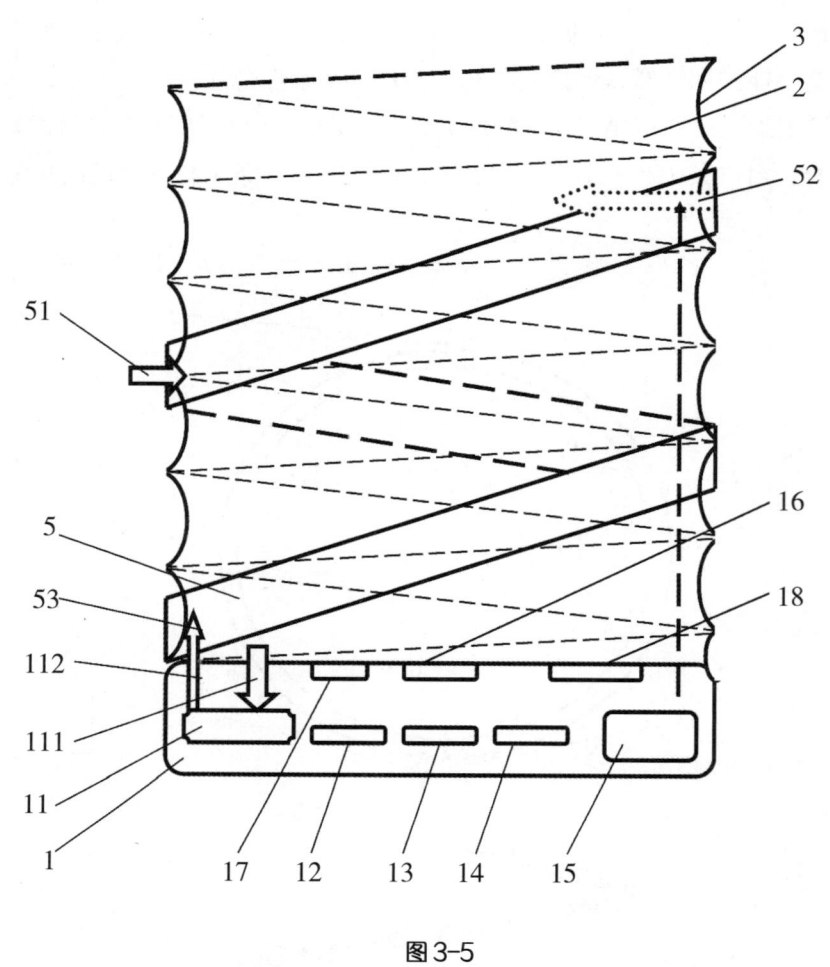

图 3-5

图 3-5 为本设计实施例空气循环与气压调节回路及基座配套设备示意图。水难发生时，人站到基座（1）上，脚踩一下触发开关（16）即接通触发，压缩气源立即启动，经主进气口单向阀（51）向压力储气容器（5）快速充气，至设定压力停止。如落水飘起，则充气嘴、触发控制线会脱落；如入水后被倒扣水中，这是最危险的情况，落水后因水压的作用，囊体体积会减小，囊内气压升高，则空气循环与气压调节回路启动，出气口阀门（52）不时打开向囊内主空间输出空气，同时充气泵（11）不时把囊内主空间的空气压缩到压力储气容器（5），既维持空气循环又调节气压，一旦脱困浮出水面，则循环停止。充气泵（11）进气口（111）通囊内主空间，出气口（112）经导管接压力储气容器（5）的辅进气口（53），基座（1）内容纳了充气泵（11）、主控模块（12）、无线信标发生器（13）、超声信标发生器（14）、电池（15）等部件，基座（1）上表面有触发开关（16）、气压传感器（17）、二氧化碳吸收剂（18）。被困水下时开超声信标发生器（14），浮出水面后开无线信标发生器（13）。触发展开前二氧化碳吸收剂（18）密封，以保持活性，触发后才暴露在空气中，吸收二氧化碳，改善空气质量。

3 水难逃生潜囊

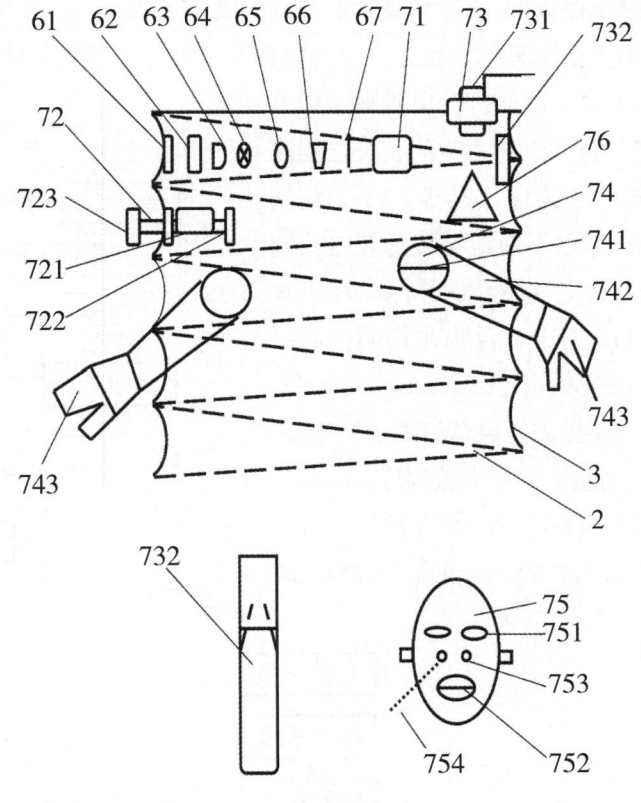

图 3-6

图 3-6 为本设计实施例救助配套部件示意图。囊体上部有操作键盘（61）、显示器（62）、照明灯（63）、求救闪灯（64）、求救喇叭（65）、定位模块（66）、无线信标天线（67）等，电路部件均接主控模块（12）。操作键盘（61）、显示器（62）作为人机界面，用于设置，并根据需要启动相关功能部件。黑暗中开照明灯（63），浮出水面后开求救闪灯（64）、求救喇叭（65），用定位模块（66）测量所在确切位置，通过无线信标天线（67）发出位置信息和求救信号。被困在囊体内的逃生者一旦饿了可以吃干粮包（71）里的干粮，渴了通过饮水管（72）喝外部矿泉水接头（723）接的矿泉水。要是来不及接矿泉水，或已经喝完，则直接喝所在水体的水，用过滤器（721）滤除有害物质。不喝水时用密封盖（722）盖住饮水管（72），防止进水或漏气。囊内准备一些塑料袋用于收集废物，被困在囊体内的逃生者一旦脱困浮出水面，可以解开小密封口（731），通过透气排污口（73）排出废物，把透气管（732）插入透气排污口（73）呼吸新鲜空气，此时应关闭空气循环与气压调节回路。透气管（732）固定在透气排污口（73）附近，小密封口（731）与主密封口（4）结构相似，只是明显小得多。袖子孔（74）外的气密臂套（742）、气密手套（743）用于逃生者把手伸出去便于脱困作业，与囊皮（3）连接处的小密封口（741）用于当气密臂套（742）、气密手套（743）破损漏水漏气时把手抽回密封。当囊体破损时，这是最糟的情况，这时应立即戴上呼吸面罩（75）以紧急补救，上部目镜（751）与泳镜相似，下部嘴呼气口（752）用于呼出气，中部鼻塞（753）经输气管（754），接压力储气容器（5）出气口阀门（52）前的分支，用于为逃生者提供氧气，利于脱困。反光面（76）用于浮出水面后帮助救援者寻找，囊皮（3）上部呈透明是为逃生者提供视线。此外，可据现实条件对本设计各项配置进行取舍简化。

图3-7为本设计实施例电路框图。整个电路由电池（15）供电，触发开关（16）在逃生者脚易于踩到的地方，触发开关（16）的动作是逃生全过程的开始，一旦触发即完成任务。压力传感器（17）测试囊体主空间的气压，如偏低则主控模块（12）自动打开电控阀（54）把压力储气容器（5）的空气打入囊体主空间；反之则启动电动气泵（11）将空气打入压力储气容器（5），使气压保持在合适的状态；同时通过不断地轮流打开电控阀（54）、电动气泵（11）起到空气循环的作用。浮出水面前，超声信标发生器（14）打开，浮出水面后换成打开无线信标发生器（13）。操作键盘（61）、显示器（62）作为人机界面，用于设置，并根据需要启动相关功能部件。黑暗中开照明灯（63），浮出水面后开求救闪灯（64）、求救喇叭（65），用定位模块（66）测量所在确切位置，通过无线信标天线（67）发出位置信息和求救信号，所有电路部件均接主控模块（12）。

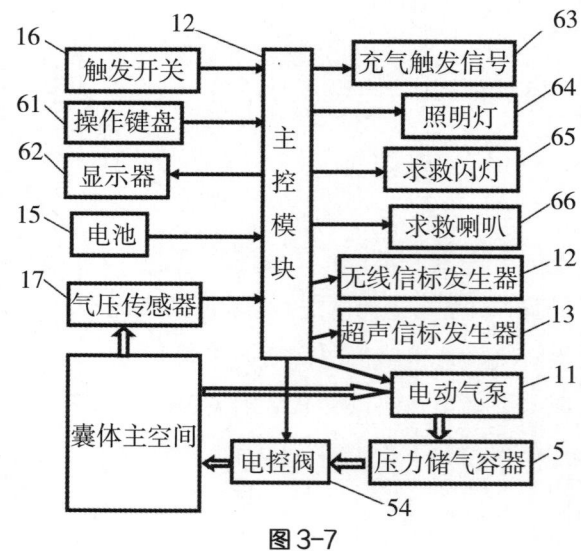

图3-7

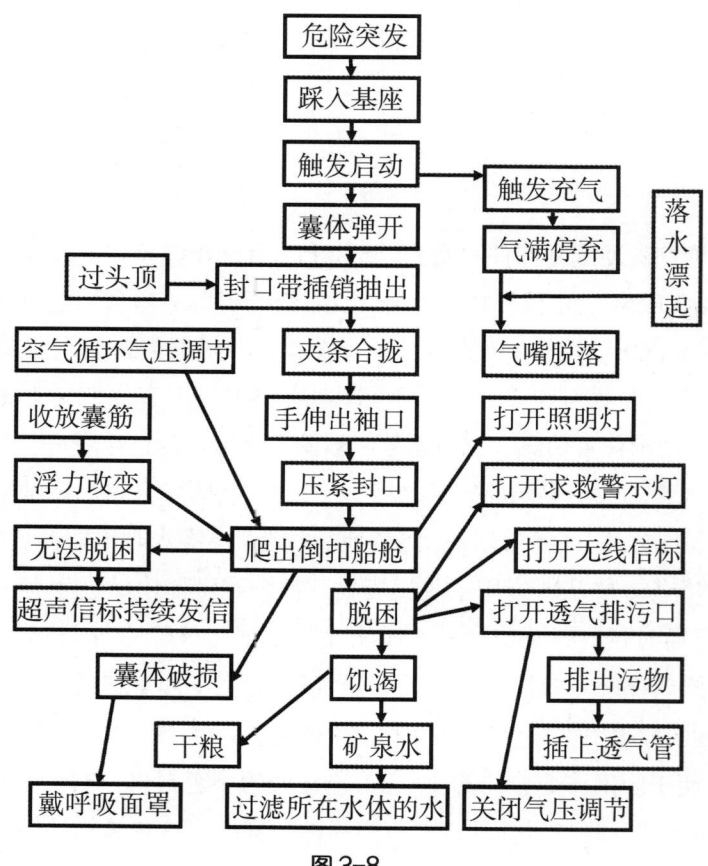

图3-8

图3-8为本设计实施例救生过程流程图。体现了从危险突发到触发逃生的全过程。

3.6 后续优化方案

仿潜水服外形设计逃生潜囊，像一张大号的"人皮"，几条魔术贴一粘，就把人包得严严实实，再一压封口条，滴水不进。它全身长满了大大小小的口袋，紧急时开关一按，口袋变成了高压气囊，用毛细管汇聚到口鼻边上，气囊既供氧又隔热，防止人体被海水浸泡。

4 公共自行车消毒清洗机

（发明专利号 ZL201510801268.X）

4.1 方案概述

一种公共自行车消毒清洗机，对公共自行车或共享单车座椅及把手重点消毒清洗，消除传染疾病的风险，对全车进行清洗，涤除所沾染泥尘，还城市文明美丽的风景，增加骑行舒适度；能检测自行车缺损，提醒维修并提醒慎用；能加注润滑油，延长自行车寿命，骑行更省力。该机可容纳至少一辆公共自行车或共享单车，面板上有显示器、扬声器等，内有清洗喷淋管，其多个喷淋孔指向自行车各部位，有消毒洗涤剂喷嘴及吹气嘴指向自行车座椅及车把，底板上有自行车轮导槽，底板下有称重传感器，机内有摄像头；自行车出入口前有自行车锁止器、电子标签读卡头或扫码摄像头，与支架、横担、滑轨、牵引电机组成自行车出入牵引装置，可自动牵引公共自行车或共享单车进入机内消毒清洗，洗完自动推出释放。

4.2 创造性特征（图4-1~图4-6）

1. 一种公共自行车消毒清洗机，主体结构是箱体（1）。其特征是：箱体（1）可容纳至少1辆公共自行车或共享单车立于其内。其正侧面有自行车出入口（11），面板上有显示器（12）、指示灯（13）、扬声器（14），所述显示器（12）、指示灯（13）、扬声器（14）均连接主控制器（15）。顶盖下方有清洗喷淋管（21），有消毒洗涤剂喷嘴（22）及吹气嘴（23），分别指向自行车座椅及左右车把。底板（3）上有自行车轮导槽（31），导槽（31）下方有集水槽（32），槽底有泄水口（33）。

自行车出入口（11）前有自行车锁止器（41），其上方有电子标签读卡头（42），所述自行车锁止器（41）及电子标签读卡头（42）均经过支架（43）固定在横担（44）上。横担（44）两头与滑轨（45）动连接，滑轨（45）水平固定在箱体（1）左右两侧内壁，横担经传动皮带（46）与牵引电机（47）连接，受牵引电机（47）驱动。箱体上有进车到位和退车到位检测开关（48）。自行车锁止器（41）、电子标签读卡头（42）、牵引电机（47）、进车到位和退车到位检测开关（48）均接主控制器（15）。

有至少1个摄像头（61）在固定位置进行定点抓拍，底板（3）下面有至少1个压力传感器（62），摄像头（61）及压力传感器（62）均接主控制器（15）。

箱体（1）内有润滑油加注嘴对准公共自行车或共享单车活动部件的润滑油加注口。

2. 如创造性特征1所述公共自行车消毒清洗机，其特征是：清洗喷淋管（21）有不少于3个喷淋孔（24）指向自行车各部位，其中至少各有1个喷淋孔（24）指向座椅及左右车把。清洗喷淋管（21）经电磁阀1（25）及导管接小型水泵，消毒洗涤剂喷嘴（22）经电磁阀2（26）及导管接微型消毒洗涤剂泵，吹气嘴（23）经电磁阀3（27）及导管接微型空压机，所有泵及电磁阀均接主控制器（15）。

3. 如创造性特征2所述公共自行车消毒清洗机，其特征是：自行车轮导槽（31）前端有喇叭形开口（311），底板左右边均向自行车轮导槽（31）下斜倒水，自行车轮导槽（31）底部有横向栅格（312），集水槽（32）沿泄水口（33）下斜倒水。

4. 如创造性特征3所述公共自行车消毒清洗机，其特征是：在箱体（1）左右两侧内壁滑轨（45）下方，自行车脚踏板最高点上方有抵导杆（16）。自行车出入口（11）上沿悬吊有挡水门帘（111），是水密性柔性薄片，分左右2片，周边有磁性条（112）。挡水门帘（111）在有自行车出入时被顶开，无自行车出入时自然下垂并与自行车入口边沿吸连。

5. 如创造性特征4所述公共自行车消毒清洗机，其特征是：有擦拭毛毡轮（51）经过轮臂（52）及铰链（53）与顶盖连接，轮臂（52）与顶盖之间有弹簧（54），其弹力使毛毡轮（51）压向自行车座椅。毛毡轮（51）经传动带（55）与擦拭电机（56）连接，受其驱动，轮臂（52）上连接有收放绳（57）接到收放电机（58），擦拭电机（56）与收放电机（58）均接主控制器（15）。

4.3 技术现状及设计目的

4.3.1 技术领域

本设计涉及公共自行车或共享单车系统技术领域，尤其涉及对公共自行车或共享单车进行自动消毒、清洗等技术领域。

4.3.2 技术现状

随着经济及技术发展，近几年城市公共自行车或共享单车发展普及迅速，但存在以下不足：

1. 人体直接坐在人造革座椅上，尤其是夏天，人们穿的裤子单薄，骑车运动使人体的分泌物增多，并渗透残留在座椅上，人体分泌物可能沾染致病菌或病毒，不同人租借骑用同一辆自行车，传染疾病的风险增大。

2. 不是寒冷天气，人们一般裸手握把手骑车，把手是表面不平坦的塑胶材料，易沾染积累污物，所以把手也存在传染疾病的风险，尤其是传染病流行期间风险会更大。

3. 公共自行车或共享单车如经过泥路、工地或多粉尘路段，或雨天过后，势必沾染泥尘，有时车子很脏，影响城市风景及卫生，影响下一位租借人骑行舒适度。

4. 公共自行车或共享单车如缺损，管理者难以发现，租借者骑行前如未及时发现，则可能影响骑行安全。

4.3.3 本设计目的

提供一种公共自行车或共享单车消毒清洗机，拟克服上述不足，解决下述问题：

1. 对座椅及把手进行重点消毒清洗，消除传染疾病的风险。

2. 对全车进行清洗，涤除沾染的泥尘，还城市文明美丽的风景，增加骑行舒适度。

3. 通过摄像机图像分析比对及称重，发现并定位公共自行车或共享单车的缺损，提醒管理人员维修，并提醒租借者慎借慎骑；能加注润滑油，延长自行车寿命，让骑行更省力。

4.4 总体方案及效果

4.4.1 本设计总体方案

提供一种公共自行车或共享单车消毒清洗机，其主体是一个箱体，实质为自行车自动淋浴室。箱体可容纳至少一辆公共自行车或共享单车立于其内。其正侧面有自行车出入口，面板上有显示器、指示灯、扬声器，均连接主控制器。顶盖下方有清洗喷淋管，有消毒洗涤剂喷嘴及吹气嘴指向自行车座椅及左右车把。底板上有自行车轮导槽，导槽下方有集水槽，槽底有泄水口。

自行车出入口前有自行车锁止器，用于抓住自行车，并牵引自行车出入箱体，其上方有电子标签读卡头，用于辨别该车是否属于系统内公共自行车或共享单车，决定是否接纳并启动消毒清洗程序。锁止器、读卡头均经过支架固定在横担上。横担两头与滑轨动连接，滑轨水平固定在箱体左右两侧内壁，横担经传动皮带与牵引电机连接，受牵引电机驱动。箱体上有进车到位和退车到位检测开关，锁止器、读卡头、牵引电机、检测开关均接主控制器。

清洗喷淋管有不少于3个喷淋孔指向自行车各部位，尤其是指向座椅及左右车把。清洗喷淋管经过电磁阀1及导管接小型水泵，消毒洗涤剂喷嘴经过电磁阀2及导管接微型消毒洗涤剂泵，吹气嘴经过电磁阀3及导管接微型空压机，所有泵及电磁阀均接主控制器。

自行车轮导槽前端有喇叭形开口，底板左右边均向自行车轮导槽下斜倒水，自行车轮导槽底部有横向栅格，便于泄水又使自行车出入箱体使跳跃震动抖水，集水槽沿泄水口下斜倒水。在箱体左右两侧内壁滑轨下方，自行车脚踏板最高点上方有抵导杆，从两边抵住自行车保证其立稳在箱体中间，又不阻碍自行车出入。自行车出入口上沿悬吊有挡水门帘，是水密性柔性薄片，分左右2片，周边有磁性条。门帘在有自行车出入时被顶开，无自行车出入时自然下垂与自行车入口边沿吸连。

有擦拭毛毡轮经过轮臂及铰链与顶盖连接，轮臂与顶盖之间有弹簧，其弹力使毛毡轮压向自行车座椅。毛毡轮经传动带与擦拭电机连接，受其驱动。轮臂上接有收放绳接到收放电机，收放电机与擦拭电机均接主控制器。

有至少1个摄像头进行定点抓拍，底板下面有至少1个压力传感器，用于对公共自行车或共享单车进行图像分析比对及称重，以发现缺损，提醒管理人员维修，并提醒租借者慎借慎骑。摄像头可以识别自行车二维码，获得该车唯一编号，便于上传该车相关信息。

作为升级改造，如公共自行车或共享单车活动部件设置了润滑油加注口，则本设计箱体内可以配上对应的润滑油加注嘴对准公共自行车或共享单车活动部件的润滑油加注口。

主控制器带通信模块，便于设备相关数据远传，或远程设置、控制。

4.4.2 本设计效果

当用户把公共自行车或共享单车推入清洗机入口时，主控制器启动消毒清洗程序，将自行车牵引入箱体内消毒清洗，洗完推出释放，用户可以取用自行车。实现了对座椅及把手进行重点消毒清洗，消除传染疾病的风险；同时实现了对全车进行清洗，涤除所沾染的泥尘，还城市文明美丽的风景，增加骑行舒适度；通过图像分析及称重比对，发现并定位公共自行车或共享单车的缺损，提醒管理人员维修，并提醒租借者慎借慎骑；能加注润滑油，能延长自行车寿命，让骑行更省力。

4.5 设计原理与实施方案

4.5.1 附图说明

图4-1为本设计实施例总体示意图。

图4-2为本设计实施例牵引机构示意图。

图4-3为本设计实施例喷淋装置示意图。

图4-4为本设计实施例底板示意图。

图4-5为本设计实施例自行车出入口及门帘示意图。

图4-6为本设计实施例毛毡轮示意图。

图4-7为本设计实施例控制电路框图。

4.5.2 具体工作原理与实施方案

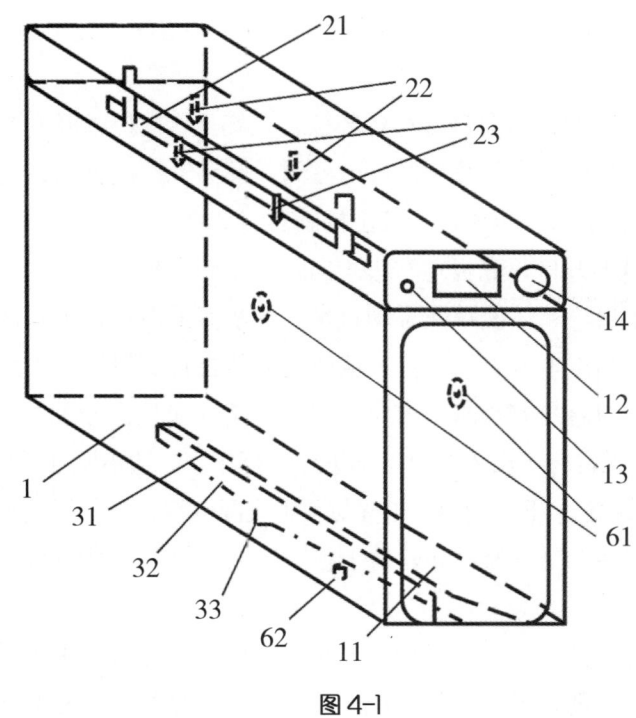

图 4-1

图 4-1 为本设计实施例总体示意图。如图 4-1 所示，箱体（1）可容纳至少一辆公共自行车或共享单车立于其内，即本设计基本型是可容纳一辆公共自行车或共享单车，如必要可扩展至多辆并行分别出入消毒清洗。箱体（1）外壳可用不锈钢为主构造，左右侧面可以辅以玻璃等透明材料；其正侧面自行车出入口（11），可以用各种轮廓，以满足自行车顺畅出入为限；面板上显示器（12）及指示灯（13）显示本设计工作状态；扬声器（14）用语言报告工作状态及清洗消毒进程；顶盖下方清洗喷淋管（21），用于向下喷射水幕清洗，座椅及车把等有使用消毒洗涤剂的部位重点冲洗；消毒洗涤剂喷嘴（22）用于喷涂消毒洗涤剂；吹气嘴（23）用于在清洗完毕后吹干座椅及车把；底板（3）上自行车轮导槽（31）用于引导自行车轮沿槽进出，导槽下方集水槽（32），槽底泄水口（33）用于排泄清洗过的水。

有至少 1 个摄像头（61）在固定位置进行定点抓拍，摄像头可以安装在箱体内侧壁，如空间允许，安装在外部拍摄效果更佳。底板（3）下面有至少 1 个压力传感器（62），均接主控制器（15），用于对公共自行车或共享单车进行摄像并称重，与完好的自行车进行比较，以发现缺损，提醒管理人员维修，并提醒租借者对车况进行检查，慎借慎骑，以策安全。同时，摄像头拍摄车身上的二维码，对单车唯一编号进行识别记录，便于上传该车相关信息。

图 4-2 为本设计实施例牵引机构示意图。如图 4-2 所示，自行车出入口（11）前的自行车锁止器（41）及其上方的电子标签读卡头（42），组成自行车牵引头，前者用于抓住自行车，以牵入箱体（1）内清洗或洗完推出，后者用于检测待洗自行车是否属本系统的车子。自行车锁止器（41）及电子标签读卡头（42）均为市售成熟产品。支架（43）、横担（44）、滑轨（45）、传动皮带（46）及牵引电机（47）组成传动机构，实现自行车牵入消毒清洗及洗完推出的动作。锁止器（41）、读卡头（42）、牵引电机（47）、进车到位和退车到位检测开关（48）均接主控制器（15），进车到位和退车到位检测开关（48）协助主控制器（15）完成作业操控。

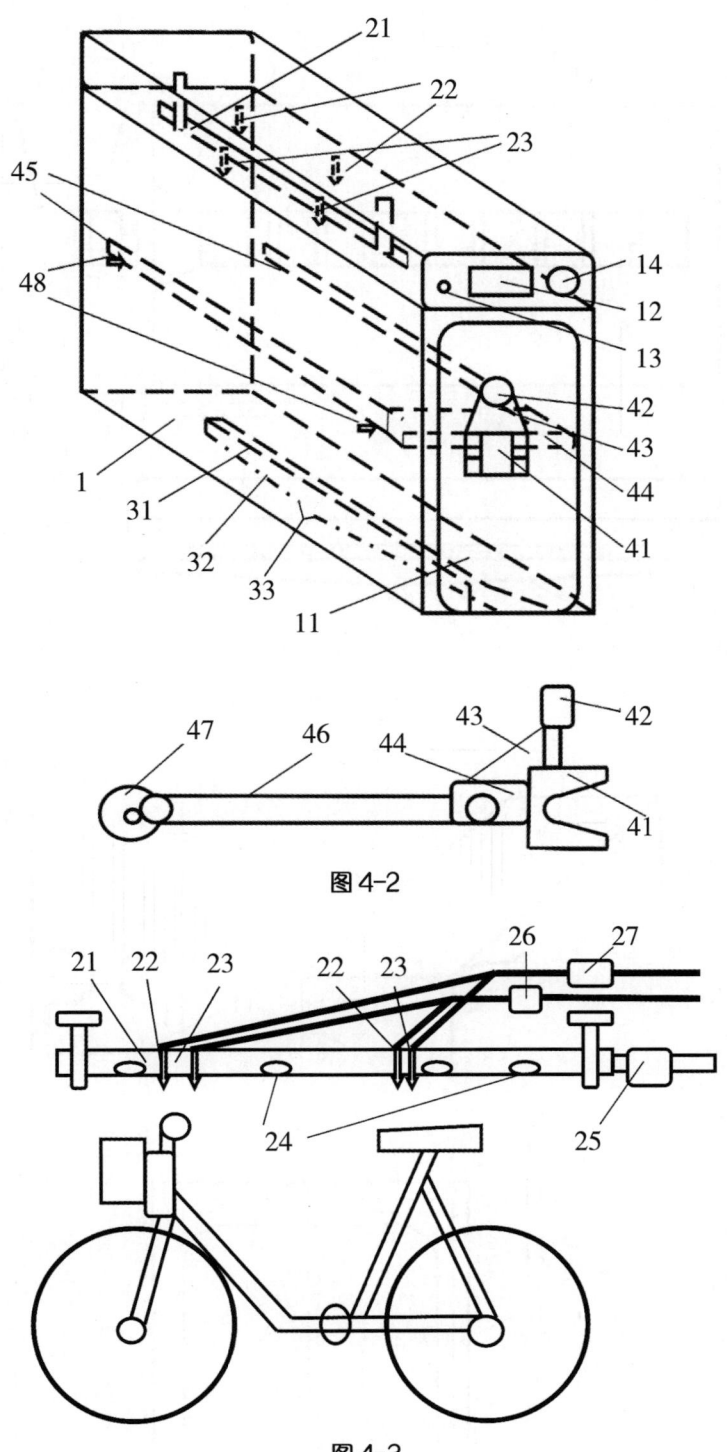

图4-2

图4-3

图4-3为本设计实施例喷淋装置示意图。如图4-3所示，清洗喷淋管（21）可以有十余个至数十个喷淋孔（24）指向自行车各部位，尤其是指向座椅及左右车把。清洗喷淋管（21）经过电磁阀1（25）及导管接小型水泵，消毒洗涤剂喷嘴（22）经过电磁阀2（26）及导管接微型消毒洗涤剂泵，吹气嘴（23）经过电磁阀3（27）及导管接微型空压机，所有泵及电磁阀均接主控制器（15）。在主控制器（15）控制下，自行车牵入到位后，先喷消毒洗涤剂，然后放下擦拭毛毡轮（51）擦拭后即抬起，之后冲洗清水，最后给座椅、车把吹气把水珠吹走。

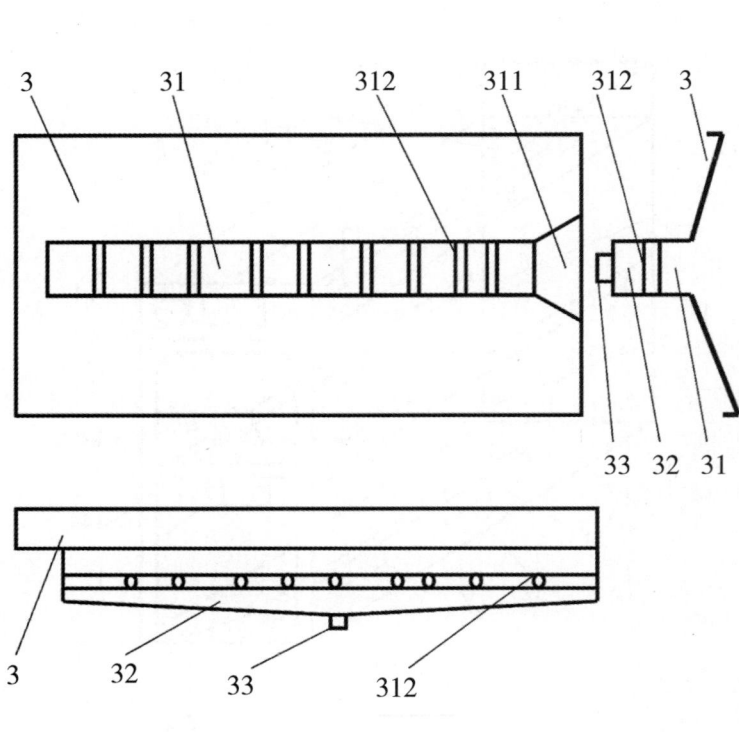

图 4-4

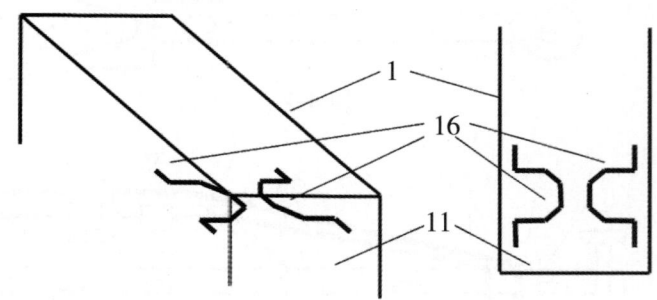

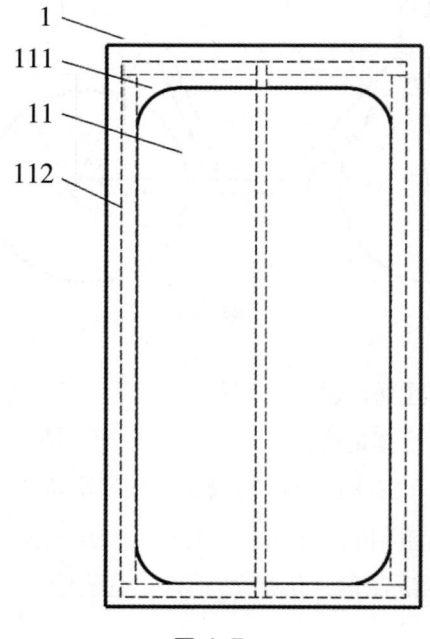

图 4-5

图4-4为本设计实施例底板示意图。如图4-4所示，底板（3）上有自行车轮导槽（31），其前端喇叭形开口（311），用于引导自行车轮准确入槽。自行车轮导槽（31）底部有横向栅格（312），既有利于迅速排水，又实现了推出自行车时车轮跳跃栅格（312）时适当抖动，以抖落挂在车身上的水珠。栅格（312）可用不锈钢管组成。底板左右两边均向自行车轮导槽（31）下斜倒水，集水槽（32）沿泄水口（33）下斜倒水，均是为了排水顺畅、彻底。

图4-5为本设计实施例自行车出入口及门帘示意图。如图4-5所示，在箱体（1）左右两侧内壁滑轨（45）下方，自行车脚踏板最高点上方有抵导杆（16），用于从两边抵住自行车保证其立稳在箱体中，又不阻碍自行车出入。抵导杆（16）最好为塑胶材料，不可有尖锐或太硬，防止刮坏自行车的烤漆。自行车出入口（11）的挡水门帘（111）及周边的磁性条（112），可以防止清洗时液体外溢。当然，本设计也可以使用其他类型的自动门。

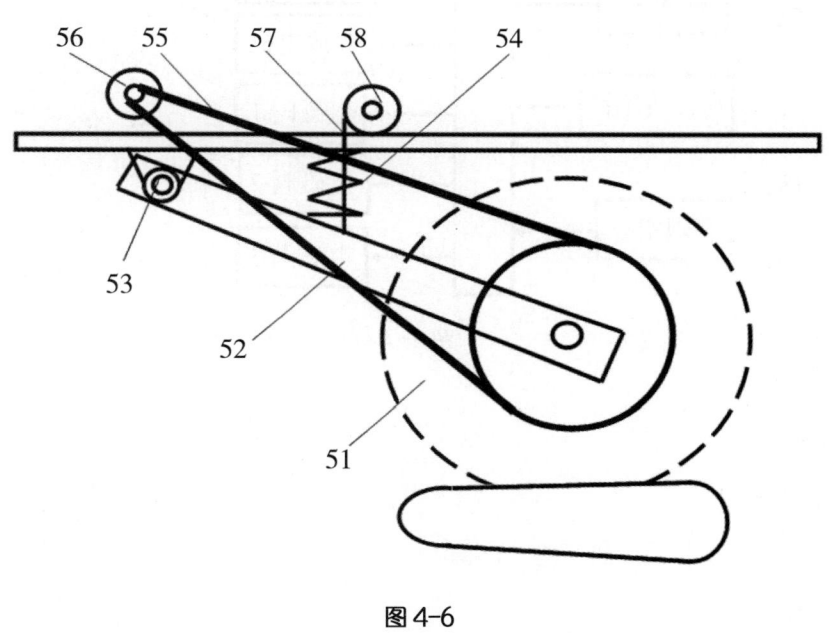

图4-6

图4-6为本设计实施例毛毡轮示意图。如图4-6所示，擦拭毛毡轮（51）、轮臂（52）、铰链（53）、弹簧（54）、传动带（55）、擦拭电机（56）、收放绳（57）、收放电机（58）组成擦拭转动及抬起机构，实现相关动作。擦拭电机（56）经传动带（55）带动擦拭毛毡轮（51）转动，收放电机（58）经收放绳（57）带动轮臂（52）抬起或放下，这些动作均在主控制器（15）控制下实现。

图4-7为本设计实施例控制电路框图。如图4-7所示，主控制器（15）是本设计的控制中枢，密封在箱体（1）内不可见之处，可以以组合逻辑电路为主配合常规电子电路组成，也可以以编程控制器为主组成，如以单片微处理器为主组成专用控制器更好。设置键盘（17）可以处在侧面板，也可以在必要时再接入。主控制器带通信模块，与管理中心（18）保持通信，便于设备相关数据远传，或远程设置、控制。

公共自行车或共享单车活动部件设置了润滑油加注口，则本设计箱体内可以配上对应的润滑油加注嘴对准公共自行车或共享单车活动部件的润滑油加注口，延长自行车寿命，让骑行更省力。

根据使用需求及场地条件，可以将本设计制造成开放式、多联体，为共享单车运营商所用；针对不使用电子标签，而是使用二维码标签的共享单车，实施例中应将电子标签读卡头更换为扫码摄像头。

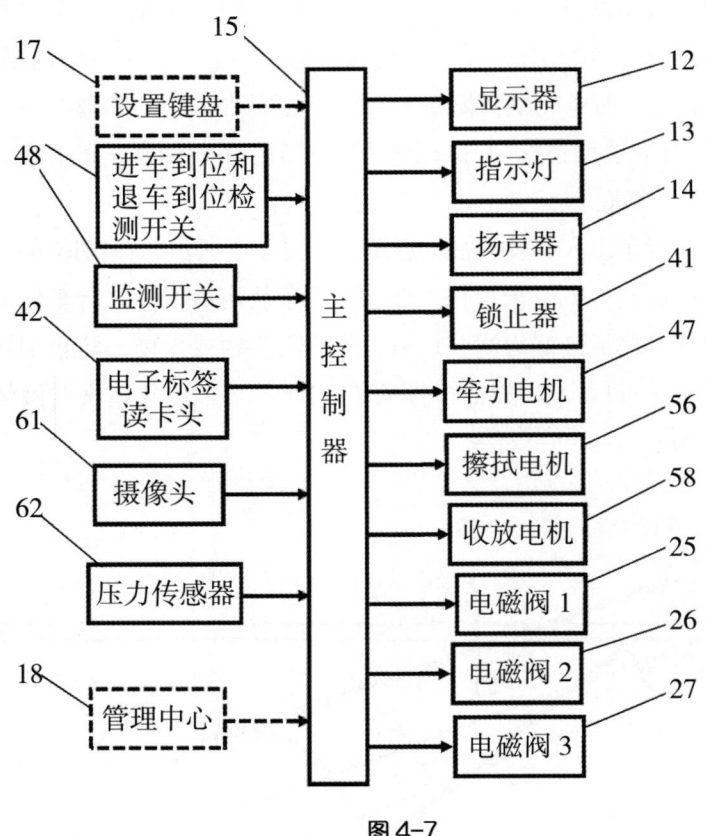

图 4-7

5 电梯智能控制附加器

（实用新型专利号 ZL202021132881.X）

5.1 方案概述

一种电梯智能控制附加器，可以用语音识别、人脸识别、手机应用软件（APP）等方式操控电梯，能取代但不影响电梯原控制盘的控制功能和安全性能，不需要触碰呼梯和控梯按钮，防止病毒细菌交叉感染，减少原控制盘的按键频次，延长使用寿命。其有拾音器、摄像头、模拟开关、通信模块、连接缆、感应读卡模块、指纹采集器等分别与数字处理器电连接，连接缆与电梯各个控制按键触点分别对应并接；对控梯语音指令进行语音识别，接通相应按钮，能纠错；对乘客人脸图像进行识别，直接控制电梯到达目标楼层；用语音识别或人脸识别功能识别乘梯权限，取代刷卡乘梯；授权用户可用手机应用软件（APP）实现语音采集、人脸图像采集、呼梯和控梯指令传输、指纹采集，用手机操控电梯；用内置读卡器取代电梯外置的读卡盒，与语音、人脸鉴权互补。

5.2 创造性特征（图 5-1）

1. 一种电梯智能控制附加器，包含主机盒（1）、连接缆（2）。其特征是：主机盒包含数字处理器（3）及附属器件，有拾音器（4）、摄像头（5）与数字处理器（3）输入接口电连接，有模拟开关（6）控制端与数字处理器（3）开关量输出接口电连接，模拟开关（6）输出端与连接缆（2）电连接，连接缆（2）与电梯控制面板（7）上各个控制按键触点分别对应并接。

2. 根据创造性特征 1 所述电梯智能控制附加器，其特征是：有通信模块（8）接数字处理器（3）。

3. 根据创造性特征 2 所述电梯智能控制附加器，其特征是：有感应读卡模块（9）接数字处理器（3）输入接口，有指纹采集器（10）接数字处理器（3）输入接口。

5.3 技术现状及设计目的

5.3.1 技术领域

本设计涉及一种电梯智能控制附加器，尤其涉及语音识别、人脸识别、开关量控制、移动通信，及一种电梯智能控制附加器的设计制造等技术领域。

5.3.2 技术现状

高层建筑均依靠电梯出入，近年来多层建筑、一般公共建筑也都安装了电梯，城市居民与电梯的接触率很高，但当前电梯的使用存在如下问题：

1. 电梯控制按钮众人触碰，难免感染病毒细菌，是疫病传播的一大途径，对人们的健康造成严重威胁。
2. 电梯控制按钮整天高频率按压，是故障高发部位。
3. 双手提物、残疾人等难于出手按压按钮控梯，需有别人相助。
4. 用读卡方式识别乘客乘梯权限，有权乘客无卡也乘不了电梯。
5. 同一栋楼不同型号电梯不能联控。

5.3.3 本设计目的

提供一种电梯智能控制附加器，解决以下问题：

1. 对控梯语音指令进行语音识别，接通相应按钮。

2. 对乘梯人员人脸图像进行识别，根据其居住或常到楼层直接控制目标楼层电梯按钮，控梯可以更改纠错。

3. 用乘梯密语识别或人脸识别功能来识别乘客乘梯权限。

4. 授权用户用手机应用软件（APP）实现语音采集、人脸图像采集、呼梯指令传输、控梯指令传输、指纹采集。

5. 实现同一栋楼不同型号电梯能够联控。

6. 用读卡器读取乘客卡号，与其他鉴权方式互补，识别乘客乘梯权限，取代电梯外置的读卡盒。

7. 指纹采集器作为备用鉴权手段，用于非疫病流行期。

8. 可以取代却完全不影响电梯原控制盘的控制功能和安全性能，减少按键频次，延长使用寿命。

5.4 总体方案及效果

5.4.1 本设计总体方案

提供一种电梯智能控制附加器，其包含主机盒（1）、连接缆（2）。主机盒（1）包含数字处理器（3）及存储器、接口电路等附属器件，有拾音器（4）、摄像头（5）与数字处理器（3）输入接口电连接，有模拟开关（6）控制端与数字处理器（3）开关量输出接口电连接，模拟开关（6）输出端与连接缆（2）电连接。模拟开关（6）为电子继电器或机械触点继电器；连接缆（2）是多对缆线或多芯排线，与电梯控制面板（7）上各个相对应控制按键的触点分别对应并接。

主机盒（1）内有移动通信模块（8）接数字处理器（3），实现本设计与手机的通信，用手机应用软件（APP）实现语音采集、人脸图像采集、呼梯指令传输、控梯指令传输、指纹采集。

显示器（11）接数字处理器（3），一般为液晶显示器，用于显示本机工作状态，及设置所需。

主机盒（1）内有感应读卡模块（9）接数字处理器（3），有指纹采集器（10）接数字处理器（3）输入接口；有直流电源接主机盒（1），主机盒（1）外表面有胶粘面或悬挂眼。

5.4.2 本设计效果

1. 对控梯语音指令进行语音识别，接通相应按钮，乘客喊出几楼，则自动接通几楼按钮，并且，如果电梯原具备纠错功能，可以纠错。

2. 预先录入乘客的人脸图像及一般情况到达楼层，如居住楼层，对乘客人脸图像进行识别，直接控制目标楼层电梯按钮触点接通。

3. 预先录入乘梯密语，用语音识别功能，或预先录入乘客的人脸图像，用人脸识别功能来识别乘客乘梯权限，以取代刷卡乘梯。

4. 授权用户用手机应用软件（APP）实现语音采集、人脸图像采集、呼梯指令传输、控梯指令传输、指纹采集，在传染病流行期间或疫情防控时，用手机操控，不需触碰呼梯按钮、控梯按钮。

5. 实现同一栋楼不同型号电梯联控。

6. 用读卡器读取乘客卡号，识别乘客乘梯权限，取代电梯外置的读卡盒。

7. 指纹采集器作为备用鉴权手段，用于非疫病流行期。

8.可以取代却完全不影响电梯原控制盘的控制功能和安全性能，减少按键频次，延长使用寿命。

5.5 设计原理与实施方案

下面结合实施例，对本设计作进一步说明。

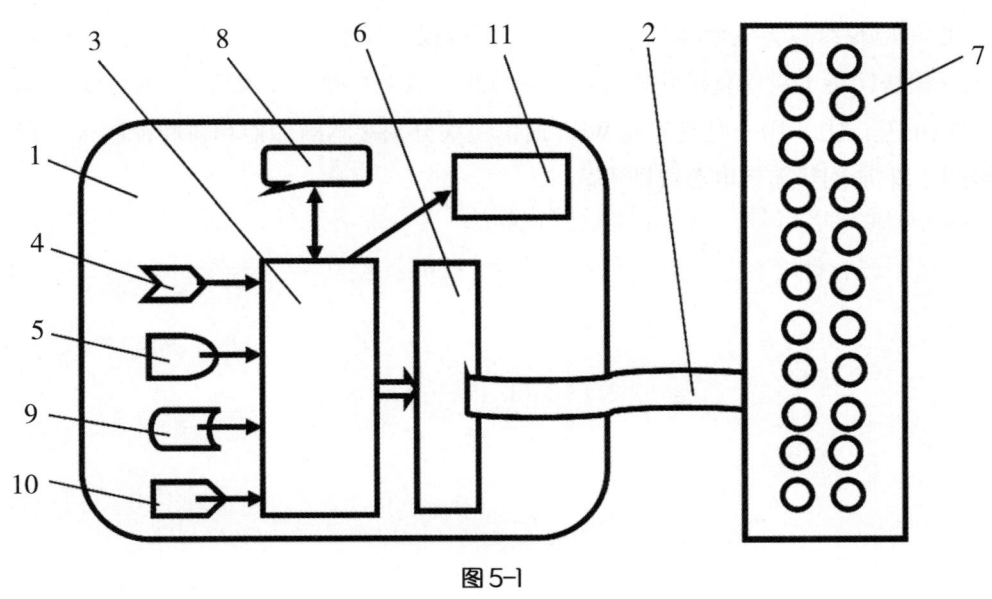

图5-1

图5-1为本设计实施例总体结构示意图。 本设计所述电梯智能控制附加器，其包含主机盒（1）、连接缆（2），主机盒（1）粘贴或悬挂于电梯轿厢内的控制面板附近，连接缆（2）从主机盒（1）侧面或者背面引出接入控制面板后面的控制按钮，与相对应的触点并接。主机盒包含数字处理器（3）及存储器、接口电路等附属器件，有些数字处理器已经集成了存储器、接口电路等，只需若干抗干扰电路。有拾音器（4）、摄像头（5）与数字处理器（3）的输入口电连接，拾音器（4）、摄像头（5）最好为数字量输出，摄像头（5）为高清。有模拟开关（6）控制端与数字处理器（3）开关量输出口电连接，模拟开关（6）输出端与连接缆（2）电连接。模拟开关（6）为电子继电器，如一般的CMOS模拟双向开关4016、4066等，或者为机械触点继电器，只需低压控制的微型继电器。连接缆（2）是多对缆线或多芯排线，与电梯控制各个相对应按键触点分别对应并接，一般采用锡焊，在断电停运状态下进行安装，需电梯维护单位的配合。

主机盒（1）内有移动通信模块（8）接数字处理器（3），移动通信模块（8）可以选择不同移动通信运营商，如中国移动、中国电信、中国联通，并插入相应号码卡，实现本设计与手机的通信。用手机应用软件（APP）实现语音采集、人脸图像采集，及手机软件界面上软键盘呼梯指令传输、控梯指令传输、指纹采集。在传染病流行期间或疫情防控时，用手机操控，不需要触碰呼梯按钮、控梯按钮。

通过手机应用软件（APP），通过主机盒（1）摄像头图像识别电梯实时所在楼层，可以实现同一栋楼不同型号电梯能够联控，即只需要一套呼梯按钮，软件根据各部电梯实时所在楼层分配一部电梯响应呼叫。这个应用，主机摄像头应能拍摄电梯楼层显示。有感应读卡模块（9）接数字处理器（3）用于取代电梯外置的读卡盒。有直流电源接主机盒（1），直流电源可以与电梯视频监控摄像头共用，或取自电梯控制器，主机盒（1）外表面有胶粘面或悬挂眼。有指纹采集器（10）接数字处理器（3），在非疫情时期用于乘梯鉴权，与刷卡、人脸识别、语音识别互补，适用于不善于接受智能化的老年人。

显示器（11）接数字处理器（3），一般为液晶显示器，用于显示本机工作状态，及设置所需。数字处理器（3）需安装控制软件，需为授权手机用户提供应用软件下载，拟另外申请软件著作权；控制软件嵌入了语音识别模块、人脸识别模块，这些软件模块，一般购买现成产品，属现有技术，不需细述。

5.6 后续优化方案

本设计一般由电梯维保方安装实施，有电梯厂商授权，如能获得该型号电梯控制协议，或购买该型号电梯控制接口模块，将本设计直接并入电梯控制总线，能大大减少接线数量，增加附加器可靠性。

在上述方案的基础上，用一对蓝牙或 WiFi 通信模块分别接本附加器和轿厢控制板，省去了二者之间的所有信号接线，附加器只需接电源线即可。

6 消毒囊
（实用新型专利号 ZL202020183948.6）

6.1 方案概述
　　一种消毒囊，用于医院、食药品厂、养殖场、酒店、食堂的工作人员出入工作场所消毒，或疫情期间人和物进入相关场所时的消毒，也用于快递件等物品的消毒。人戴上口罩，站到囊内，利用消毒液喷雾，与热风、臭氧配合，进行全身外表面消毒，不留死角；鼻孔对准透气窗以防消毒液气味呛人或消毒液被吸入；各种物品放入囊内，用高温蒸汽或消毒液喷雾或臭氧进行消毒，可消除疫病感染隐患。这种消毒囊，由柔性材料膜组成柱形或橄榄球形或仿人体流线型囊体，囊壁上有相互连通的充气管充满气支撑囊体，能容纳至少1人站立，有出入门、透气窗，囊底上有站人或搁物底盘，盘面有残液收集沟，盘边有残液泄放口，囊底有充气泵、消毒液雾化器、蒸汽发生器、电热风机、臭氧发生器、重力传感器，囊壁上有液雾喷嘴；有红外探头、温度传感器、气压传感器均接控制板，控制板包含数字处理器、触摸屏。

6.2 创造性特征（图6-1~图6-2）
　　1. 一种消毒囊，其特征是：由柔性薄片组成囊体（1），其囊壁（11）上有相互连通的充气管（21），充气管（21）充满气并达到设定气压后形成囊体（1）支撑肋条。囊体（1）内能容纳不少于1名成年人站立。囊壁（11）下部有出入门（12），上部有透气窗（13），出入门（12）、透气窗（13）的封片（14）一侧与囊壁（11）连接，其余侧用魔术贴（15）与囊壁（11）活连接。囊底（16）上有站人或搁物底盘（17），盘面有残液收集沟（18），盘边有残液泄放口（19）。
　　囊底（16）有充气泵（22）、消毒液雾化器（23）、蒸汽发生器（24）、电热风机（25）、臭氧发生器（26）、重力传感器（27），均与控制板（31）电连接。囊壁（11）上有红外探头（32）与控制板（31）电连接，充气泵（22）出气口与充气管（21）连通。
　　2. 根据创造性特征1所述消毒囊，其特征是：消毒液雾化器（23）至少1个，每个雾化器至少1个雾化喷嘴，喷嘴在囊壁（11）上向囊内喷雾。
　　3. 根据创造性特征2所述消毒囊，其特征是：组成囊体（1）的柔性薄片为透明塑胶膜，囊体（1）为柱形或橄榄球形或仿人体流线型。
　　4. 根据创造性特征1或2或3所述消毒囊，其特征是：控制板（31）包含数字处理器（33）、触摸屏（34），囊体内有温度传感器（35），充气管（21）内有气压传感器（36）均与控制板（31）电连接。

6.3 技术现状及设计目的
6.3.1 技术领域
本设计涉及人员消毒，尤其涉及一种消毒囊的设计制造等技术领域。
6.3.2 技术现状
医院、食药品厂、养殖场、酒店、食堂的工作人员出入工作场所均需消毒；传染病流行期间，机关、企事业单位人员出入工作场所，人或快递件进入家门也有必要消毒。但当前上述消毒，尤其是人和物的外表面消毒仍存在如下问题：

1. 医院、养殖场、食药品厂、酒店、食堂的工作人员出入工作场所消毒所需专业设备比较昂贵，远远未获普及。

2. 传染病流行期间，机关、企事业单位人员出入工作场所，人们进入家门需要消毒，市场上未见相关设备，一般用更换衣、帽、裤、鞋袜并洗手、洗澡来消除感染隐患，费时费力，难于做到。

3. 传染病流行期间，各种物品，如收到的快递物件，在运输流通环节易受污染，接收方难以消毒，存在隐患。

6.3.3 本设计目的

提供一种消毒囊，解决以下问题：

1. 人戴上口罩，站到囊内，利用消毒液喷雾，与热风、臭氧配合，进行全身外表面消毒，不留死角；

2. 各种物品，如收到的快递件，尤其是来自疫区的物件，放入囊内，用高温蒸汽或者消毒液喷雾，与热风、臭氧配合进行消毒，消除疫病感染隐患；

3. 其造价一般用户可以接受。

6.4 总体方案及效果

6.4.1 本设计总体方案

提供一种消毒囊，为透明塑胶膜等柔性薄片材料组成的柱形，或橄榄球形，或仿人体流线型等形状的囊体（1）。其囊壁（11）上纵横分布有相互连通的细充气管（21），并有不少于1个充放气阀，充气管（21）充满气并达到设定气压后形成囊体支撑肋条。囊体（1）能容纳不少于1名成年人站立。囊体（1）靠下部有出入门（12），靠上部有透气窗（13），出入门（12）、透气窗（13）的封片（14）或叫门扇一侧与囊壁（11）连接，其余侧用魔术贴（15）与囊壁（11）活连接。囊底（16）上有注塑或金属材料组成的站人或搁物底盘（17），盘面有残液收集沟（18），盘边有残液泄放口（19）。

囊底（16）的搁物底盘（17）下面有充气泵（22）、消毒液雾化器（23）、蒸汽发生器（24）、电热风机（25）、臭氧发生器（26）、重力传感器（27），均与控制板（31）电连接。囊壁（11）上有红外探头（32）与控制板（31）电连接，充气泵（22）出气口与充气管连通。

蒸汽发生器（24）、电热风机（25）、臭氧发生器（26）的出口均指向囊内，消毒液雾化器（23）至少1个，如有多个，可以装储不同消毒液。雾化器（23）经塑胶软管连接喷嘴，每个雾化器至少1个雾化喷嘴，喷嘴贴在囊壁（11）上向囊内喷雾，消毒喷嘴越多，消毒液的化雾分布越均匀。蒸汽发生器（24）包含储水仓、电热器、蒸汽喷嘴，蒸汽主要用于对物件的高温消毒。电热风机（25）包含电热翅片和风机，类似于家用电吹风。臭氧发生器（26）类似于消毒碗柜的臭氧发生器。重力传感器（27）监测囊内是否有需要消毒的人或物。

作为智能化实施例，控制板（31）包含数字处理器（33）、触摸屏（34），囊体内有温度传感器（35），充气管（21）内有气压传感器（36）均与控制板（31）电连接。数字处理器（33）为控制中枢，触摸屏（34）用于显示、控制和设置，温度传感器（35）监测囊体（1）内部温度，气压传感器（36）监测充气管气压，以充气管作为囊体支撑肋条便于不用时的收纳，便于折叠包装运输。

6.4.2 本设计效果

1. 人戴上口罩，站到囊内，利用消毒液喷雾，与热风、臭氧配合，进行全身外表面消毒，不留死角；不适应消毒液气味，或者为防止消毒液被鼻子、口腔吸入人体，消毒时口鼻对准透气窗；

2. 各种物品，如收到的快递物件，放入囊内，用高温蒸汽或消毒液喷雾，与热风、臭氧配合进行消毒，可以消除疫病感染隐患；

3. 主要结构为塑胶膜，其造价一般用户可以接受。

6.5 设计原理与实施方案

6.5.1 附图说明

图 6-1 为本设计实施例结构示意图。

图 6-2 为本设计实施例电气连接关系方框示意图。

6.5.2 具体工作原理与实施方案

下面结合实施例，对本设计作进一步说明。

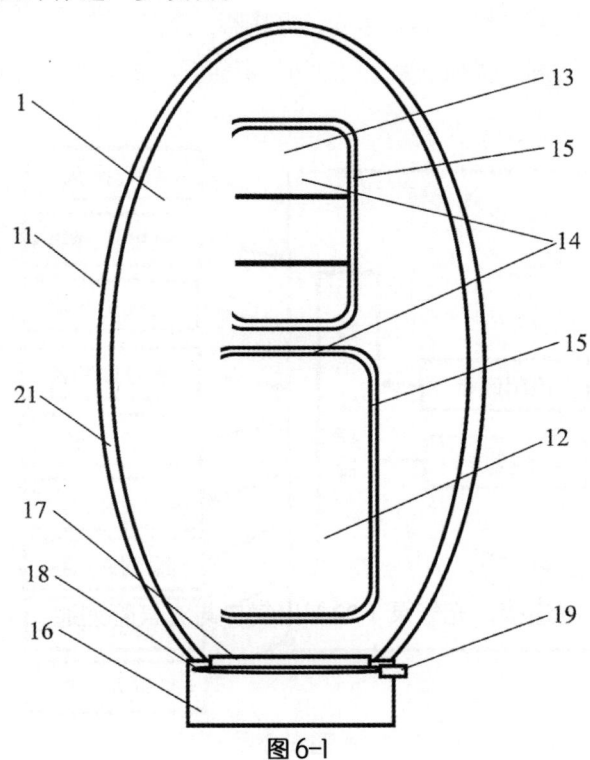

图 6-1

图 6-1 为本设计实施例结构示意图。 这种消毒囊，为透明塑胶膜等柔性薄片材料组成的柱形，或橄榄球形，或仿人体流线型等形状的囊体（1）。其囊壁（11）上纵横分布有相互连通的细充气管（21），并有不少于 1 个充放气阀，充气管（21）充满气并达到设定气压后形成囊体支撑肋条，使囊体（1）能立起来。囊体（1）能容纳不少于 1 名成年人站立。囊体（1）靠下部有出入门（12），便于使用的人进出，靠上部有透气窗（13），便于消毒的时候，人的口鼻避开消毒雾气，出入门（12）、透气窗（13）的封片（14）或叫门扇左侧或上侧与囊壁（11）连接，其余侧用魔术贴（15）与囊壁（11）活连接。根据不同身高的消毒人，透气窗可设置多个，如高、中、低 3 个。囊底（16）上有注塑或金属材料组成的站人或搁物底盘（17），盘面有残液收集沟（18），盘上如铺设毡片，该毡片会吸附消毒液，有助于鞋底消毒，

盘边有残液泄放口（19），可将冷凝积累的消毒残液排出。

囊底（16）搁物底盘（17）下面有充气泵（22）、消毒液雾化器（23）、蒸汽发生器（24）、电热风机（25）、臭氧发生器（26）、重力传感器（27），均与控制板（31）电连接，并受控于控制板（31）。囊壁（11）上有红外探头（32）与控制板（31）电连接，并受控于控制板（31）。蒸汽发生器（24）、电热风机（25）、臭氧发生器（26）的出口均指向囊内。充气泵（22）出气口与充气管连通，用于给充气管充放气，以充气管作为囊体支撑肋条便于不用时的收纳，便于折叠包装运输。消毒液雾化器（23）用于把消毒液雾化，使液雾充满囊体内部。蒸汽发生器（24）用于产生蒸汽，与消毒液配合实现消毒。电热风机（25）产生大流量热风，配合消毒。臭氧发生器（26）产生臭氧充斥囊内空间，辅助消毒。各消毒手段依据的原理不同，这些根据需要同时进行或分时分别进行。重力传感器（27）用于检测囊内有无需要消毒的人或物。囊壁（11）上有红外探头（32）与控制板（31）电连接，用于感知囊内是否站人，辅助控制消毒的启停。

消毒液雾化器（23）至少1个，如有多个，可以装储不同消毒液，适应于不同消毒需求。雾化器（23）经塑胶软管连接喷嘴，每个雾化器至少1个雾化喷嘴，喷嘴贴在囊壁（11）上向囊内喷雾，消毒喷嘴越多，消毒液的化雾分布越均匀。蒸汽发生器（24）包含储水仓、电热器、蒸汽喷嘴，蒸汽主要用于对物件的高温消毒。电热风机（25）包含电热翅片和风机，类似于家用电吹风。臭氧发生器（26）类似于消毒碗柜的臭氧发生器。

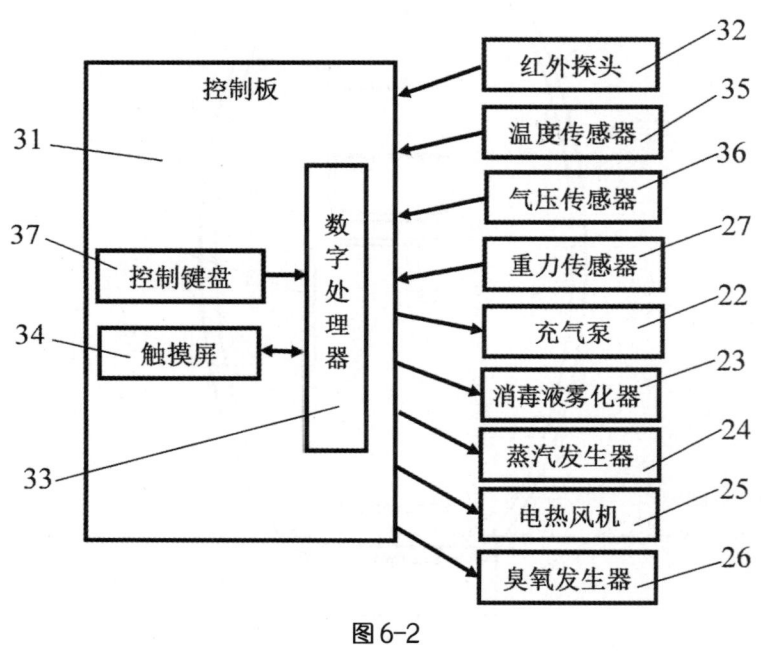

图6-2

图6-2为本设计实施例电气连接关系方框示意图。作为基本实施例，所有电气器件均接入控制板（31）。控制板（31）可以包含控制键盘（37）对消毒操作进行人工操作控制。控制板一般在囊壁（11）上，便于消毒操作。

作为智能化实施例，控制板（31）包含数字处理器（33）、触摸屏（34）及辅助元器件，实现本消毒囊的智能化控制。数字处理器（33）是控制中枢，触摸屏（34）用于设置及控制操作，也用于工作状态显示。囊体内有温度传感器（35）监测囊内温度，充气管（21）内有气压传感器（36）用于监测充气管气压，加上囊底的重力传感器（27）、囊壁（11）的红外探头（32）等，均与控制板（31）电连接，把相关参数输入数字处理器（33），判断相关部件的工作状态，控制其启停。

7 钻屑收容器

（实用新型专利号 202020726895.8）

7.1 方案概述

一种钻屑收容器，在工业生产和建设、装修、维修工地用电动工具打洞或取孔作业中，收容钻头甩出的钻屑、粉尘或液体，清除简便，避免污染环境，防止钻屑等损害操作手和他人的健康，也可衰减一些作业噪音。其收容筒可伸缩，前口边沿有橡胶或塑料组成的弹性圈，在压紧弹簧压力下扣住被钻界面，后口边沿有弹性线或捆扎绳组成的缩口筋，卡在钻头卡具后面的非转动部位，压紧弹簧连接在前口与后口之间。伸缩条一头连接前口，另一头连接扳机或收放轮，可将收容筒后拉收缩，以在作业时腾出钻位视野。收容筒包围被钻界面至钻头卡具之间周围，收集容纳钻头作业时甩出的钻屑、粉尘或液体。收容筒内被钻界面有钻屑刷，将钻屑甩向收容筒。收容筒壁有引流嘴，可连接引流管。

7.2 创造性特征（图7-1~图7-7）

1. 一种钻屑收容器，其特征是：有可伸缩收容筒（1），其两头开口，前口（11）边沿有弹性圈（12），后口（13）边沿有缩口筋（14），有压紧弹簧（2）连接在前口（11）与后口（13）之间，有伸缩条（3）一头连接前口（11）向后延伸。收容筒（1）与钻具钻头（4）同轴，弹性圈（12）在压紧弹簧（2）压力下扣住被钻界面，后口（13）受缩口筋（14）收缩力作用卡在钻头卡具（5）后面的非转动部位。收容筒（1）包围被钻界面至钻头卡具（5）之间周围，收集容纳钻头作业时甩出的钻屑、粉尘或液体。伸缩条（3）可将收容筒（1）后拉收缩，以腾出钻位视野。

2. 根据创造性特征1所述钻屑收容器，其特征是：收容筒（1）由可伸缩同轴套筒或者由柔性薄片组成，弹性圈（12）由橡胶或塑料组成，收口筋（14）由弹性线或柔性捆扎带组成。

3. 根据创造性特征1所述钻屑收容器，其特征是：收容筒（1）筒壁上有引流嘴（6），可以连接引流管（61）。

4. 根据创造性特征1所述钻屑收容器，其特征是：压紧弹簧（2）为1支与钻头同轴的螺旋弹簧；或者压紧弹簧（2）为不少于2支弹簧，分布在收容筒（1）边沿。

5. 根据创造性特征1所述钻屑收容器，其特征是：伸缩条（3）为刚性臂，一头连接前口（11），另一头连接扳机（31），方便伸缩操作；或者伸缩条（3）为柔性线，一头连接前口（11），另一头连接收放轮（32），方便伸缩操作。

6. 根据创造性特征1或2或3或4或5所述钻屑收容器，其特征是：有钻屑刷（7），为指向被钻界面毛刷，中轴有弹性卡箍（71），在收容筒内卡在钻具转动部位随钻头（4）转动，将钻屑、粉尘或液体甩向收容筒（1）及引流嘴（6）。

7.3 技术现状及设计目的

7.3.1 技术领域

本设计涉及电动工具，尤其涉及一种取孔、钻洞机具的钻屑收容器的设计制造等技术领域。

7.3.2 技术现状

工业生产和建设、装修、维修工地常需要用电动工具打洞或取孔，但上述打洞或取孔作业时甩出的钻屑、粉尘或液体，会污染操作界面周围环境，难以清除，尤其是甩出的粉尘，还会损害操作手和他人的健康。

7.3.3 本设计目的

提供一种钻屑收容器，能收集和容纳电动工具打洞或取孔时甩出的钻屑、粉尘或液体，避免污染操作界面周围环境，防止钻屑等损害操作手和他人的健康，也可衰减一些作业噪音。

7.4 总体方案及效果

7.4.1 本设计总体方案

提供一种钻屑收容器，有可伸缩的收容筒（1），其两头开口，前口（11）边沿有橡胶或塑料的弹性圈（12），后口（13）边沿有弹簧卡箍、橡皮筋或捆扎绳组成的缩口筋（14），有压紧弹簧（2）连接在前口（11）与后口（13）之间，有伸缩条（3）一头连接前口（11）向后延伸。收容筒（1）与钻具钻头（4）同轴，前口（11）的弹性圈（12）在压紧弹簧（2）压力下扣住被钻界面，后口（13）受缩口筋（14）收缩力作用卡在钻头卡具（5）后面的非转动部位。收容筒（1）包围被钻界面至钻头卡具（5）之间周围，收集容纳钻头作业时甩出的钻屑、粉尘或液体。伸缩条（3）可将收容筒（1）后拉收缩，以在作业过程中腾出钻位视野，观察钻头对准情况及作业进展情况。

收容筒（1）由可伸缩同轴套筒组成，形成可伸缩圆筒，或者由柔性薄片组成，形成鼓状皮囊。收容筒（1）筒壁上有引流嘴（6），可以连接引流管（61），当钻具使用降温液或润滑液时，将其导出，或将粉尘气流引入消尘装置。

压紧弹簧（2）用于把前口（11）边沿的弹性圈（12）顶紧在被钻物表面，防止钻屑甩出或液体渗出收容筒（1）之外。压紧弹簧（2）由1支与钻头同轴的螺旋弹簧组成；或者由不少于2支其他类型弹簧组成，分布在收容筒（1）边沿，顶住弹性圈（12）。伸缩条（3）可以为刚性臂，一头连接前口（11），另一头连接扳机（31），手扣扳机实现伸缩操作；伸缩条（3）也可以为柔性线，一头连接前口（11），另一头连接收放轮（32），转动收放轮（32）实现伸缩操作。

有钻屑刷（7），为辐射状毛刷，指向钻头（4）与弹性圈（12）之间的被钻界面。中轴有弹性卡箍（71），在收容筒内卡在钻具转动部位随钻头（4）转动，用于将钻屑、粉尘或液体甩向收容筒（1）及引流嘴（6），把被钻界面打扫干净，最大限度地收容钻屑、粉尘或液体。

7.4.2 本设计效果

能收容电动工具打洞或取孔时甩出的钻屑、粉尘或液体，实现简便地清除，避免污染操作界面周围环境，防止钻屑等损害操作手和他人的健康，还在一定程度上衰减了作业噪音。

7.5 设计原理与实施方案

7.5.1 附图说明

图7-1为本设计实施例总体结构示意图。

图7-2为本设计实施例收容筒为皮囊，压紧弹簧为与钻头同轴的螺旋弹簧示意图。

图 7-3 为本设计实施例压紧弹簧为 2 支以上小直径弹簧示意图。

图 7-4 为本设计实施例压紧弹簧为 2 支以上弹弓式弹簧示意图。

图 7-5 为本设计实施例伸缩条为柔性线连接收放轮示意图。

图 7-6 为本设计实施例钻屑刷前视图。

图 7-7 为本设计实施例钻屑刷侧视图。

7.5.2　具体工作原理与实施方案

下面结合实施例，对本设计作进一步说明。

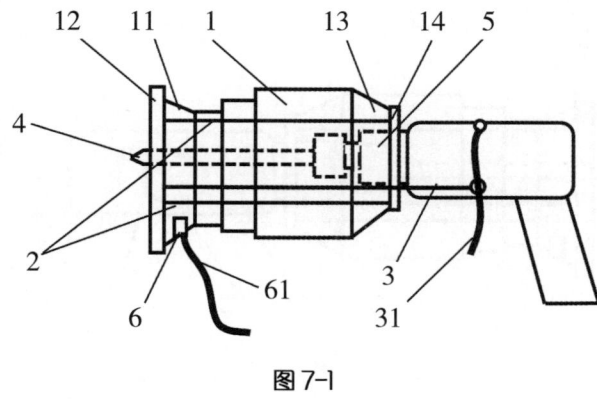

图 7-1

图 7-1 为本设计实施例总体结构示意图。 这种钻屑收容器，有可伸缩的收容筒（1），其两头开口，前口（11）边沿有橡胶或塑料的弹性圈（12），后口（13）边沿有弹簧卡箍、橡皮筋或捆扎绳组成的缩口筋（14），有压紧弹簧（2）连接在前口（11）与后口（13）之间，有伸缩条（3）一头连接前口（11）向后延伸。收容筒（1）与钻具钻头（4）同轴，前口（11）的弹性圈（12）在压紧弹簧（2）压力下扣住被钻界面，后口（13）受缩口筋（14）收缩力作用卡在钻头卡具（5）后面的非转动部位。收容筒（1）包围被钻界面至钻头卡具（5）之间周围，收集容纳钻头作业时甩出的钻屑、粉尘或液体。伸缩条（3）可将收容筒（1）后拉收缩，以在作业过程中腾出钻位视野，观察钻头对准情况及作业进展情况。

收容筒（1）由可伸缩同轴套筒组成，形成可伸缩圆筒，或者由柔性薄片组成，形成鼓状皮囊。收容筒（1）筒壁上有引流嘴（6），可以连接引流管（61），当钻具使用降温液或润滑液时，将其导出。压紧弹簧（2）用于把前口（11）边沿的弹性圈（12）顶紧在被钻物表面，防止钻屑甩出或液体渗出收容筒（1）之外，压紧弹簧（2）由 1 支与钻头同轴的螺旋弹簧组成，或者由不少于 2 支其他类型弹簧组成，分布在收容筒（1）边沿，顶住弹性圈（12）。伸缩条（3）可以为刚性臂，一头连接前口（11），另一头连接扳机（31），手扣扳机实现伸缩操作；伸缩条（3）也可以为柔性线，一头连接前口（11），另一头连接收放轮（32），转动收放轮（32）实现伸缩操作。

有钻屑刷（7），为辐射状毛刷，指向钻头（4）与弹性圈（12）之间的被钻界面。中轴有弹性卡箍（71），在收容筒内卡在钻具转动部位随钻头（4）转动，用于将钻屑、粉尘或液体甩向收容筒（1）及引流嘴（6），把被钻界面打扫干净，最大限度地收容钻屑、粉尘或液体。

图 7-2 为本设计实施例收容筒为皮囊，压紧弹簧为与钻头同轴的螺旋弹簧示意图。 压紧弹簧（2）由 1 支与钻头同轴的螺旋弹簧组成，其在收容筒（1）内或外撑起桶状或鼓状空间，并为弹性圈（12）提供压紧被钻界面的弹力。

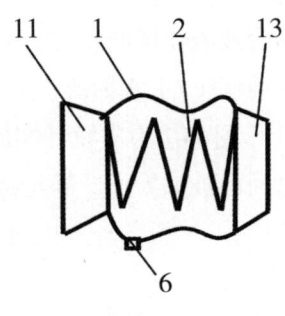

图 7-2

图7-3为本设计实施例压紧弹簧为2支以上小直径弹簧示意图。 可以由2支或者3支小直径螺旋弹簧组成，均匀分布在收容筒（1）边沿，顶住弹性圈（12）。

图7-4为本设计实施例压紧弹簧为2支以上弹弓式弹簧示意图。 可以由2支或者3支弹弓式弹簧组成，均匀分布在收容筒（1）边沿，顶住弹性圈（12）。

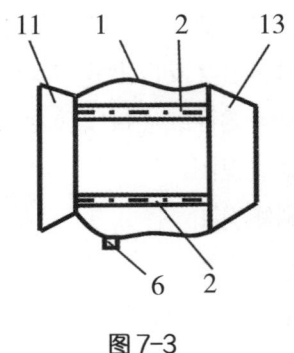

图7-3

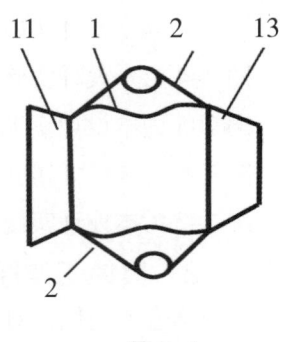

图7-4

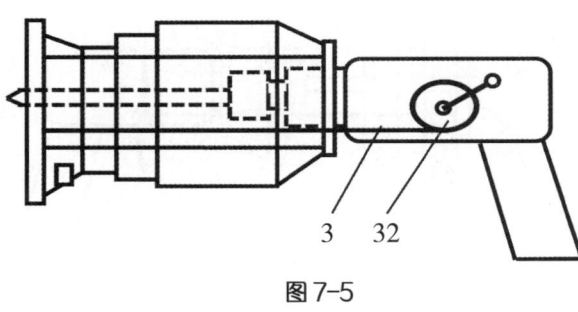

图7-5

图7-5为本设计实施例伸缩条为柔性线连接收放轮示意图。 伸缩条（3）为柔性线时，一头连接前口（11），另一头连接收放轮（32），转动收放轮（32）实现伸缩操作，便于在作业中观察钻头对准情况和取孔进度等。

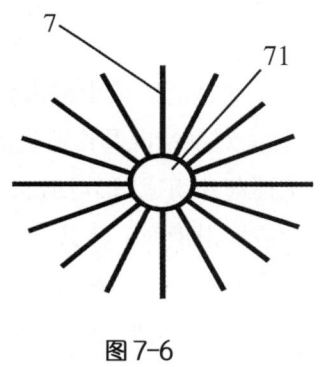

图7-6

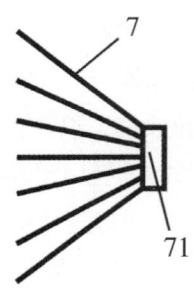

图7-7

图7-6为本设计实施例钻屑刷前视图。 钻屑刷（7）为辐射状毛刷，指向钻头（4）与弹性圈（12）之间的被钻界面。中轴有弹性卡箍（71），在收容筒内卡在钻具转动部位随钻头（4）转动，用于将钻屑、粉尘或液体甩向收容筒（1）及引流嘴（6），把被钻界面打扫干净，最大限度地收容钻屑、粉尘或液体。钻屑刷（7）宜稀疏，不宜密集，以免影响作业视野；钻屑刷（7）可以前后推动，可拆卸。

图7-7为本设计实施例钻屑刷侧视图。 钻屑刷（7）为辐射状毛刷，指向钻头（4）与弹性圈（12）之间的被钻界面。静止状态刷毛基本与钻头（4）平行，转动时在离心力作用下自然外斜。

8 特殊垃圾消毒垃圾桶

（发明专利申请号 202010556588.4）

8.1 方案概述

一种特殊垃圾消毒垃圾桶，适用于医院、屠宰场、养殖场、海鲜卖场、餐饮店、食堂等，居家也可配备微小简化型。其利用高温高压把垃圾中最危险的未煮熟的动物残体成分蒸熟，消除其快速腐烂发臭，污染环境的危险；在垃圾产生的第一道关口灭菌消毒，消除垃圾后续收运环节传播疾病风险；经消毒的特殊垃圾，有些可以发酵积肥，免焚烧或填埋污染环境，省地省钱；可实现远程操控、智能化管理。其桶底有一个储水盒，盒内有电热器，盒上有蒸汽喷管，盒侧有注水口、注药口；桶盖上有泄压口，口上有泄压帽，口外有蒸汽吸收水盒，蒸汽喷管端部密封，底部与储水盒相通，侧面密布细孔；控制板接电热器、控制键盘、温控开关、压力开关，如接温度传感器、压力传感器、水位传感器、物位传感器、卫星定位模块、通信模块、显示器，组成智能型，能智能控制。

8.2 创造性特征（图 8-1~图 8-2）

1. 一种特殊垃圾消毒垃圾桶，包含桶身（1）、桶盖（11）、铰链（12）及锁止器（13）。其特征是：桶底有 1 个储水盒（2），盒内有电加热器（21），盒上方有不少于 1 支蒸汽喷管（22）伸展至桶内或桶壁，盒侧有注水口（23）、注药口延伸至桶壁外侧；桶盖上有泄压口（3），口上有泄压帽（31），口外有蒸汽吸收水盒（32）。

2. 根据创造性特征 1 所述特殊垃圾消毒垃圾桶，其特征是：储水盒（2）、蒸汽喷管（22）为耐温耐压材料制成，蒸汽喷管（22）端部密封，底部与储水盒（2）相通，侧面密布细孔通向桶内空间；注水口（23）处有水位视窗。

3. 根据创造性特征 2 所述特殊垃圾消毒垃圾桶，其特征是：桶外侧有控制板（4），与储水盒（2）内的电加热器（21）及桶外的控制键盘（41）电连接。

4. 根据创造性特征 2 所述特殊垃圾消毒垃圾桶，其特征是：桶外侧有温控开关（51）与控制板（4）电连接，其探头穿至桶内，桶外侧有压力开关（52）与控制板（4）电连接，其导管与桶内腔相通。

5. 根据创造性特征 3 所述特殊垃圾消毒垃圾桶，其特征是：控制板（4）包含智能控制模块（42），与桶内的温度传感器（43）、压力传感器（44）、储水盒水位传感器（45）、桶满物位传感器（46）电连接，并与桶外的卫星定位模块（47）、通信模块（48）、显示器（49）、注水电磁阀（24）电连接。

8.3 技术现状及设计目的

8.3.1 技术领域

本设计涉及环境卫生，尤其涉及一种特殊垃圾消毒垃圾桶的设计制造等技术领域。

8.3.2 技术现状

近期政府极其重视并投入大量人力、物力致力于垃圾分类及处理，这项工作已成为社会生活的重要内容，但当前垃圾的处理存在如下问题：

1. 特殊垃圾，尤其是医疗垃圾，是极难处理、易污染的垃圾，疫病流行时期，无论人工收运还是机械收运，都是传播疾病的高风险的垃圾。

2. 其他动物处理垃圾，尤其是未经煮熟的动物体残余，极易变质腐烂发臭、污染空气、传播疾病，如屠宰场、养殖场、海鲜卖场、餐饮店、食堂等垃圾，其收运处理存在巨大卫生安全隐患。

3. 家庭厨余垃圾也夹杂很多易腐烂发臭的垃圾，如动物残体、湿性残羹剩饭，其量极大，是重要污染源。垃圾一般采用焚烧或填埋处理，焚烧污染空气，填埋需要成本并占地。

4. 未实现远程监控、智能化管理。

8.3.3　本设计目的

提供一种特殊垃圾消毒垃圾桶，解决以下问题：

1. 利用高温、高压灭菌消毒，在垃圾产生的第一道关口消毒，大大减小了垃圾后续收运环节传播疾病的风险；

2. 把垃圾中最危险成分，即未煮熟的动物残体蒸熟，消除其快速腐烂发臭，污染环境的危险；

3. 经高温高压消毒的特殊垃圾，有些可以用于发酵积肥，免焚烧或填埋；

4. 实现远程监控、智能化管理。

8.4　总体方案及效果

8.4.1　本设计总体方案

提供一种特殊垃圾消毒垃圾桶，包含桶身（1）、桶盖（11）、铰链（12）及锁止器（13）。桶底有1个储水盒（2），盒内有电加热器（21），盒上方有不少于1支蒸汽喷管（22）伸展至桶内，盒侧有注水口（23）延伸至桶壁外侧。

蒸汽喷管（22）可以是1支或多支，可以分布在桶内各个空间，使桶内各个空间喷气受热均匀，适用于大型实施例；蒸汽喷管（22）也可以分布在桶内边沿，或者分布在桶壁外侧，喷气孔穿过桶壁进入桶内，后者最大限度地减小蒸汽喷管（22）对桶内空间的影响，方便被消毒物的装填和倒出。如果蒸汽喷管（22）分布在桶外，那么蒸汽喷管（22）可以是柱形、圆环形、螺旋形等各种选择，视实施例大小等因素确定。

桶盖上有泄压口（3），口上有泄压帽（31），口外有蒸汽吸收水盒（32）。

储水盒（2）、蒸汽喷管（22）为不锈钢等耐温耐压材料制成，蒸汽喷管（22）端部密封，底部与储水盒（2）相通，侧面密布细孔；注水口（23）处有水位视窗。

桶外侧有控制板（4），与储水盒（2）内的电加热器（21）及桶外的控制键盘（41）电连接。桶底部可设泄液阀，阀前设滤网。

作为基本实施例，桶外侧有温控开关（51）与控制板（4）电连接，其探头穿至桶内，桶外侧有压力开关（52）与控制板（4）电连接，其导管与桶内腔相通。

作为智能型实施例，控制板（4）包含智能控制模块（42），与桶内的温度传感器（43）、压力传感器（44）、储水盒水位传感器（45）、桶满物位传感器（46）电连接，并与桶外的卫星定位模块（北斗/GPS）（47）、通信模块（48）、显示器（49）电连接。注水口（23）可以接注水电磁阀（24），其控制端接控制板（4）以实现遥控注水，注药口用于必要时注入消毒药。

桶底下配有轮子便于移动，或叉车伸入搬运、倾倒垃圾，桶腰部配有抓手便于机械或人工倾倒作业。

8.4.2 本设计效果

1. 利用高温、高压蒸汽渗透或高温传递到垃圾各个部分，在垃圾产生的第一道关口消毒实现灭菌消毒，大大减小了垃圾后续收运环节传播疾病的风险；
2. 把垃圾中最危险成分，即未煮熟的动物残体蒸熟，消除其快速腐烂发臭，污染环境的危险；
3. 经高温高压消毒的特殊垃圾，有些可以用于发酵积肥，免焚烧或填埋，避免污染、省钱省地；
4. 实现远程监控、智能化管理。

8.5 设计原理与实施方案

8.5.1 附图说明

图8-1为本设计实施例结构示意图。

图8-2为本设计实施例电气连接关系方框示意图。

8.5.2 具体工作原理与实施方案

下面结合实施例，对本设计作进一步说明。

图8-1为本设计实施例结构示意图。这种特殊垃圾消毒垃圾桶，包含桶身（1）、桶盖（11）、铰链（12）及锁止器（13）。外形可方可圆，但圆形更耐高压。材料可以是硬塑，也可以是金属。桶盖（11）边沿应有密封胶圈，防止蒸汽泄漏。锁止器（13）应能在消毒时间段内阻止桶盖被蒸汽撑开。桶底有1个储水盒（2），其大小、形状应与桶相匹配；盒内有电加热器（21），一般是电热管或电热盘；外壳必须有接地线，防止漏电危险；盒上方有不少于1支蒸汽喷管（22）伸展至桶内，可以用成品不锈钢圆管制成，蒸汽喷管（22）的长度应低于桶盖（11），其大小、数量应与桶相匹配，其立于桶的中间还是桶边，也应与桶的大小、垃圾性质相匹配；盒侧有注水口（23）延伸至桶壁外侧，用于加注水，加完应有盖子密封。

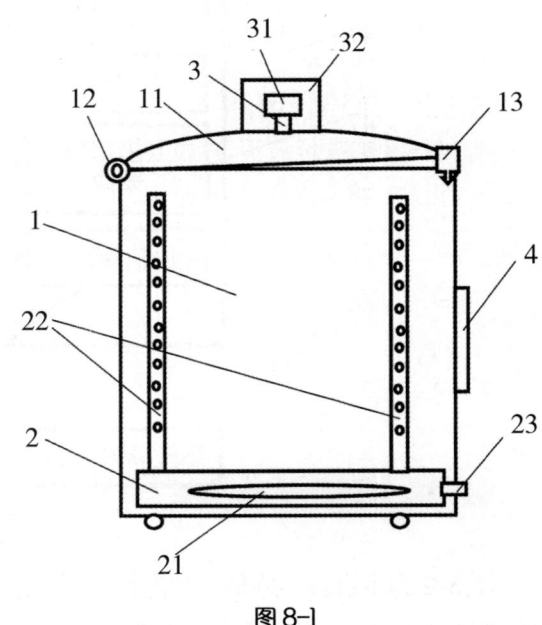

图8-1

蒸汽喷管（22）可以是1支或多支，可以分布在桶内各个空间，使桶内各个空间喷气受热均匀，适用于大型实施例；蒸汽喷管（22）也可以分布在桶内边沿，或者分布在桶壁外侧，喷气孔穿过桶壁进入桶内，后者最大限度地减小蒸汽喷管（22）对桶内空间的影响，方便被消毒物的装填和倒出。如果蒸汽喷管（22）分布在桶外，那么蒸汽喷管（22）可以是柱形、圆环形、螺旋形等各种选择，视实施例大小等因素确定。

桶盖上有泄压口（3），用于当蒸汽压力达到极限值时泄放蒸汽减压，避免损坏。口上有泄压帽（31），与家用高压锅类似。口外有蒸汽吸收水盒（32），用于泄压时蒸汽遇水液化，避免或减少喷射到空气中污染环境。桶底部可设泄液阀，阀前设滤网。

储水盒（2）、蒸汽喷管（22）为不锈钢等耐温耐压材料制成。蒸汽喷管（22）端部密封，底部与储水盒（2）相通，侧面密布细孔，孔径根据垃圾性质确定。注水口（23）处有水位视窗，用于监视储水盒（2）是否还有水，如使用透明盒盖，注水口（23）可以兼做清污口之用，防止水盒（2）、蒸汽喷管（22）被污物堵塞。注药口用于必要时注入消毒药。

桶壁或桶盖外侧有控制板（4），与储水盒（2）内的电加热器（21）及桶外的控制键盘（41）电连接，便于消毒操作。

桶底下配有轮子便于移动，或叉车伸入搬运、倾倒垃圾，桶腰部配有抓手便于机械或人工倾倒作业。如在桶外中部设轴，外部设轴承支架，底部根据桶体大小设电动或液压推杆，即可实现电控或自动倾倒垃圾。

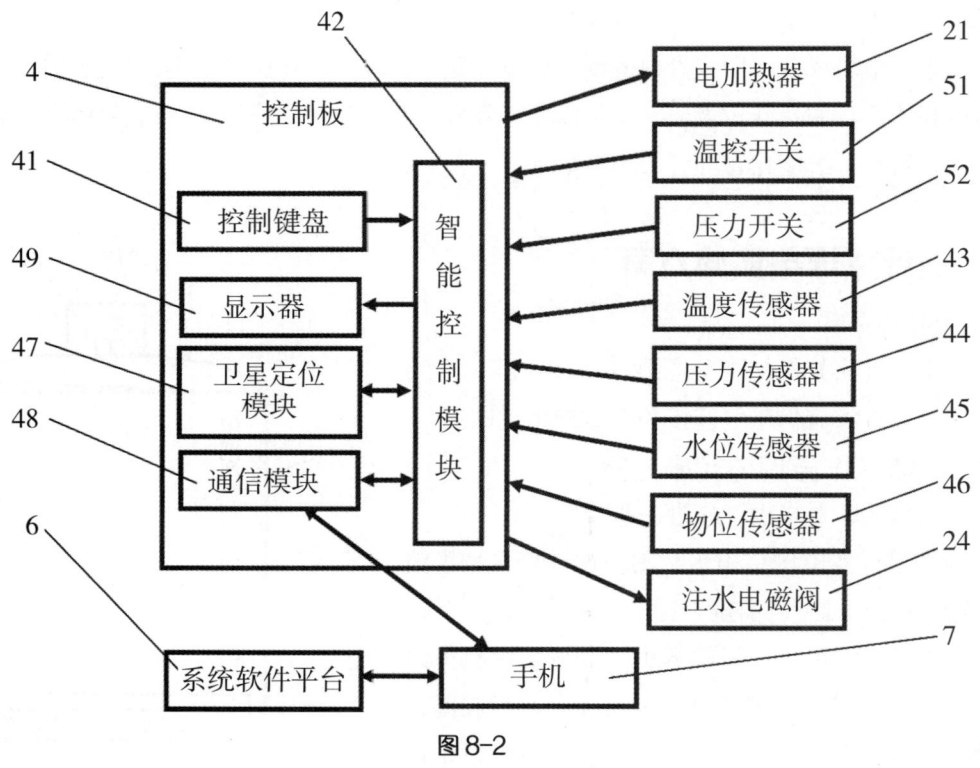

图8-2

图8-2为本设计实施例电气连接关系方框示意图。 作为基本实施例，桶壁或桶盖外侧有温控开关（51）与控制板（4）电连接，最好采用带温度表的．更加直观。其探头穿至桶内，当消毒达到设定温度则断开电加热器（21）的供电。温控探头一般为热电偶、热敏电阻等。桶壁或桶盖外侧有压力开关（52）与控制板（4）电连接，最好采用带压力表的。其导管与桶内腔相通，当消毒达到设定压力则断开电加热器（21）的供电。

作为智能型实施例，控制板（4）上包含有智能控制模块（42），一般由数字处理器及其附属电路组成，其与桶内的温度传感器（43）、压力传感器（44）、储水盒水位传感器（45）、桶满物位传感器（46）电连接，并与桶外的卫星定位（北斗/GPS）（47）、通信模块（48）、显示器（49）电连接。温度传感器（43）、压力传感器（44）分别用于监测消毒及消毒结束以后的桶内温度、压力的实时情况，提醒控制器开始或结束消毒，或是可以开盖启动收运。储水盒水位传感器（45）用于监测储水盒（2）的水是否用完，提醒人工或自动注水。注水口（23）可以采用电磁阀，其控制端接控制板（4）以实现遥控注水。桶满物位传感器（46）用于监测垃圾桶垃圾是否已经满了，提醒控制器对垃圾进行消毒，并提醒相关部门启动收运。物位传感器（46）可以用红外对射或超声传感器等形式。

卫星定位（北斗/GPS）（47）模块用于测定垃圾桶所在位置。通信模块（48）用于与管控系统软件平台（6）或手机（7）建立通信：与管控系统软件平台（6）建立了通信，从而实现众多垃圾桶智能化远程管控、集中管理；与手机（7）建立通信，可以实现管理人员随时随地通过应用软件对本设计实施监测管控。显示器（49）用于显示本设计工作状态及设置所需，一般为液晶屏，如果采用触摸屏，那么可以取代控制键盘（41）。注水口（23）可以接注水电磁阀（24），其控制端接控制板（4）以实现遥控注水。

控制板（4）上的智能控制模块（42）需安装控制软件，远程操控系统需管控系统软件平台（6），需为授权手机用户提供应用软件下载，拟另外申请软件著作权。

9 法向规引导反射镜阵列

（实用新型专利号 ZL201820418447.4）

9.1 方案概述

一种法向规引导反射镜阵列，用于将移动的阳光或月光反射到特定的目标区域，以光能满足各种生产或生活所需。其以轴为对称，偏转驱动功率小，抗风性能强；用法向规引导镜面偏转，使反射光找到并稳定地照射在特定的目标区域；其辅助方位调整，克服入射斜照时有效受光面积太小、镜片之间相互遮挡的缺陷；具有聚照功能；配备喷淋头，可用温水冲洗镜片的灰尘或霜雪，保障反射率；不用时段用遮帘保护镜面不受风雨、灰尘及其他外界破坏，并防止镜面的无用反射造成光污染；加上方位、俯仰角度直接检测读取机构，利于准确跟踪入射光偏转；控制器接入北斗模块，用于提供准确的时间和定位数据，并根据预存数据计算某时刻太阳的角度，及反射镜应预置的方位仰角；接入通信模块，以实现远程写入数据及远程控制。

9.2 创造性特征（图9-1~图9-6）

1. 一种法向规引导反射镜阵列，包含框架（1），其特征是：至少包含2支立轴（2），每支立轴（2）至少连接2支横轴（3），每支横轴（3）上下左右各对称固定有同形状规格、同材质的反射镜片（4），镜片（4）及其附件组合体的重心在立轴与横轴轴线交叉点。

立轴（2）上下两端经轴承（5）与框架体（12）动连接，使立轴（2）可以绕轴线转动，带动横轴（3）变换方位角。

横轴（3）中部经轴承（5）与立轴（2）动连接，使横轴（3）可以绕轴线转动，带动上下左右对称固定的镜片（4）变换俯仰角。

有方位摇杆（21）与立轴（2）固定连接，有方位连杆（22）经铰链与各方位摇杆（21）末端连接，使各立轴（2）方位角相等。

有俯仰摇杆（31）与横轴（3）固定连接，有俯仰连杆（32）经铰链与同一立轴（2）的各个横轴（3）上的俯仰摇杆（31）末端连接，使同一立轴（2）的各个横轴（3）上的镜片（4）俯仰角相等。

有俯仰横担（33）与各个立轴（2）的俯仰连杆（32）垂直连接，使镜片阵列所有镜片（4）俯仰角相等。

有方位推杆（23）一端连接框架体（12），另一端经铰链连接方位连杆（22）；有俯仰推杆（34）一端连接俯仰横担（33）中部，另一端连接方位连杆（22）中部。方位推杆（23）与俯仰推杆（34）为电动推杆或电控液压推杆，其控制端均与控制器（6）电连接，受其驱动，实现方位角及俯仰角电控调整。

有法向规（8）用于追踪太阳，其法向杆（81）、追日杆（82）、反射杆（83）分别接同一支点铰链（84），该支点与镜片（4）零方位俯仰时同一平面，有横限条（85）分别与法向杆（81）、追日杆（82）、反射杆（83）动配合，组成近似"本"字下部的结构，保障前三者处于同一平面。有2支对称的斜撑（86）一头经同一滑环（87）接法向杆（81），另一头经铰链分别接追日杆（82）和反射杆（83），使二者开合角度保持一样。反射杆（83）瞄准阳光反射目标区域中部，追日杆（82）连接日照瞄准器（88），俯仰横担（33）中部固定连接一支联动杆（89），经铰链接法向杆（81），使法向杆（81）与镜面联动并始终保持与镜面垂直，日照瞄准器（88）与控制器（6）电连接。

2. 根据创造性特征1所述的法向规引导反射镜阵列，其特征是：框架（1）包含依托框（11）及框架体（12）。依托框（11）固定在安装面。框架体（12）上下各经2个由支臂连接的轴承铰链（13）与依托框（11）连接，两侧经铰链与辅助推杆（14）连接。辅助推杆（14）的另一头连接依托框（11），辅助推杆（14）控制端接控制器（6）。

3. 根据创造性特征1所述的法向规引导反射镜阵列，其特征是：有不少于2个喷淋头（71），处于镜片（4）立面外侧上方，对准镜片（4）。喷淋头（71）经电控阀（72）及管路接储水瓶（73），储水瓶（73）经管路接水源，电控阀（72）控制端接控制器（6）。

4. 根据创造性特征3所述的法向规引导反射镜阵列，其特征是：储水瓶（73）内有电加热器（74），接控制器（6）。

5. 根据创造性特征1所述的法向规引导反射镜阵列，其特征是：框架（1）外边沿有电控遮帘（16），为卷帘或折叠帘，展开后完全遮盖镜面，其控制端接控制器（6）。

6. 根据创造性特征1所述的法向规引导反射镜阵列，其特征是：有角编码盘（24）及角读码器（25）分别与立轴（2）之一及框架体（12）固定连接，角编码盘（24）与角读码器（25）的相对角度随着立轴（1）的转动而变动，从而读得方位角。

有角编码盘（24）及角读码器（25）分别与横轴（3）之一及所在立轴（2）固定连接，角编码盘（24）与角读码器（25）的相对角度随着横轴（3）的转动而变动，从而读得俯仰角。

角读码器（25）与控制器（6）电连接，分别将方位角和俯仰角数据输入控制器。

7. 根据创造性特征6所述的法向规引导反射镜阵列，其特征是：角编码盘（24）是以转动轴线为轴心的片状扇形。编码方案之一是沿径向按照二进制编码镂空（241）以标志角度，内圈高位外圈低位，低位外圈有一圈同步位（242），角读码器（25）与角编码盘（24）动配合，为指向径向的一排二进制角度读取电路（251），可以是光电对射读取，也可以是微动开关读取；编码方案之二是片状扇形角编码盘（24）外沿有细齿，角读码器（25）为多圈电位器，其滑动臂轴经齿轮与角编码盘（24）啮合。

8. 根据创造性特征1所述的法向规引导反射镜阵列，其特征是：有北斗/GPS模块（61）接控制器（6），为其提供定位及时间数据；有通信接口（62）及通信模块（63）接控制器（6），为其提供数据写入及远程控制。

9. 根据创造性特征1所述的法向规引导反射镜阵列，其特征是：有日照瞄准器（88）安装在阳光反射目标区域中部，瞄准反射镜阵列中点，与控制器（6）电连接，为其提供反射光的入射角度偏差检测信号。

10. 根据创造性特征1所述的法向规引导反射镜阵列，其特征是：俯仰连杆（32）与俯仰摇杆（31）连接的铰链处、方位连杆（22）与方位摇杆（21）连接的铰链处、俯仰横担（33）与俯仰连杆（32）的连接处分别有凹凸斜槽聚散环，当俯仰连杆（32）转动一定角度，俯仰摇杆（31）以中间为中心向上下疏散一定距离。同样地，方位连杆（22）与俯仰横担（33）转动一个角度，方位摇杆（21）以中间为中心向左右疏散一定距离。其总的结果是不同轴上的上下左右镜片（4）向中心倾斜一定角度，反射光具有聚照效果。以上连杆或横担的转动，由聚照电机（64）驱动，接控制器（6）。

9.3 技术现状及设计目的

9.3.1 技术领域

本设计涉及反射镜阵列，尤其涉及一种法向规引导反射镜阵列的设计制造等技术领域。

9.3.2 技术现状

阳光是取之不尽的绿色能源，将光能收集转换，满足各种生产、生活所需，正在被推广应用，如太阳能发电等，顺应当前碳中和碳达峰政策走向。万物生长靠太阳，朝北等背阳面房屋或其他背阳的地方冬天特别寒冷，人们设计了阳光反射镜，安装在就近的向阳面，把阳光反射到背阳面，并随太阳的偏转而跟踪偏转，使阳光长时间照射在目标区域，弥补了朝向背阳带来的各种缺陷，节能绿色环保。为减小反射装置占据空间位置，使控制灵活方便，人们还将反射镜化整为零，设计了反射镜阵列。但是，目前相关设计存在如下缺陷：

1. 镜片及其附件组合体的重心不在偏转轴线上，调节镜片朝向，需克服镜片的重量，需较大驱动功率，易磨损，抗风性能难以保证。

2. 阳光瞄准器一般用于引导镜面的偏转跟踪正对阳光，而引导镜面的偏转使反射光锁定某特定区域，未见较好的解决方案。

3. 当阳光斜照，相对于反射镜片入射角太大时，有效受光面积太小，并出现镜片之间相互遮挡，阵列反射效率剧减。

4. 当镜片被灰尘或者霜、雪蒙上时，不能有效反射阳光。

5. 当反射镜阵列处在非使用时段，不能有效保护，并给城市造成光污染。

6. 未配备方位俯仰角度直接检测读取机构以实时感知镜面朝向，不利于准确跟踪太阳偏转。

7. 控制器未接入北斗模块用于提供准确的时间和定位数据，进而无法根据预存数据计算某时刻太阳的角度；未接入通信模块，不能提供远程数据写入及远程控制。

8. 各个镜片方位、俯仰角度相等，不具备聚照功能。

9.3.3 本设计目的

提供一种法向规引导反射镜阵列，克服上述缺陷，解决以下问题：

1. 设计镜片及其附件组合体的重心在偏转轴线上，调节镜片朝向只需克服镜片组合体的惯性及摩擦力，不需克服镜片的重量，减小驱动功率及磨损，抗风性能强。

2. 设计法向规，配合阳光瞄准器，实现引导镜面跟随太阳角度的偏转而偏转，使反射光稳定地照射在特定的目标区域。

3. 当阳光斜照，相对于反射镜片倾斜度太大，入射角太大，这时启动辅助方位调整，使整个反射镜阵列调整一定角度，消除有效受光面积太小、镜片之间相互遮挡、阵列反射效率剧减的缺陷。

4. 当镜片被灰尘或者霜、雪蒙盖时，启动喷淋头进行冲洗，天气寒冷时给储水瓶加热，防止结冰，并可用温水提升冲洗效果，保持镜面光亮，保障反射阳光的效果。

5. 当反射镜阵列处在非使用时段，打开保护帘，有效保护镜面不受风雨、灰尘及其他外界破坏，同时防止镜面的无用反射给城市造成光污染。

6. 加上方位、俯仰角度直接检测读取机构，感知镜面实时朝向，利于准确跟踪太阳偏转。

7. 控制器接入北斗（或北斗/GPS双制式）模块，用于提供准确的时间和定位数据，可以根据预存数据计算某时刻太阳的角度，及反射镜应预置的方位仰角；同时控制器接入通信模块，可以实现写入数据及远程控制。

8. 反射光既可用于普照，又具备聚照功能。

9.4 总体方案及效果

9.4.1 本设计总体方案

提供一种法向规引导反射镜阵列，其包含框架（1），并至少包含2支立轴（2），每支立轴（2）至少连接2支横轴（3），每支横轴（3）上下左右各对称固定1片同形状、同规格、同材质的阳光反射镜片（4），镜片（4）及其附件组合体的重心在立轴与横轴轴线交叉点。

立轴（2）上下两端经轴承（5）与框架体（12）动连接，使立轴（2）可以绕轴线转动，带动横轴（3）变换方位角。

横轴（3）中部经轴承（5）与立轴（2）动连接，使横轴（3）可以绕轴线转动，带动上下左右对称固定的镜片（4）变换俯仰角。

有方位摇杆（21）与立轴（2）固定连接，有方位连杆（22）经铰链与各方位摇杆（21）末端连接，使各立轴（2）方位角相等。

有俯仰摇杆（31）与横轴（3）固定连接，有俯仰连杆（32）经铰链与同一立轴（2）的各个横轴上的俯仰摇杆（31）末端连接，使同一立轴（2）的各个横轴上的镜片（4）俯仰角相等。

有俯仰横担（33）与各个立轴（2）的俯仰连杆（32）垂直连接，使镜片阵列所有镜片（4）俯仰角相等。

有方位推杆（23）一端连接框架体（12），另一端经铰链连接方位连杆（22）；有俯仰推杆（34）一端连接俯仰横担（33）中部，另一端连接方位连杆（22）中部。方位推杆（23）与俯仰推杆（34）为电动推杆或电控液压推杆，其控制端均与控制器（6）电连接，受其驱动，实现方位角及俯仰角电控调整。

有法向规（8）用于追踪太阳，其法向杆（81）、追日杆（82）、反射杆（83）分别接同一支点铰链（84），该支点与镜片（4）零方位俯仰时同一平面，有横限条（85）与法向杆（81）、追日杆（82）、反射杆（83）动配合，组成近似"本"字下部的结构，保障前三者处于同一平面。有2支斜撑（86）一头经滑环（87）接法向杆，另一头经铰链分别接追日杆（82）和反射杆（83），使二者开合角度保持一样。反射杆（83）延长线对准阳光反射目标区域中部，追日杆（82）连接日照瞄准器（88），俯仰横担（33）中部固定连接一支联动杆（89），经铰链接法向杆（81），使法向杆（81）与镜面联动并始终保持与镜面垂直，日照瞄准器（88）与控制器（6）电连接。

框架（1）包含依托框（11）及框架体（12），依托框（11）固定在安装面，框架体（12）上下各经2个由支臂连接的轴承铰链（13）与依托框（11）连接，两侧经铰链与辅助推杆（14）连接，辅助推杆（14）的另一头连接依托框（11），辅助推杆（14）控制端接控制器（6）。

有不少于2个喷淋头（71），处于镜片（4）立面外侧上方，对准镜片（4），喷淋头（71）经电控阀（72）及管路接储水瓶（73），储水瓶（73）经管路接水源，电控阀（72）控制端接控制器（6）；储水瓶（73）内有电加热器（74），接控制器（6）。

框架（1）边沿有电控遮帘（16），为卷帘或折叠帘，展开后完全遮盖镜面，其控制端接控制器（6）。

有角编码盘（24）及角读码器（25）分别与立轴（2）之一及框架体（12）固定连接，角编码盘（24）与角读码器（25）的相对角度随着立轴（1）的转动而变动，从而读得方位角。

有角编码盘（24）及角读码器（25）分别与横轴（3）之一及所在立轴（2）固定连接，角编码盘（24）

与角读码器（25）的相对角度随着横轴（3）的转动而变动，从而读得俯仰角。

角读码器（25）与控制器（6）电连接，分别将方位角和俯仰角数据输入控制器。

角编码盘（24）是以转动轴线为轴心的片状扇形。编码方案之一是沿径向按照二进制编码镂空（241）以标志角度，内圈高位外圈低位，低位外圈有一圈同步位（242），读码器（25）与编码盘（24）动配合，为指向径向的一排二进制角度读取电路（251），可以是光电对射读取，也可以是微动开关读取；编码方案之二是片状扇形角编码盘（24）外沿有细齿，读码器（25）为多圈电位器，经齿轮与角编码盘（24）啮合。

有北斗/GPS模块（61）与控制器（6）连接，为其提供定位及时间数据；有通信接口（62）及通信模块（63）接控制器（6），为其提供数据写入及远程控制。

有日照瞄准器（88）安装在阳光反射目标区域中部，瞄准反射镜阵列中点，与控制器（6）电连接，为其提供阳光入射角度偏差检测信号。

俯仰连杆（32）与俯仰摇杆（31）连接的铰链处、方位连杆（22）与方位摇杆（21）连接的铰链处、俯仰横担（33）与俯仰连杆（32）的连接处分别有凹凸斜槽聚散环，当俯仰连杆（32）转动一定角度，俯仰摇杆（31）以中间为中心向上下疏散一定距离。同样地，方位连杆（22）与俯仰横担（33）转动一个角度，方位摇杆（21）以中间为中心向左右疏散一定距离。其结果是上下左右镜片（4）向中心倾斜一定角度，反射光具有聚照效果。以上连杆或横担的转动，由聚照电机（64）驱动，接控制器（6），可用微型减速电机。

9.4.2 本设计效果

1. 设计镜片及其附件组合体的重心在偏转轴线上，调节镜片朝向，只需克服镜片组合体的惯性及摩擦力，不需克服镜片的重量，减小了驱动功率及磨损，抗风性能强。

2. 设计了一个法向规，配合阳光瞄准器，引导镜面跟随太阳角度的偏转而偏转，使反射光稳定地照射到特定的目标区域。

3. 当阳光斜照，相对于反射镜面倾斜度太大，入射角太大时，控制器启动辅助方位调整，使整个反射镜阵列调整一定角度，克服了有效受光面积太小、镜片之间相互遮挡、阵列反射效率剧减的缺陷。

4. 当镜片被灰尘或者霜、雪蒙盖时，启动喷淋头进行冲洗，天气寒冷时给储水瓶加热，防止结冰，可用温水提升冲洗效果，保持镜面光亮，保障了反射阳光的效果。

5. 当反射镜阵列处在非使用时段，打开保护遮帘，有效保护镜面不受风雨、灰尘及其他外界破坏，同时防止镜面的无用反射给城市造成光污染。

6. 加上了方位、俯仰角度直接检测读取机构，实时感知镜面朝向，利于准确跟踪太阳偏转。

7. 控制器接入北斗（或北斗/GPS双制式）模块，用于提供准确的时间和定位数据，可以根据预存数据计算某时刻太阳的角度，及反射镜应预置的方位仰角；同时控制器接入通信模块，可以实现远程写入数据及远程控制。

8. 反射光既可用于普照，又具备聚照功能。

9.5 设计原理与实施方案

9.5.1 附图说明

图9-1为本设计实施例总体结构示意图。

图9-2为本设计实施例法向规示意图。

图 9-3 为本设计实施例框架示意图。

图 9-4 为本设计实施例遮帘及喷淋系统示意图。

图 9-5 为本设计实施例角度编码盘及读码器示意图。

图 9-6 为本设计实施例控制器方框示意图。

9.5.2 具体工作原理与实施方案

下面结合实施例，对本设计作进一步说明。

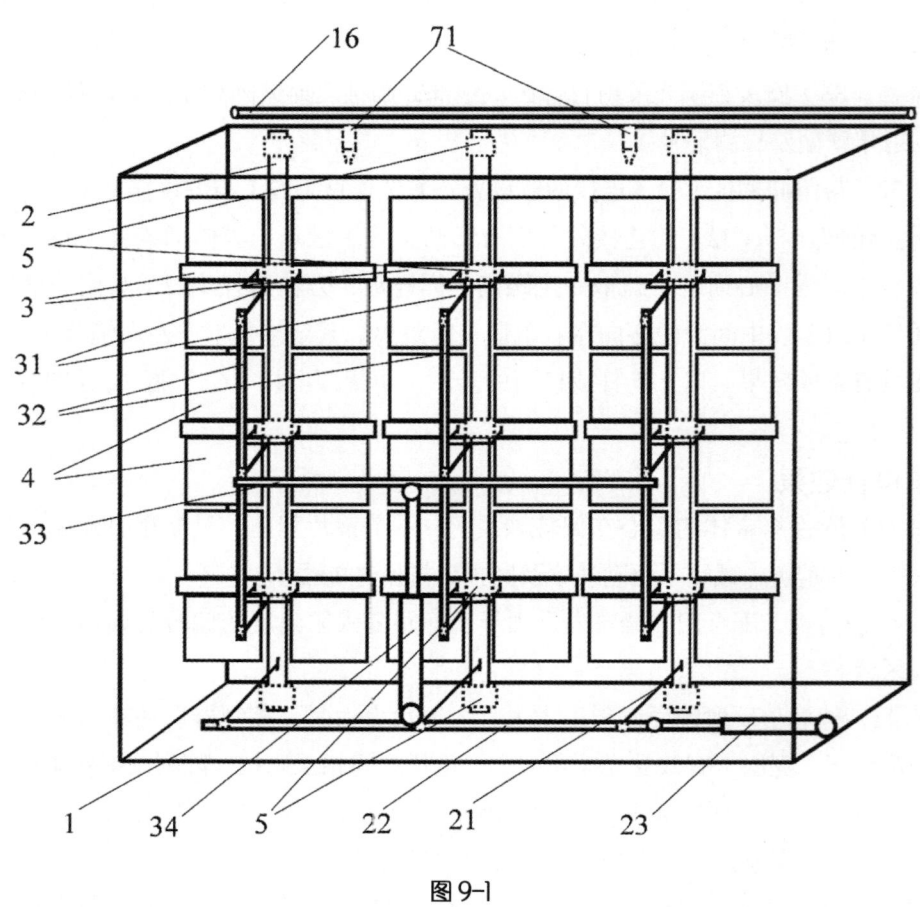

图 9-1

图 9-1 为本设计实施例总体结构示意图。 这种法向规引导反射镜阵列，其包含框架（1），并至少包含 2 支立轴（2），每支立轴（2）至少连接 2 支横轴（3），每支横轴（3）上下左右各对称固定 1 片同形状规格、同材质的阳光反射镜片（4）。如图 9-1 所示为 3 支立轴，这样中间立轴为对称中心。镜片（4）大小尺寸可以根据需要确定，如 200 mm×200 mm，则每 2 支立轴上的 2 支横轴上的镜片（4），加上轴本身占据的空间及镜片之间的间隙，共约 1 平方米。需注意的是，安装调试后，使镜片（4）及其附件组合体的重心在立轴（2）与横轴（3）轴线交叉点；调整角度只要克服惯性及摩擦力，不需克服重力，可以有效减小偏转驱动功率，缩小驱动部件尺寸。因为完全对称，而且尺寸较小，可以认为上下左右所受风力及方向一致，在转轴上互相抵消，抗风能力强，这在风力大的地方尤其重要。

立轴（2）上下两端经轴承（5）与框架体（12）动连接，使立轴（2）可以绕轴线转动，带动横轴（3）变换方位角；横轴（3）中部经轴承（5）与立轴（2）动连接，使横轴（3）可以绕轴线转动，带动上下左右对称固定的镜片（4）变换俯仰角；轴承可以大幅度减少轴转动的摩擦力及部件磨损。

有方位摇杆（21）与立轴（2）固定连接，有方位连杆（22）经铰链与各方位摇杆（21）末端连接，使各立轴（2）方位角相等。

有俯仰摇杆（31）与横轴（3）固定连接，有俯仰连杆（32）经铰链与同一立轴（2）的各个横轴上的俯仰摇杆（31）末端连接，使同一立轴（2）的各个横轴上的镜片（4）俯仰角相等；有俯仰横担（33）与各个立轴（2）的俯仰连杆（32）垂直连接，使镜片阵列所有镜片（4）俯仰角相等，如有3支俯仰连杆（32），则与俯仰横担（33）是倒的"王"字结构，而且是固定连接。

由于驱动偏转只需克服摩擦力及惯性，所需力量极低，而且太阳偏转速度极慢，所以上述摇杆、连杆可以做得尽量细尽量轻。有方位推杆（23）一端连接框架体（12），另一端连接方位连杆（22）。方位推杆（23）两端都经铰链动连接，或者一端固定在框架，另一端经变向杆连接到方位连杆（22）。

有俯仰推杆（34）一端连接俯仰横担（33）中部，另一端连接方位连杆（22）中部，俯仰横担（33）、俯仰推杆（34）、方位连杆（22）三者呈"工"字结构。

方位推杆（23）与俯仰推杆（34）为电动推杆或电控液压推杆，其控制端均与控制器（6）电连接，受其驱动，实现方位角及俯仰角电控调整。推杆宜选用直流微型推杆，方便控制器直接驱动。

以上结构可以旋转90度或根据安装位置、房屋朝向等选择任意角度，因此立轴与横轴是相对而言。

俯仰连杆（32）与俯仰摇杆（31）连接的铰链处、方位连杆（22）与方位摇杆（21）连接的铰链处、俯仰横担（33）与俯仰连杆（32）的连接处分别有凹凸斜槽聚散环，如果杆上是凸槽，则环上是凹槽，二者配合，而且上和下、左和右倾斜方向相反，当俯仰连杆（32）转动一定角度，俯仰摇杆（31）以中间为中心向上下疏散一定距离。同样地，方位连杆（22）与俯仰横担（33）转动一个角度，方位摇杆（21）以中间为中心向左右疏散一定距离。其结果是上下左右镜片（4）向中心倾斜一定角度，反射光具有聚照效果。以上连杆或横担的转动，由聚照电机（64）驱动，接控制器（6），可用微型减速电机，当然也可以用微型电控推杆。聚照用于有重点地照射，如对某目标进行暴晒；又如月光下，聚集月光进行照明，关闭所有人造光，只有冷静如霜的月光，月下小酌或是月下品茗，享受宁静与惬意，又不致昏灰视线不清。

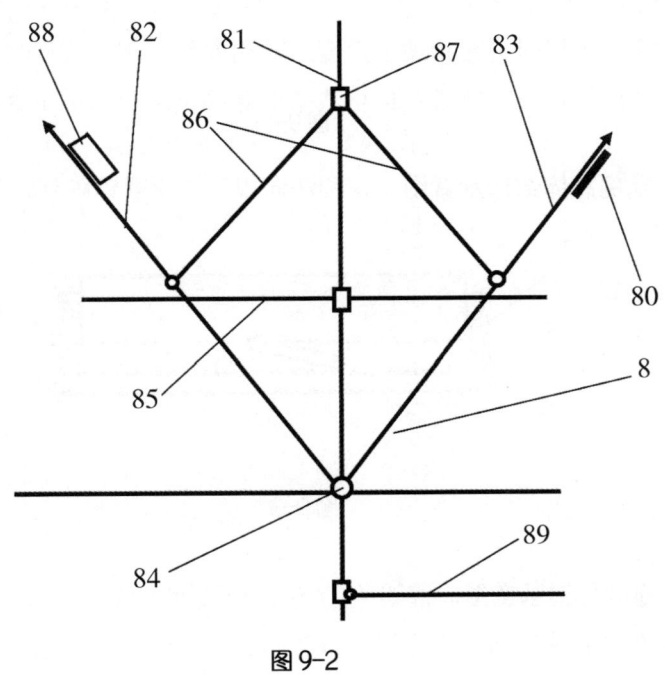

图9-2

图 9-2 为本设计实施例法向规示意图。 日照瞄准器（88）常被用于引导光伏电池的受光面跟踪对准太阳，但本设计不同，是跟踪太阳偏转，使镜面的反射光稳定地对准目标区域。在没有法向规或者预存数据引导的情况下，初始状态下，目标区域没有阳光照射，单单把日照瞄准器（88）安装在目标区域，初始引导无法自动实现。根据几何光学原理，平面镜对光线的反射角与入射角相等，且入射线、反射线、镜面的法线三者在同一平面上，据此本设计设计了法向规（8），使反射镜即使在没有基础数据引导的情况下，也能追踪太阳，并把反射光投射在目标区域。法向规（8）的法向杆（81）、追日杆（82）、反射杆（83）分别接同一支点铰链（84），该支点与镜片（4）零方位俯仰时同一平面，有横限条（85）与法向杆（81）、追日杆（82）、反射杆（83）动配合，组成近似"本"字下部的结构，保障前三者处于同一平面。具体的，可以经滑环接法向杆（81），并穿过追日杆（82）和反射杆（83）。有2支对称的斜撑（86）一头经滑环（87）接法向杆（81），另一头经铰链分别接追日杆（82）和反射杆（83），使二者开合角度保持一样，类似雨伞的开合。反射杆（83）延长线对准阳光反射目标区域中部，追日杆（82）连接日照瞄准器（88），二者轴线平行，俯仰横担（33）中部固定连接一支联动杆（89），经铰链接法向杆（81），使法向杆（81）与镜面联动并始终保持与镜面垂直，日照瞄准器（88）接控制器（6）。反射杆端部可以用LED灯作为目标瞄准灯（80），类似讲解员用的指示棒，用于瞄准反射目标区域。

日照瞄准器（88）至少包含上下左右（或东西南北）4个象限隔光十字交叉栅板，每个象限至少有一个光敏元件，同时隔光栅板顶端至少有一个光敏元件，用于检测是否有日照。当检测到有日照，且日照瞄准器（88）未瞄准太阳时，4个象限的光敏元件被隔光栅遮挡的情况不一样，就会输出误差信号，引导追日杆（82）往瞄准方向偏转。本设计是通过调整阵列的方位仰角，并相联动法向杆（81）偏转，推动追日杆（82），直至追日杆（82）上的日照瞄准器（88）瞄准为止，一旦瞄准，反射光将照射目标区域。

法向规（8）安装在阵列边沿区域或安装在内部区域留出的位置，如反射杆（83）加上偏转驱动，则目标区域可以调整，也可以借此进一步校准目标区域。

另有日照瞄准器（88）安装在阳光反射目标区域中部，瞄准反射镜阵列中点，与控制器（6）电连接，为其提供反射光入射角度偏差检测信号，可以进一步校准反射光。或者不考虑法向规（8）的引导时，依靠控制器存储的基础数据，将阵列引导到预定角度，再用安装在阳光反射目标区域的日照瞄准器（88）进一步校准反射光。但是在没有法向规或者预存数据引导的情况下，单单这个目标区域的瞄准器，初始引导将无法自动实现。

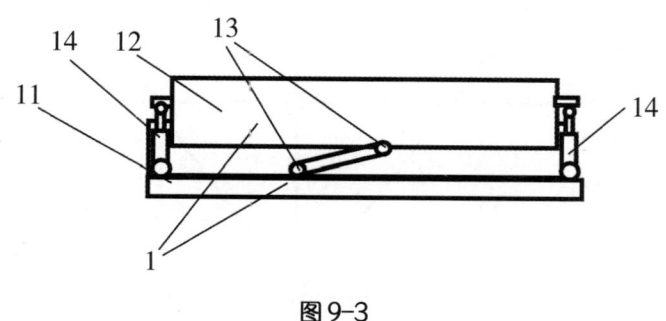

图9-3

图 9-3 为本设计实施例框架示意图。 框架（1）包含依托框（11）及框架体（12）。框架体的深度需满足镜面最大方位俯仰角时不触底部；依托框（11）固定在安装面，框架体（12）上下各经2个由支臂连接的轴承铰链（13）与依托框（11）连接，两侧经铰链与辅助推杆（14）连接，辅助推杆（14）的另

一头连接依托框（11），辅助推杆（14）控制端接控制器（6）。框架（1）像一扇门，依托框（11）像门框，框架体（12）像门扇，随意左开右开。由于重量不小，铰链加轴承，房门也很普遍加轴承，辅助推杆（14）用于调整方位角，这样镜面实际方位角是其自身调整角度与框架体调整角度之和；用于当太阳斜照、入射角太大时的辅助调整；克服有效受光面积太小、阵列镜片互相遮挡的问题。

图 9-4 为本设计实施例遮帘及喷淋系统示意图。 有不少于 2 个喷淋头（71），处于镜片（4）立面外侧上方，对准镜片（4），喷淋头（71）经电控阀（72）及管路接储水瓶（73），储水瓶（73）经管路接水源，电控阀（72）控制端接控制器（6）；储水瓶（73）内有电加热器（74），接控制器（6）。当镜片被灰尘或者霜、雪蒙盖时，启动喷淋头进行冲洗，天气寒冷时给储水瓶加热，防止结冰，可用温水提升冲洗效果，保持镜面光亮，保障反射阳光的效果；框架（1）边沿有电控遮帘（16），为卷帘或折叠帘，展开后完全遮盖镜面，其控制端接控制器（6）。当反射镜阵列处在非使用时段，打开保护帘，有效保护镜面不受风雨、灰尘及其他外界破坏，同时防止镜面的无用反射给城市造成光污染；遮帘（16）根据需要可以上下开合或左右开合。

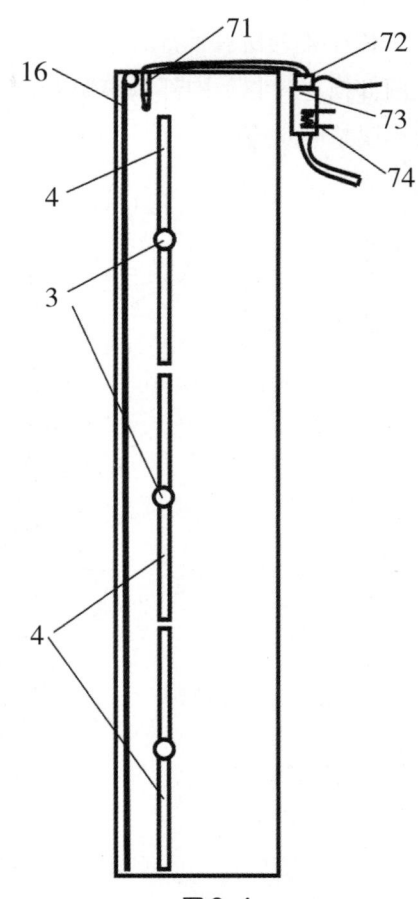

图 9-4

图 9-5 为本设计实施例角度编码盘及读码器示意图。 有角编码盘（24）及角读码器（25）分别与立轴（2）之一及框架体（12）固定连接，角编码盘（24）与角读码器（25）的相对角度随着立轴（2）的转动而变动，从而读得方位角；有角编码盘（24）及角读码器（25）分别与横轴（3）之一及所在立轴（2）固定连接，角编码盘（24）与角读码器（25）的相对角度随着横轴（3）的转动而变动，从而读得俯仰角；角读码器（25）与控制器（6）电连接，分别将方位角和俯仰角数据输入控制器。

角编码盘（24）是以转动轴线为轴心的片状扇形。编码方案之一是沿径向按照二进制编码镂空（241）以标志角度，密度越高，分辨率越高，内圈高位外圈低位，低位外圈有一圈同步位（242），角读码器（25）与角编码盘（24）动配合，为指向径向的一排二进制角度读取电路（251），可以是红外对射读取，红外线最好用 38K 调制发射，接收端加 38K 滤波，以消除干扰，也可以是微动开关读取；读码器和编码盘一动一静，编码盘是扇形片状，体积较大，读码器是条状，但需要连接线，二者根据安装空间大小，选择二者之一安装在动的部件，另一个在静的部件。编码方案之二是片状扇形角编码盘（24）外沿有细齿，角读码器（25）为多圈电位器，经齿轮与角编码盘（24）啮合。

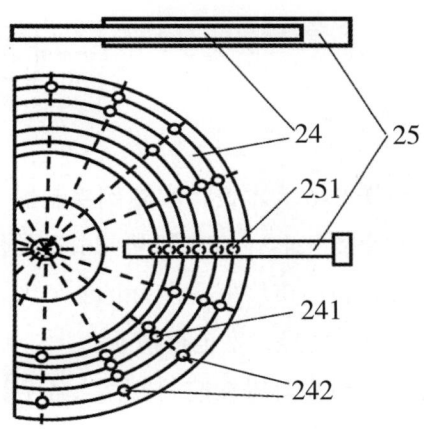

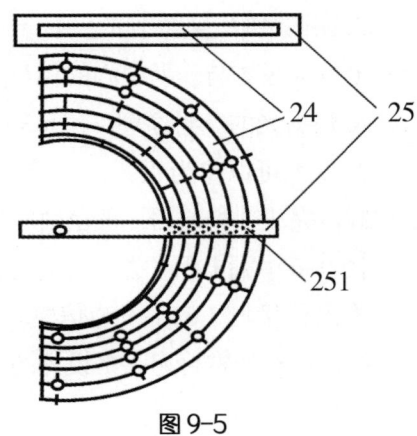

图 9-5

由于阵列所有镜片（4）的方位俯仰角相等，方位角编码与俯仰角编码各一对即可，俯仰推杆（34）从俯仰横担（33）中部调整俯仰角，所以左右立轴的俯仰角误差相反，因此俯仰编码应放在中间立轴，减小误差绝对值。

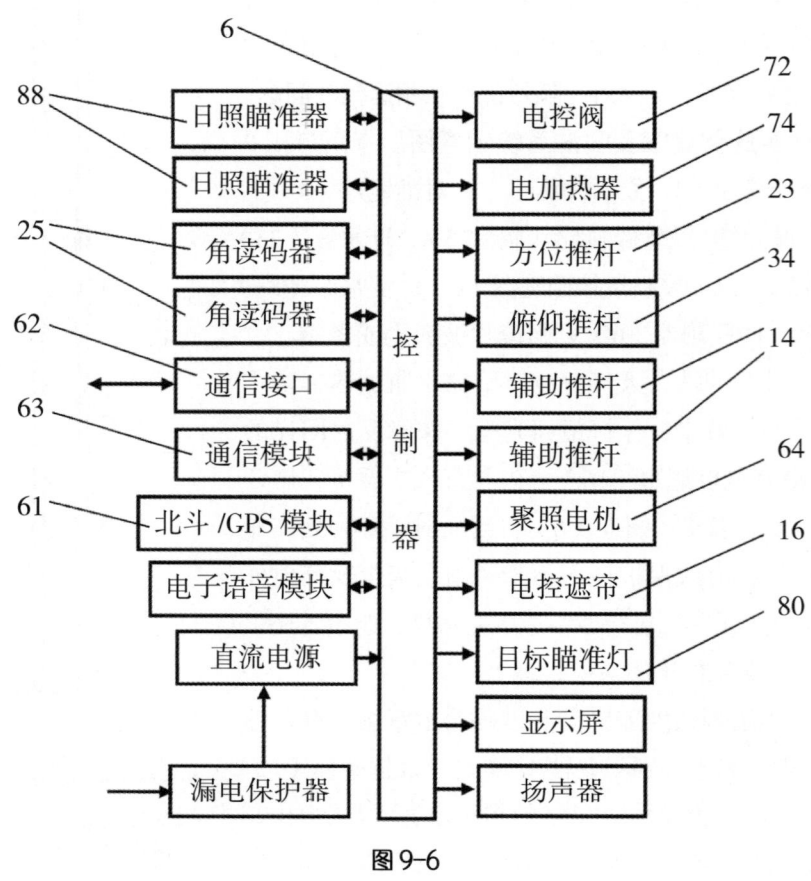

图9-6

图9-6为本设计实施例控制器方框示意图。 有北斗/GPS模块（61）与控制器（6）连接。下面分析本设计接入北斗/GPS模块（61）的作用：

1. 目前市售模块多为北斗/GPS双制式或多制式，已经很廉价了，由其授时精确稳定，同时由其测定阵列所在的经纬度也很精准；

2. 事先可以在控制器存入各个日期及时间太阳相对于参照点的方位仰角，测得阵列所在位置后换算成实际方位仰角；

3. 在调试时，当阵列的反射光对准目标区域时，记下该时刻镜片阵列的方位仰角，根据光的反射原理，计算出目标区域与阵列中心的相对角度，这是固定值，设几个目标区域，就有几个固定值；

4. 根据光的反射原理，用不同日期及时间太阳的位置及前述固定值，推算出镜片应调到的方位仰角；

5. 以上可以作为粗调，再借助日照瞄准器（88），以它输出的误差信号进行对准，而计算及对准是由控制器完成，控制器一般由数字处理器及外围电路组成，自行生产或购买现成产品均可。

图9-6中漏电保护器、直流电源、显示屏、电子语音模块、扬声器等是一般电子控制设备所需配备。

有通信接口（62）及通信模块（63）接控制器（6），可以实现有线通信或无线通信，目前家用电器带遥控器已经非常普遍。本设计的远程写入数据功能，可以写入太阳日历表，偏差校准数据等。

10 电源分配单元
（实用新型专利号 ZL201620659331.0）

10.1 方案概述

一种电源分配单元，用于数据中心、通信机房电源分配，能提升三相负载平衡，降低线损和温升，保障 UPS 系统的负载能力和可靠性，减小电源纹波对弱电信号干扰的隐患。其输入为三相五线制电源，有 A、B、C 相线，中性线，地线，输出为单相三线制电源，有火线、零线、地线，三个相的输出插座按序排列，实现机柜内三个相负载平衡，插座外壳有图案、字符及颜色的相序标识，便于安装或维护接线时辨认相序。其有相电流电压、温升、地线电流、三相负载不平衡监测及相应的警示和输出接口电路，便于在过流、过压、过热、设备漏电、三相负载不平衡时告警及集中监控；配输入接线盒，避免转接延长，节省材料，提高可靠性。

10.2 创造性特征（图 10-1~ 图 10-2）

1. 一种电源分配单元，包含壳体、插座（1）。其特征是：输入端为三相五线制电源接口，有 A 相线（2）、B 相线（3）、C 相线（4）、中性线（5）、地线（6）；输出端为单相三线制电源插座（1），有火线（11）、零线（12）、地线（13），三个相的电源输出端插座（1）按序排列，有不少于 2 种排列顺序。

2. 如创造性特征 1 所述电源分配单元，其特征是：内有监测采集电路（71）、温度传感器（72），监测采集电路（71）包含中性线电流监测电路、三相负载不平衡监测电路，接监测处理器（7）。

3. 如创造性特征 1 所述电源分配单元，其特征是：监测采集电路（71）包含各相电流电压监测、地线电流监测电路及过流、过压、过热、漏电监测电路，接监测处理器（7）。

4. 如创造性特征 2 或 3 所述电源分配单元，其特征是：内有警示电路（73）包含显示器（74）、警示灯（75）、蜂鸣器（76）。

5. 如创造性特征 2 或 3 所述电源分配单元，其特征是：内有监测输出接口（77），接监测处理器（7）。

6. 如创造性特征 2 或 3 所述电源分配单元，其特征是：排插外壳有图案、字符及颜色的相序区别标识。

7. 如创造性特征 2 或 3 所述电源分配单元，其特征是：输入端有接线盒（8）及相应相序、线名标识。

10.3 技术现状及设计目的

10.3.1 技术领域

本设计涉及数据中心、通信机房电源分配及三相电源负载平衡技术领域，尤其涉及机房电源分配单元（PDU）设计制造等技术领域。

10.3.2 技术现状

数据中心及通信机房尤其是大型机房通常由不间断电源（UPS）供电，大型 UPS 的输入输出都是三相电。无论是供电变压器，还是 UPS 供电系统，均要求三个相负载尽量平衡。PDU 通常接三相电的其中一个相，不同机柜接不同相。PDU 存在如下技术缺陷：

1. 因为不同机柜的服务器、网络设备或通信设备的密度和功耗不一致，不同机柜接不同相的做法，三相负载平衡比较难以实现，要反复调整；机房经常增减机柜或设备，三相负载平衡被打破，需重新调整，大部分设备为热线设备，不允许断电，调整有困难。

2. 一个机柜只接入一个相，零线电流与相线电流大小相等、方向相反，与三相都接入机柜时中性线几乎没有电流的情况相比，增加了线耗和温升。

3. 如三相负载不平衡，UPS 系统总负载能力下降，可靠性降低。

4. 因零线电流的存在，增加了零地电位差，使电源纹波对弱电信号干扰的隐患加大。

5. 输入线长度固定，安装时需用转接头接入延长线才能到达配电柜，增加了转接头，也增加了接点和故障隐患；如输入线长度定制，机房设计难度加大，安装时需剪除冗余部分，造成浪费。

10.3.3　本设计目的

提供一种电源分配单元，拟克服上述技术缺陷，解决下述问题：

1. 三相电源的三个相同时接入一个机柜，三相的负载平衡在柜内基本实现，即使不同机柜的服务器、网络设备或通信设备的密度和功耗不一致，配电端三相负载平衡比较容易实现；机房增减机柜或设备，三相负载平衡得以保持，不需重新调整，不需断电，不影响热线设备。

2. 三相电源的三个相都接入机柜，三相负载尽量平衡，中性线几乎没有电流，与单相供电时零线电流与相线电流大小相等方向相反的情况相比，降低了线耗和温升。

3. 三相负载更加平衡，UPS 系统总负载能力得到保障，可靠性提高。

4. 因中性线几乎没有电流，降低了零地电位差，使电源纹波对弱电信号干扰的隐患减小。

5. 输入端设置接线盒及相序和线名等相应标识，这样，电源分配单元产品不需配输入线，而是直接布线，直接从接线盒接到配电柜，省去转接头，也减少接点及故障隐患；避免定制长度带来的设计难度加大及剪除冗余造成的浪费。

10.4　总体方案及效果

10.4.1　本设计总体方案

提供一种电源分配单元，包含壳体、插座。其输入端为三相五线制电源接口，有 A、B、C 相线，中性线，地线，输出端为单相三线制电源插座，有火线、零线、地线。三个相的电源输出插座总负载容量相等，并按序排列，有不少于 2 种排列顺序，可以 AAAABBBBCCCC 排列，或 AAABBBCCC 排列，也可以 AABBCC 或 ABCABC 等顺序排列。

各个相的插座所在的排插外壳分别有图案、字符及颜色的相序标识，用于安装或维护接线时方便辨认相序，双电源切换设备最好接入同一相，提高双电源切换的可靠性。

排插内加有中性线电流监测电路、三相负载不平衡警示电路，接监测处理器，用于辨别三相负载是否达到平衡，及不平衡的程度。内有各相电流电压监测、温度监测、地线电流监测电路及过流、过压、过热、漏电警示电路，接监测处理器，用于过流、过压、温升异常、设备漏电时告警。警示电路包含显示器、警示灯、蜂鸣器，各监测电路共用一个警示电路，提供人机界面。有监测输出接口电路接监测处理器，便于监测信号的远传，用于集中监控。

电源输入端有接线盒及相应相序、线名标识，便于安装时直接布线，从接线盒接到配电柜，避免需转接延长增加转接头，减少接点及故障隐患；或避免定制长缆而增加设计难度及安装时裁剪冗余造成浪费。

10.4.2　本设计效果

这种电源分配单元，输入为三相电源，输出为单相电源，三个相的输出插座总负载容量相等，并按序排列，实现了机柜内三个相负载平衡，降低了线损和温升，保障了UPS系统的负载能力和可靠性，减小了电源纹波对弱电信号干扰的隐患。排插外壳有图案、字符及颜色的相序标识，便于安装或维护接线时辨认相序。有相电流电压、温升、地线电流、三相负载不平衡监测及相应的警示和输出接口电路，便于在过热、过流、过压、设备漏电、三相负载不平衡时告警及集中监控。配输入接线盒，节省了材料，提高了可靠性。用于数据中心、通信机房电源分配。解决了下述问题：

1. 三相电源的三个相同时接入一个机柜，三相的负载平衡在柜内基本实现，即使不同机柜的服务器、网络设备或通信设备的密度和功耗不一致，配电端三相负载平衡比较容易实现。机房增减机柜或设备，三相负载平衡得以保持，不需重新调整，不需断电，不影响热线设备。

2. 三相电源的三个相都接入机柜，三相负载尽量平衡，中性线几乎没有电流，与单相供电时零线电流与相线电流大小相等方向相反的情况相比，降低了线耗和温升。

3. 三相负载更加平衡，UPS系统总负载能力得到保障，可靠性提高。

4. 因中性线几乎没有电流，降低了零地电位差，使电源纹波对弱电信号干扰的隐患减小。

5. 输入端设置接线盒及相序、线名等相应标识，不需要配输入线，而是直接布线，从接线盒接到配电柜，省去转接头，减少接点及故障隐患；避免定制长缆带来的设计难度加大及安装时剪除冗余造成的浪费。

10.5　设计原理与实施方案

10.5.1　附图说明

图10-1为本设计实施例主电路示意图。

图10-2为本设计实施例监测电路示意框图。

10.5.2　具体工作原理与实施方案

图10-1为本设计实施例主电路示意图。 输入端三相五线制电源接口为接线盒（8），有A相线（2）、B相线（3）、C相线（4）、中性线（5）、地线（6），输出端为单相三线制电源插座（1），有火线（11）、零线（12）、地线（13）。三个相的电源输出插座（1）总负载容量相等，并按序排列，有不少于2种排

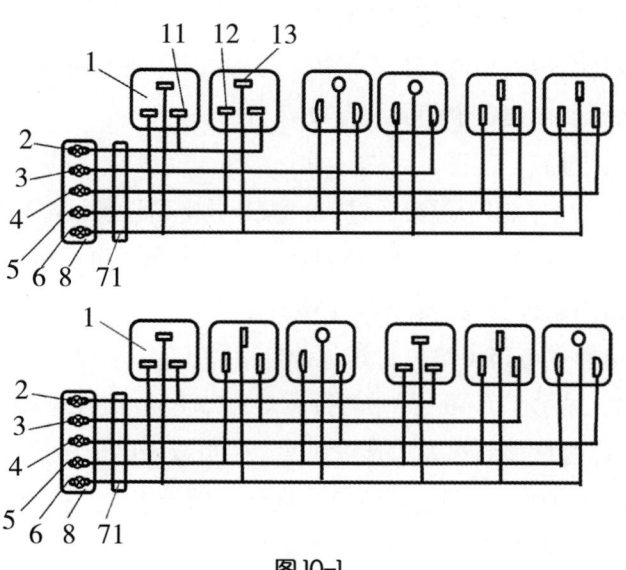

图10-1

列顺序，可以 AAAABBBBCCCC 排列，或 AAABBBCCC 排列，也可以 AABBCC 或 ABCABC 等顺序排列，图 10-1 中提供了各相插座（1）的两种排列顺序，上部为 AABBCC，下部为 ABCABC 排列顺序。

三相电源的三个相同时接入一个机柜，在柜内基本实现三相的负载平衡，即使不同机柜的服务器、网络设备或通信设备的密度和功耗不一致，配电端三相负载平衡比较容易实现。机房增减机柜或设备，三相负载平衡得以保持，不需重新调整，不需断电，不影响热线设备。

三相电源的三个相都接入机柜，三相负载尽量平衡，中性线（5）几乎没有电流，与单相供电时零线（12）电流与相线电流大小相等、方向相反的情况相比，降低了线耗和温升。三相负载更加平衡，UPS 系统总负载能力得到保障，可靠性提高。

各个相的电源插座（1）所在的排插外壳分别有图案、字符及颜色的相序标识，用于安装或维护接线时方便辨认相序，双电源切换设备最好接入同一相的电源。同一相的两路电源的相线之间几乎没有电压，异相的两路电源的相线之间是 380 伏电压，同相的可以提高双电源切换的可靠性。

在供电端，中性线（5）与地线（6）是相接的，中性线（5）或零线（13）是有电阻的，电阻上的电压与电流成正比，因中性线（5）几乎没有电流，降低了零地电位差，使电源纹波对弱电信号干扰的隐患减小。零地电位差干扰的隐患表现在如模拟视频信号会叠加横滚道，音频信号会叠加交流声。

输入端有接线盒（8）及相应相序、线名标识，便于安装时直接布线。市场销售的电源分配单元，一般接入线是配固定长度，从配电端到电源分配单元需转接延长，增加了转接头，提高了造价和安装工作量，增加了接触点，也增加了故障率；即使定制长缆，增加了设计难度，安装时一般要剪除冗余，造成浪费。所以，输入端有接线盒（8），实现直接从配电柜接到电源分配单元，避免了浪费，减少了转接点，也减小了故障率。

图 10-2 为本设计实施例监测电路示意框图。中性线（5）电流监测、相电流电压监测、地线（6）电流监测用各自的电流传感器和电压取样电路，组成监测采集电路（71），接在插座（1）与输入接线盒（8）之间，对电源分配电路本身不构成影响。温度传感器（72）嵌入排插内部，用于监测温升。以上监测电路均接监测处理器（7），由其处理并判别异常。

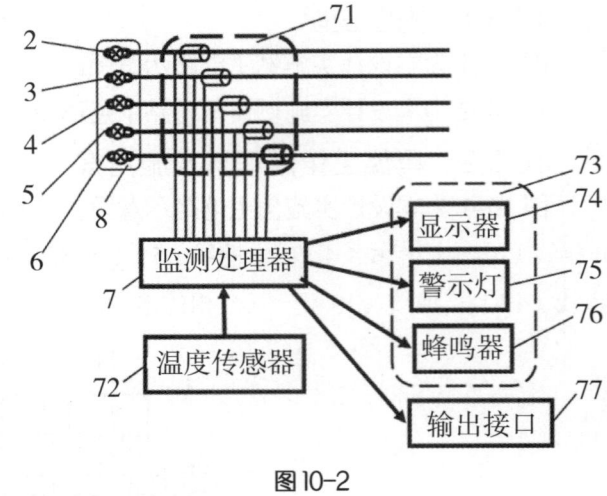

图 10-2

中性线（5）电流监测电路、三相负载不平衡监测电路，用于辨别三相负载是否达到平衡，及不平衡的程度，并根据监测情况，调整接到各个相的设备数量，尽量使各个相负载平衡；过流、过压、过热、漏电监测电路，接监测处理器（7），用于过流、过压、温升异常、设备漏电时告警。电器火灾多数是电源插头接触不良，温升过大导致，对电源分配单元内部温升进行监测，可以尽早发现故障，消除火灾隐患。监测地线（6）电流，就是监测设备漏电，避免安全事故。

上述各项监测可以共用警示电路（73），其包含显示器（74）、警示灯（75）、蜂鸣器（76），提供了人机界面。显示器（74）显示监测值，异常时警示灯（75）闪烁，以闪烁亮度和频率表示异常程度，异常时蜂鸣器（76）鸣响，以音量和节奏表示异常程度。也可以用电子语言告警。

有输出接口（77）接监测处理器，便于监测信号远传，用于集中监控。监测处理器（7）可以选用数字处理器芯片及外围电路，也可以选用专用监测芯片及外围电路。

11 燃气安全监控装置
（实用新型专利号 ZL201821278596.1）

11.1 方案概述

一种燃气安全监控装置，能有效地预防餐馆、食堂、小吃店、家庭厨房的燃气因输入管道转接软管老化破损、被老鼠咬破、接头脱落，及灶具漏气等引起的燃气泄漏，进而引发窒息中毒、火灾、爆炸等危险事故的发生，同时迫使用户养成使用燃气前先打开抽油烟机或排风机的习惯。其电磁阀串接于被监控区域燃气输入管道，电控推杆固定于被监控区域窗台或窗框，根据监控区域大小布置多个燃气监测器，根据监控区域抽油烟机或排风机的多少，在进风口布置气流检测器，只有抽油烟机或排风机打开，并且管道完好不漏气的情况下才导通供气；任何时候检测到燃气泄漏，除了报警以外，还推开窗户，稀释燃气，并切断供气。

11.2 创造性特征（图11-1~图11-3）

1. 一种燃气安全监控装置，包含电磁阀（1）、电动推杆（2）、燃气监测器（3）。其特征是：燃气电磁阀（1）串接于被监控区域燃气输入管道，电动推杆（2）固定于被监控区域窗台或窗框，至少有一个燃气监测器（3）固定在被监控区域，至少有一个气流检测器（4）固定于抽油烟机或排风机进风口，电磁阀（1）、电动推杆（2）、燃气监测器（3）、气流检测器（4）均接控制器（5）。

2. 根据创造性特征1所述的燃气安全监控装置，其特征是：气流检测器（4）包含导气管（41），管内斜躺着簧片（42），簧片（42）连接压舌（43），压舌（43）压在微动开关（44）上，簧片（42）一端接铰链（45）。

3. 根据创造性特征1所述的燃气安全监控装置，其特征是：控制器（5）包含延迟电路、消抖电路、逻辑电路，由常规集成电路及外围电路组成，或者由数字处理器及外围电路组成。

11.3 技术现状及设计目的

11.3.1 技术领域

本设计涉及燃气使用区域安全监控，尤其涉及一种燃气安全监控装置的设计制造应用等技术领域。

11.3.2 技术现状

餐馆、食堂、小吃店、家庭厨房的燃气输入管道一般情况下先转接软管，再接入燃气灶，多台燃气灶时还需分支分配用的多通接头，软管在油烟的熏陶之下易变质老化破损，或结上油垢，易被老鼠咬破；接头也存在脱落风险，灶具管道、阀门使用日久也会出现燃气泄漏，进而引起窒息中毒、火灾、爆炸等危险事故的发生；市面上的燃气检测器也只是检测、报警，当室内燃气浓度增加到一定程度时，处置不当仍然容易发生危险。

11.3.3 本设计目的

提供一种燃气安全监控装置，在燃气总入口串接燃气电磁阀，只有抽油烟机或排风机打开，并且管道完好不漏气的情况下才导通供气；任何时候检测到燃气泄漏，除了报警以外，还推开窗户，稀释燃气，并切断供气。

11.4 总体方案及效果

11.4.1 本设计总体方案

提供一种燃气安全监控装置，其包含电磁阀（1）、电动推杆（2）、燃气监测器（3）。电磁阀（1）串接于被监控区域燃气输入管道，电动推杆（2）固定于被监控区域窗台或窗框，根据监控区域大小布置多个燃气监测器（3），根据监控区域抽油烟机或排风机的多少，在进风口布置气流检测器（4），电磁阀（1）、电动推杆（2）、燃气监测器（3）、气流检测器（4）均接控制器（5）。气流检测器（4）包含导气管（41），管内斜躺着活动的簧片（42），簧片（42）连接压舌（43），压舌（43）压在微动开关（44）上，簧片（42）一端接铰链（45）。控制器（5）包含延迟电路、消抖电路、逻辑电路，由常规集成电路及外围电路组成，或者由数字处理器及外围电路组成。燃气监测器（3）及控制器（5）均可设声光报警，控制器（5）可设报警信号有线或无线远传。

11.4.2 本设计效果

有效预防餐馆、食堂、小吃店、家庭厨房的燃气输入管道因转接软管破损、被老鼠咬破、接头脱落、灶具漏气等引起的燃气泄漏，进而引发窒息中毒、火灾、爆炸等危险事故的发生。同时迫使用户养成使用燃气前先打开抽油烟机或排风机的习惯。

11.5 设计原理与实施方案

11.5.1 附图说明

图11-1为本设计实施例总体结构示意图。

图11-2为本设计实施例1气流检测器示意图。

图11-3为本设计实施例2气流检测器示意图。

11.5.2 具体工作原理与实施方案

下面结合实施例，对本设计作进一步说明。

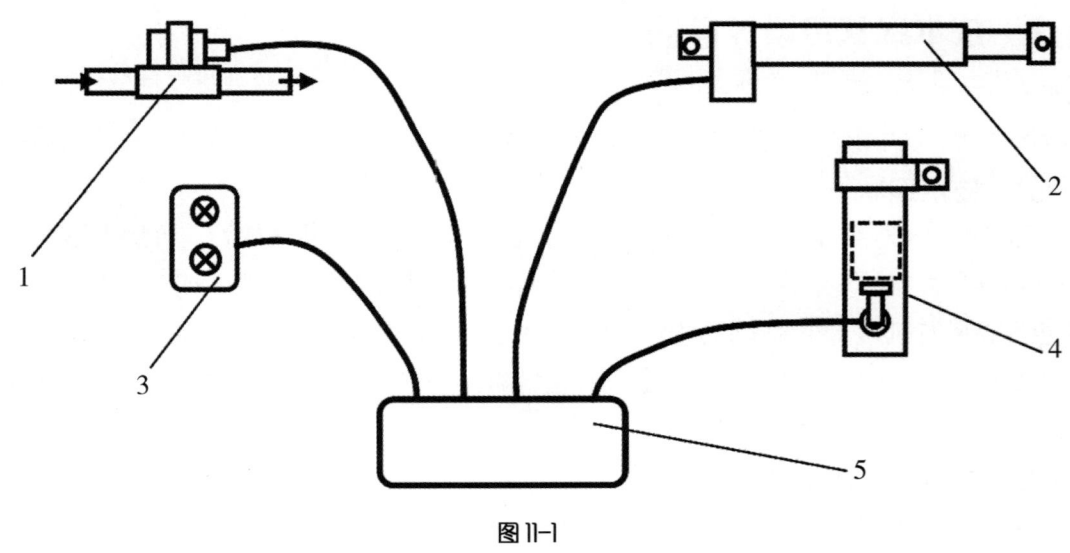

图11-1

图11-1为本设计实施例总体结构示意图。燃气电磁阀（1）串接于被监控区域燃气输入管道，电动推杆（2）固定于被监控区域窗台或窗框，根据监控区域大小布置多个燃气监测器（3），根据监控区域抽油烟机或排风机的多少，在进风口布置气流检测器（4），电磁阀（1）、电动推杆（2）、燃气监测器（3）、气流检测器（4）均接控制器（5）。气流检测器（4）包含导气管（41），管内斜躺着活动的簧片（42），簧片（42）连接压舌（43），压舌（43）压在微动开关（44）上，簧片（42）一端接铰链（45）。控制器（5）包含延迟电路、消抖电路、逻辑电路，由常规集成电路及外围电路组成，或者由数字处理器及外围电路组成。燃气监测器（3）及控制器（5）均可设声光报警，控制器（5）可设报警信号有线或无线远传。

本设计的工作流程是：无燃气使用需求时，关闭抽油烟机，气流检测器（4）检测不到气流，控制器（5）经电磁阀（1）将燃气切断，不向室内供气；有燃气使用需求时，打开抽油烟机，气流检测器（4）检测到气流，控制器（5）经电磁阀（1）将燃气接通，开始向室内供气。

燃气监测器（3）任何时候都监测着室内燃气浓度，当燃气达到危险浓度时，控制器（5）经电磁阀（1）将燃气切断，同时经电动推杆（2）将窗户推开。

各种异常情况均以声光形式报警。

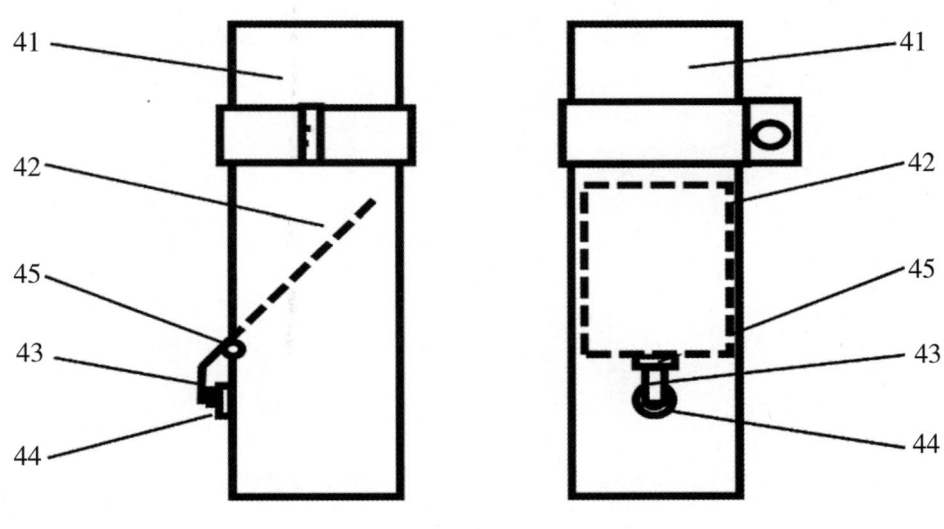

图11-2

图11-2为本设计实施例1气流检测器示意图。该装置固定在抽油烟机或排气扇的气道口或气道中，导气管（41）是方形或矩形。当抽油烟机或排气扇未开机时，导气管（41）无足以顶开簧片（42）的气流，簧片（42）斜躺在导气管（41）内，压舌（43）不作用于微动开关（44）而断开；当抽油烟机或排气扇开机后，导气管（41）上下的气压差足以顶开簧片（42），带动压舌（43）作用于微动开关（44）而接通。铰链（45）使簧片（42）能够活动，簧片（42）与管壁有缝隙，搭在管壁的小块突出上，以防止因被油污黏住而失灵。根据抽油烟机风力的大小、簧片（42）的自重及按压微动开关（44）所需力度来确定导气管（41）的口径及簧片（42）倾斜角度。

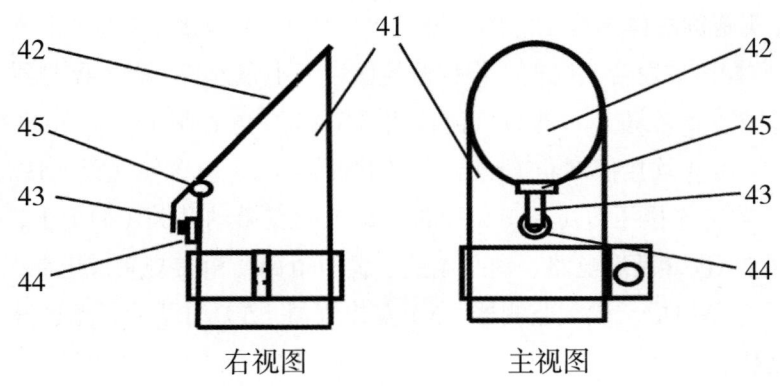

图 11-3

图 11-3 为本设计实施例 2 气流检测器示意图。 该装置导气管（41）是圆形的，所以簧片（42）是椭圆形的，与导气管（41）的内侧吻合。

12　蹲厕洁身器

（实用新型专利号 ZL201621132370.1）

12.1　方案概述

一种蹲厕洁身器，实现蹲厕用户能冲温水、吹热风洁身，能自动监测并调节水温、风温，能通过人体探头监测人到蹲厕，给水加温，泄放导管及喷嘴内的凉水，给蹲盆预加湿，能用遥控器或操作按钮对水温、风温及喷射力度进行调节；用黄、绿、红色指示灯分别表示水温或风温偏低、正常、偏高，用灯光给蹲厕照明，用显示屏及电子语音指示水温、风温预设值及实际值，可以自动调整喷嘴伸缩，实现精准喷射洁身；手持式洁身喷嘴带有手柄，手柄上也布设操作按钮、指示灯，用于操作和指示，可用镜面检视自身健康，还可以喷射药水，用于有痔疮或妇科病等人群使用。本设计使蹲厕更加清洁卫生，节省卫生纸，绿色环保，对于女性意义尤其大。

12.2　创造性特征（图12-1~图12-7）

1. 一种蹲厕洁身器，包含温水筒（1）、热风腔（2）、导管（3）、喷嘴（4）、主控模块（5）、直流电源（6）。其特征是：温水筒（1）为金属管状，下经温水阀（11）接水源，上接导管（3），温水筒（1）紧贴着水加热器（12）及筒温传感器（13），接主控模块（5）；热风腔（2）下接入风口（21），上接导管（3），热风腔（2）内有电风扇（22）、风加热器（23）、风温传感器（24），接主控模块（5）；导管（3）包含温水导管（31）、热风导管（32）、线缆（33），由可弯曲材料制成，温水导管（31）上接温水筒（1），下接喷嘴（4），热风导管（32）上接热风腔（2），下接喷嘴（4）；喷嘴（4）包含温水喷嘴（41）及热风喷嘴（42），与温水导管（31）及热风导管（32）分别对应连通，温水喷嘴（41）及热风喷嘴（42）内分别有出水温感器（43）及出风温感器（44），经线缆（33）接主控模块（5）。

2. 如创造性特征1所述蹲厕洁身器，其特征是：主控模块（5）还接人体探头（51）、遥控接收头（52）、操作按钮（53）、指示灯（54）、显示屏（55）、电子语音模块（56）、扬声器（57）、直流电源（6）。

3. 如创造性特征2所述蹲厕洁身器，其特征是：有喷嘴基架（8）支撑喷嘴（4），使喷嘴（4）处在蹲盆（71）正后侧边沿，并接近地面，喷射方向为前上方。

4. 如创造性特征3所述蹲厕洁身器，其特征是：喷嘴基架（8）还包含导槽（81）、伸缩臂（82）、伸缩电机（83）。导槽（81）外端有臂位检测器（84），接主控模块（5）；伸缩臂（82）连接喷嘴（4），伸缩臂（82）身上有齿条；伸缩电机（83）轴上有齿轮，其正反转拨动伸缩臂（82）进退伸缩，喷嘴（4）随之伸缩。人体探头（51）安装在喷嘴基架（8）固定面上，探测指向蹲盆蹲者后腰。伸缩电机（83）接主控模块（5）。

5. 如创造性特征2所述蹲厕洁身器，其特征是：手持式喷嘴（4）带有手柄（45），喷嘴（4）喷射方向与手柄（45）成倾斜角度。人体探头（51）安装在主机面板上，探测指向蹲盆蹲者。蹲盆（71）侧面有喷嘴挂架（72），其底部有锥体及胶圈（73），下接软管（74），喷嘴（4）从上向下插入挂架（72）时，喷嘴与之吻合，软管（74）尾部经三通并入蹲盆冲水管，挂架（72）上有挂枪监测开关（75），接主控模块（5）。

6. 如创造性特征5所述蹲厕洁身器，其特征是：手柄（45）上也布设操作按钮（53）、指示灯（54），接主控模块（5）。指示灯座有聚光面，有一个镜面（46）与喷嘴（4）表面动连接，可绕喷嘴（4）转动。

7. 如创造性特征3或4或5或6所述蹲厕洁身器，其特征是：主机（76）内有药水筒（9），导管（3）还包含药水导管（34），喷嘴（4）还包含药水喷嘴（47）。药水筒（9）底部经药水阀（91）、药水导管（34）接药水喷嘴（47），药水筒（9）上部有活塞（92），与药水筒（9）吻合。活塞（92）上部至机壳有弹簧组件（93）。

8. 如创造性特征3或4或5或6所述蹲厕洁身器，其特征是：温水阀（51）支持配置电动阀及手动阀。配置电动阀时，其控制端接主控模块（5）；配置手动阀时，手动调节温水喷射力度。

9. 如创造性特征3或4或5或6所述蹲厕洁身器，其特征是：主机（76）支持嵌入墙内及挂墙外。嵌入墙内时热风腔入风口（21）在主机（76）正面，外有防淋百叶，药水筒（9）向前倾斜装填药水；挂墙外时机壳外有固定耳，热风腔入风口（21）在主机（76）侧面。

10. 如创造性特征3或4或5或6所述蹲厕洁身器，其特征是：有电控冲水阀（58）上接水源，下接蹲盆冲水口，其控制端接主控模块（5）。

12.3 技术现状及设计目的

12.3.1 技术领域

本设计涉及卫生间洁具，尤其涉及蹲厕洁身设备的设计制造等技术领域。

12.3.2 技术现状

目前智能马桶盖很受用户欢迎，其核心功能是能冲温水、吹热风洁身，节省卫生纸，绿色环保。可是，有相当比例人群习惯使用蹲厕，有的家庭既有马桶，又有蹲厕，公共卫生间也以蹲厕为多数。相对于马桶，人体不需接触蹲厕的洁具，更加安全卫生。但是，目前市面上未见像智能马桶盖那样的蹲厕洁身设备，有人公开了相关设计，但都存在使用不够方便、效果不够好等技术缺陷。

12.3.3 本设计目的

提供一种蹲厕洁身器，拟克服上述技术缺陷，解决下述问题：

1. 实现蹲厕能冲温水、吹热风洁身的基本功能，能自动监测并调节水温、风温至人体舒适，更加清洁卫生，节省卫生纸，绿色环保，对于女性意义尤其大。

2. 能通过人体探头监测人到蹲厕，自动开始给水加温，泄放导管及喷嘴内的凉水，给蹲盆预加湿；能用遥控器或操作按钮实现水温、风温设置及对水和风的喷射力度进行调节。

3. 用黄、绿、红色指示灯分别表示水温或风温偏低、正常、偏高，用白色指示灯给蹲厕近距离照明，用显示屏指示水温、风温预设值及实际值，用电子语音播报上述需指示情况。

4. 洁身喷嘴可以固定在蹲盆后侧边沿，也可以用人体探头监测用户蹲的位置与喷嘴的相对距离，自动调整喷嘴伸缩，实现精准喷射洁身。

5. 手持式洁身喷嘴带有手柄，不用时插入挂架。手柄上也布设操作按钮、指示灯，分别操作和指示。可以用镜面检视自身健康，还可以喷射药水，供有痔疮或妇科病等人群使用。

6. 温水阀及药水阀支持配置电动阀及手动阀。配置电动阀时，用按钮或遥控器调节温水或药水喷射力度；配置手动阀时，手动调节温水或药水喷射力度。主机支持嵌入墙内及挂墙外，可配置电控冲水阀实现蹲盆自控冲水。

12.4 总体方案及效果

12.4.1 本设计总体方案

提供一种蹲厕洁身器，包含温水筒、热风腔、导管、喷嘴、主控模块、直流电源等部件。温水筒为金属管状，下经温水阀接水源，上接导管，温水筒紧贴着水加热器及筒温传感器，接主控模块；热风腔下接入风口，上接导管，热风腔内有电风扇、风加热器、风温传感器，接主控模块；导管包含温水导管、热风导管、线缆，由可弯曲材料制成，温水导管上接温水筒，下接喷嘴，热风导管上接热风腔，下接喷嘴；喷嘴包含温水喷嘴及热风喷嘴，与温水导管及热风导管分别对应连通，温水喷嘴及热风喷嘴内分别有出水温感器及出风温感器，经线缆接主控模块。

主控模块还接人体探头、遥控接收头、操作按钮、指示灯、显示屏、电子语音模块、扬声器、直流电源等。

喷嘴固定安装时，有喷嘴基架支撑喷嘴，使喷嘴处在蹲盆正后侧边沿，并接近地面，喷射方向为前上方。

喷嘴自动伸缩调节时，喷嘴基架还包含导槽、伸缩臂、伸缩电机。导槽外端有臂位检测器，接主控模块；伸缩臂连接喷嘴，伸缩臂身上有齿条；伸缩电机轴上有齿轮，其正反转拨动伸缩臂进退伸缩，喷嘴随之伸缩。人体探头安装在喷嘴基架固定面上，探测指向蹲盆蹲者后腰。伸缩电机接主控模块。

手持式喷嘴带有手柄，喷嘴喷射方向与手柄成倾斜角度。人体探头安装在主机面板上，探测指向蹲盆蹲者。蹲盆侧面有喷嘴挂架，其底部有锥体及胶圈，下接软管，喷嘴从上向下插入挂架时，喷嘴与之吻合，软管尾部经三通并入蹲盆冲水管，挂架上有挂枪监测开关，接主控模块。手柄上也布设操作按钮、指示灯，接主控模块。指示灯座有聚光面，有一个镜面与喷嘴表面动连接，可绕喷嘴转动。

主机内也可以装置药水筒，导管还包含药水导管，喷嘴还包含药水喷嘴。药水筒底部经药水阀、药水导管接药水喷嘴。药水筒上部有活塞，与药水筒吻合，活塞上部至机壳有弹簧组件。

温水阀及药水阀支持配置电动阀及手动阀。配置电动阀时，其控制端接主控模块，用操作按钮或触摸显示屏或遥控器调节阀门的开启程度以调节温水或药水喷射力度；配置手动阀时，手动调节温水或药水喷射力度。

主机支持嵌入墙内及挂墙外。嵌入墙内时热风腔入风口在主机正面，外有防淋百叶，药水筒向前倾斜装填药水；挂墙外时机壳外有固定耳，热风腔入风口在主机侧面。

可配置电控冲水阀上接水源，下接蹲盆冲水口，其控制端接主控模块。

12.4.2 本设计效果

用于蹲厕用户洁身，克服了先前技术缺陷，解决了下述问题：

1. 实现了蹲厕能冲温水、吹热风洁身的基本功能，能自动监测并调节水温、风温至人体舒适，更加清洁卫生，免用卫生纸，绿色环保，对于女性意义尤其大。

2. 能通过人体探头监测人到蹲厕，自动开始给水加温，泄放导管及喷嘴内的凉水，给蹲盆预加湿；能用遥控器或操作按钮实现水温、风温设置及水和风的喷射力度调节。

3. 能用黄、绿、红色指示灯分别表示水温或风温偏低、正常、偏高，用白色指示灯给蹲厕近距离照明，用显示屏指示水温、风温预设值及实际值，用电子语音播报上述需指示情况。

4. 洁身喷嘴可以固定在蹲盆后侧边沿，也可以用人体探头监测用户蹲的位置与喷嘴的相对位置，自动调整喷嘴伸缩，实现精准喷射洁身。

5. 手持式喷嘴带有手柄，不用时插入挂架。手柄上也布设操作按钮、指示灯，分别操作和指示。可以用镜面检视自身健康，还可以喷射药水，供有痔疮或妇科病等人群使用。

6. 温水阀及药水阀支持配置电动阀及手动阀。配置电动阀时，用按钮或遥控器调节温水或药水喷射力度；配置手动阀时，手动调节温水或药水喷射力度。主机支持嵌入墙内及挂墙外，可配置电控冲水阀实现自控冲水。

12.5 设计原理与实施方案

12.5.1 附图说明

图 12-1 为本设计实施例总体示意图。

图 12-2 为本设计实施例伸缩型喷嘴示意图。

图 12-3 为本设计实施例面板示意图。

图 12-4 为本设计实施例手持式喷嘴示意图。

图 12-5 为本设计实施例喷嘴镜面示意图。

图 12-6 为本设计实施例喷嘴挂墙示意图。

图 12-7 为本设计实施例控制电路示意框图。

12.5.2 具体工作原理与实施方案

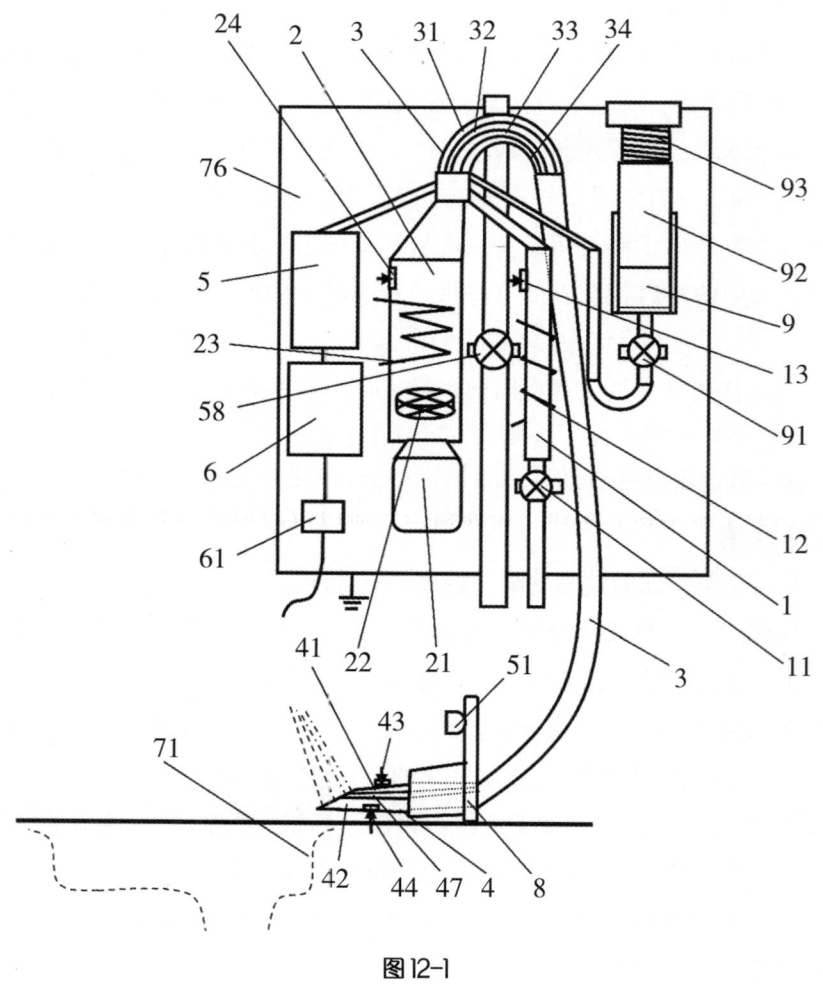

图 12-1

图 12-1 为本设计实施例总体示意图。 本设计由温水筒（1）、热风腔（2）、导管（3）、喷嘴（4）、主控模块（5）、直流电源（6）等部件构成。

温水筒（1）最好为金属管状，材质要求导热性好，铜质为佳，容量不需要大，0.3—0.4升就足够。其下经温水阀（11）接水源，上接导管（3），温水筒（1）紧贴着水加热器（12）及筒温传感器（13），接主控模块（5）。温水筒（1）若用非金属材料，则水加热器（12）及筒温传感器（13）只能在其内部。温水阀（11）可以配置电控的，其控制端接控制器（5），也可以配置手动的，当温水阀（11）开启，自来水压力使喷嘴（4）喷射温水，水加热器（12）及筒温传感器（13）在主控模块（5）控制下形成水温自控回路。水加热器（12）可以定制与温水筒（1）一体，也可以使用其他电加热器，如柔性电加热器包裹管子。筒温传感器（13）可以使用热敏电阻、半导体温感器或集成温感器等。热风腔（2）下接入风口（21），上接导管（3），热风腔（2）内有电风扇（22）、风加热器（23）、风温传感器（24），接主控模块（5）；电风扇（22）及风加热器（23）实质上组成了电吹风机，风加热器（23）及风温传感器（24）在主控模块（5）控制下组成风温自控回路。

导管（3）包含温水导管（31）、热风导管（32）、线缆（33），由可弯曲材料制成。除了线缆（33）缆芯是导体，其余均是绝缘阻燃的，并且加一定的隔热保温措施，使温水及热风不因导管散热降温，其根据主机（76）与蹲盆（71）的相对距离确定长度。温水导管（31）上接温水筒（1），下接喷嘴（4）。热风导管（32）上接热风腔（2），下接喷嘴（4）。

喷嘴（4）包含温水喷嘴（41）及热风喷嘴（42），与温水导管（31）及热风导管（32）分别对应连通。温水喷嘴（41）及热风喷嘴（42）内分别有出水温感器（43）及出风温感器（44），经线缆（33）接主控模块（5）。当喷嘴（4）喷射时，出水温感器（43）及出风温感器（44）参与水温、风温自控，使之更加精准舒适；喷嘴（4）用金属或塑胶材质。为使喷射时温水能集束，能冲洗干净，又尽量节水，温水喷嘴（41）只需一个细孔，另需一个能清洗喷嘴自身的水流喷口。为使热风有电吹风那样的烘干效果，热风喷嘴（42）一般做扁锥体或圆锥体，需有防止水进入导管的措施。

喷嘴（4）固定安装时，由喷嘴基架（8）支撑，使喷嘴（4）处在蹲盆（71）正后侧边沿，并接近地面，喷射方向为前上方；如主机（76）安装于蹲盆（71）正后侧地面，则喷嘴基架（8）可以嵌入主机（76）下部。除此之外，比如主机（76）安装于蹲盆（71）侧面，则喷嘴（4）经导管（3）引到机外，喷嘴基架（8）独立安装，喷嘴（4）应避免被脏水淋到。

主控模块（5）可以以组合逻辑电路（如各种门电路）、时序逻辑电路（如计数器、存储器）及模拟电路（如各种线性放大器、比较器）等为核心组成，成熟稳定。或以可编程控制器为核心组成，缩短开发时间。但最理想的是以数字处理器及其外围电路为核心组成，实现智能化，当前大小家电许多已经智能化。

人体探头（51）可以是红外探头、超声探头，当主控模块（5）以数字处理器及外围电路为核心时，使用超声探头测距更加精准。当然还有其他光电测位、测距方案可以选择。指示灯（54）宜用红绿蓝三基色 LED 灯，显示屏（55）宜用液晶屏。

直流电源（6）最好为隔离开关型直流稳压源，安全高效，其输入端经漏电保护器（61）接市电，按照规范必须有可靠的接地线。

温水阀（11）支持配置电动阀及手动阀。配置电动阀时，其控制端接主控模块（5），用操作按钮（53）或触摸显示屏或遥控器调节温水喷射力度；配置手动阀时，手动调节温水喷射力度。

当本设计配置喷射药水功能时，主机（76）内有药水筒（9），很像医院打针的针筒，导管（3）还包含药水导管（34），喷嘴（4）还包含药水喷嘴（47），实施中可以与温水导管（21）、温水喷嘴（41）合用，在阀门后、导管前将温水和药水混合稀释，调节二者比例以调整含药浓度，关闭药水阀（91）以停止供药；也可以药水喷嘴（47）、温水喷嘴（41）完全独立。药水筒（9）底部经药水阀（91）、药水导管（34）接药水喷嘴（47）；药水筒（9）上部有活塞（92），与药水筒（9）吻合，活塞（92）上部至机壳有弹簧组件（93），用其弹力推活塞，相当于打针时用手推。药水阀（91）可以是手动的，也可以是电控的，如电控的，其控制端接主控模块（5）。药水浓度调整好之后，拧下弹簧组件（93），将调配好的药水倒入药水筒（9），再装入活塞（92）及弹簧组件（93），如药水阀（91）开启，弹簧组件（93）产生的压力使药水喷嘴（47）喷射。主机（76）嵌入墙壁安装时，药水筒能向外倾斜，从前面板处装药水及弹簧组件（93）。

温水以自来水压力，热风以电风扇吹力，药水以弹簧压力实现喷射洁身。水及风的温度、喷射力度、喷射方向及位置均有预设值，个人只需要微调。电控冲水阀（58）上接水源，下接蹲盆冲水口，其控制端接主控模块（5）实现自控、遥控冲水，人离开时忘了冲水可以自动冲水。

图12-2为本设计实施例伸缩型喷嘴示意图。
带自控伸缩的喷嘴基架（8）还包含导槽（81）、伸缩臂（82）、伸缩电机（83）。导槽（81）外端有臂位检测器（84），接主控模块（5）；伸缩臂（82）连接喷嘴（4），伸缩臂（82）身上有齿条；伸缩电机（83）轴上有齿轮，其正反转拨动伸缩臂（82）进退伸缩，喷嘴（4）随之伸缩。伸缩电机（83）有过载保护，伸缩臂（82）柔性传动，不因被卡而损坏。人体探头（51）使用超声测距探头，安装在喷嘴基架（8）固定面上，探测指向蹲盆蹲者后腰，除了检测是否来人，还检测蹲者位置，以调整喷嘴（4）伸缩。伸缩电机（83）接主控模块（5），人体探头（51）和伸缩电机（83）在主控模块（5）控制下组成自控回路。导管（3）为柔性的，喷嘴（4）包含温水喷嘴（41）、热风喷嘴（42）、药水喷嘴（47），与温水导管（31）、热风导管（32）、药水导管（34）分别对应连通。温水喷嘴（41）及热风喷嘴（42）内分别有出水温感器（43）及出风温感器（44），经线缆（33）接主控模块（5），喷嘴（4）的伸缩均有设定值，自控调节是小幅调整，收缩时喷嘴处在蹲盆正后边沿。臂位检测器（84）可以是光电检测、电位器、齿条计数等。

图12-3为本设计实施例面板示意图。 嵌入墙体安装型面板上有入风口（21），当喷嘴（4）为手持式时，人体探头（51）也在面板上，用于检测

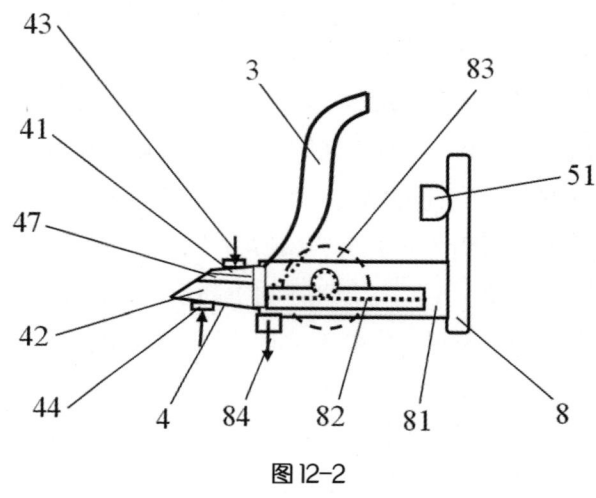

图12-2

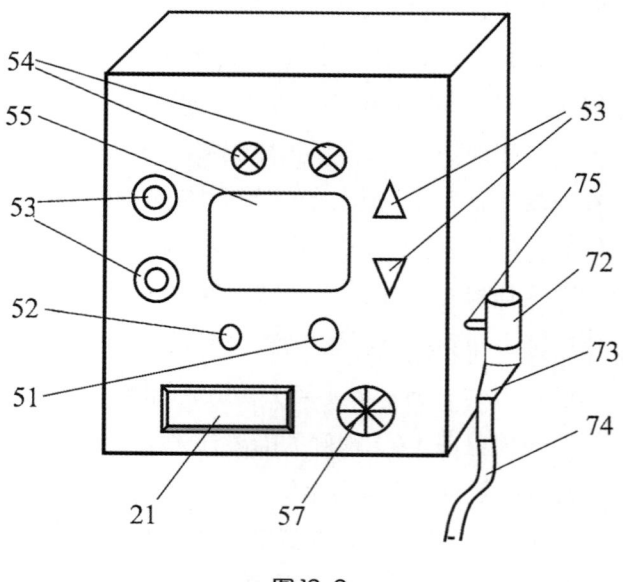

图12-3

蹲盆上是否有人，以启动烧水及预泄凉水湿润蹲盆。各种情况下，面板上均有遥控接收头（52）、操作按钮（53）、指示灯（54）、显示屏（55）、扬声器（57）。指示灯（54）可用红绿蓝三基色LED灯，作为水温、风温指示外，也作为照明。显示屏（55）可用液晶屏。扬声器（57）用于播放电子语音模块（56）发出的提示声。遥控接收头（52）安装在面板，接收遥控器信号。与红外线遥控相比，用无线电波遥控不需要对准接收头，近年来常取代前者。

当喷嘴（4）为手持式，且主机（76）挂在蹲盆（71）侧面时，喷嘴挂架（72）在主机（76）外壳，其底部有锥体及胶圈（73），下接软管（74），喷嘴（4）从上向下插入挂架（72）时，喷嘴与之吻合，软管（74）尾部垂入蹲盆（71）边沿或经三通并入蹲盆冲水管，以预泄凉水湿润蹲盆。挂架（72）上有挂枪监测开关（75），可以感知喷嘴（4）使用完毕，关闭烧水等。

图12-4为本设计实施例手持式喷嘴示意图。当喷嘴（4）为手持式时，带有手柄（45），其上面也可以设操作按钮（53）、指示灯（54），方便使用操作。操作按钮（53）用防水的，指示灯（54）可以兼做近距离照明。

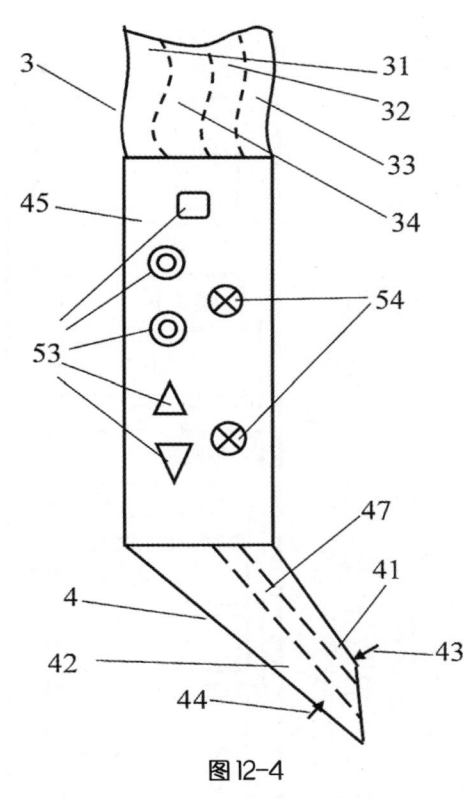

图12-4

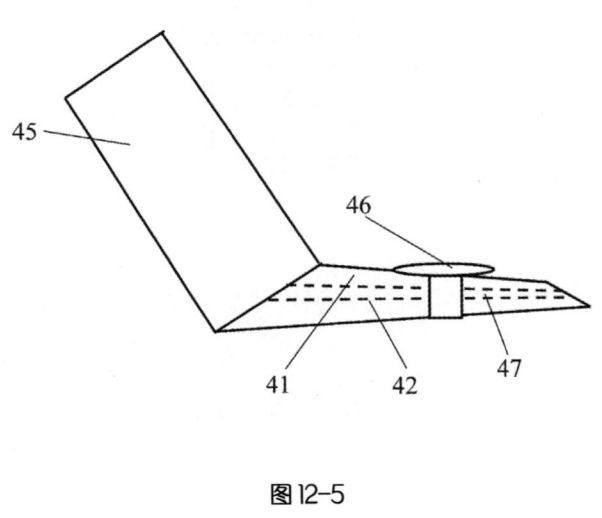

图12-5

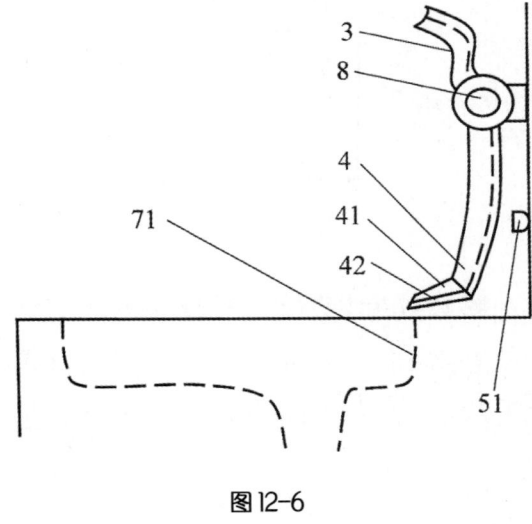

图12-6

图12-5为本设计实施例喷嘴镜面示意图。有一个镜面（46）与喷嘴（4）表面动连接，可绕喷嘴（4）转动。用小镜面可以检视自身健康状况，可以使用凸面镜，扩大检视范围，也可以借助指示灯（54）的光线进行检视。不看镜子时可以将它拧到背面。

图12-6为本设计实施例喷嘴挂墙示意图。这是另外一个实施例，喷嘴基架（8）像一个铰链，如配上俯仰控制电机，可以控制喷嘴（4）进退，与人体探头（51）在主控模块（5）控制下组成自控回路，有初始预设位置。

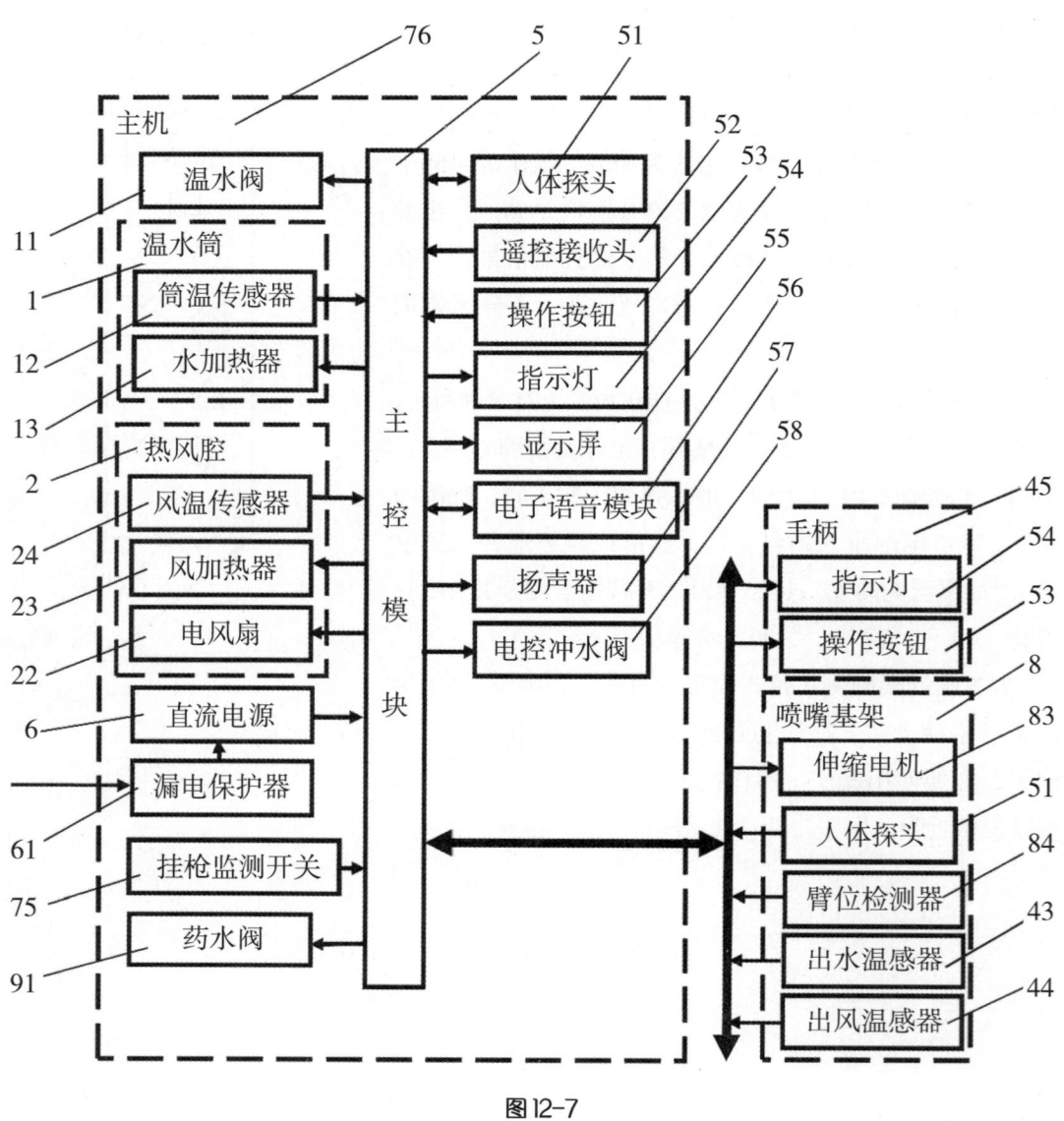

图12-7

图12-7为本设计实施例控制电路示意框图。 如图12-7所示,例如通过筒温传感器(13)监测水温,控制水加热器(12)的通断。水温可以设置,但是有上下限,如36~42℃,以免烫伤或受冻,同理风温也有上下限。喷射力度是可调的,同样要设上限,既保证能满意洁身,又不溅湿衣裤。

13 公厕卫生系统
（实用新型专利号 ZL201621132369.9）

13.1 方案概述

一种公厕卫生系统，用于自动为公共蹲厕各个蹲位使用人喷射温水及热风洁身，及定时自动清洁公厕。有人进入公厕时，启动主机，使管道保持有温水及热风循环；多个蹲位共用一台主机，人进入蹲位时，泄放支管中的凉水及凉风，并给蹲盆预加湿；可用洁身枪先后喷射温水及热风洁身，能自动给蹲盆冲水，能在夜间或检测厕内无人时定时自启动清洁公厕；可预设并显示水温、风温，蹲位机用黄、绿、红色指示灯区别水温或风温偏低、正常、偏高，可近距照明，可用电子语音播报相关情况；洁身枪可以是固定式，或自动伸缩，实现精准喷射洁身；手持式洁身枪带有手柄，其上也布设操作按钮、指示灯；温水阀及热风阀配置电动阀或手动阀，手动阀能回弹关闭，使公厕更加清洁卫生，节省卫生纸，绿色环保，对于女性意义尤其大，也防止草纸堵塞蹲盆。

13.2 创造性特征（图13-1~图13-6）

1.一种公厕卫生系统，其特征是：主机（1）经温水管（2）及热风管（3）连接不少于2台蹲位机（4），主机（1）内有温水胆（5）、热风箱（6）、主控模块（7）、直流电源（8）。

温水管（2）包含出水管（21）及回水管（22），与温水胆（5）及循环泵（51）组成温水循环，从温水胆（5）经循环泵（51）布设出水管（21）经水三通（23）分支接各个蹲位机（4），至最后一台蹲位机（4）后接回水管（22）回到温水胆（5）。

热风管（3）包含出风管（31）及回风管（32），与热风箱（6）组成热风循环，从热风箱（6）布设出风管（31），经风三通（33）分支接各个蹲位机（4），至最后一台蹲位机（4）后接回风管（32）回到热风箱（6）。

温水胆（5）上部经循环泵（51）接出水管（21），下部分别接回水管（22）及入水口（52），温水胆（5）包含有水加热器（53）及水温传感器（54），接主控模块（7），循环泵（51）驱动端接主控模块（7）。

热风箱（6）上部接出风管（31），下部分别接回风管（32）及入风口（61），热风箱（6）内有电风扇（62）、风加热器（63）、风温传感器（64），接主控模块（7）。主控模块（7）还接主显示屏（71）、主操作键（72）、来人探头（73）、主指示灯（74）、冲洗接口（75）、直流电源（8）。

2.如创造性特征1所述公厕卫生系统，其特征是：蹲位机（4）配置有支管（41）、洁身枪（42）、温水阀（43）、热风阀（44）、分控模块（45）。支管（41）包含温水支管（411）、热风支管（412）、线缆（413），由可弯曲材料制成。洁身枪（42）包含温水喷嘴（421）及热风喷嘴（422），温水喷嘴（421）通过温水支管（411）及温水阀（43）连接到温水管（2），热风喷嘴（422）通过热风支管（412）及热风阀（44）连接到热风管（3）。温水喷嘴（421）及热风喷嘴（422）内分别有出水温感器（423）及出风温感器（424），经线缆（413）接分控模块（45）。

3.如创造性特征2所述蹲厕洁身器，其特征是：分控模块（45）还接人体探头（451）、操作按钮（452）、指示灯（453）、电子语音模块（454）、扬声器（455）、冲水阀接口（456）、直流电源（8）。

4. 如创造性特征3所述蹲厕洁身器，其特征是：有基架（46）支撑洁身枪（42），使洁身枪（42）处在蹲盆正后侧边沿，并接近地面，喷射方向为前上方。

5. 如创造性特征4所述蹲厕洁身器，其特征是：基架（46）还包含导槽（461）、伸缩臂（462）、伸缩电机（463）。导槽（461）外端有臂位检测器（464），接分控模块（45）；伸缩臂（462）连接洁身枪（42），伸缩臂（462）身上有齿条；伸缩电机（463）轴上有齿轮，其正反转拨动伸缩臂（462）进退伸缩，洁身枪（42）随之伸缩。人体探头（451）安装在基架（46）固定面上，探测指向蹲盆蹲者后腰，伸缩电机（463）接分控模（45）。

6. 如创造性特征3所述蹲厕洁身器，其特征是：手持式洁身枪（42）带有手柄（47），洁身枪（42）喷射方向与手柄（47）成倾斜角度。人体探头（451）安装在蹲位机面板上，探测指向蹲盆蹲者。蹲盆侧面有洁身枪挂架（48），其底部有锥体及胶圈（481），下接软管（482），洁身枪（42）从上向下插入挂架（48）时，喷嘴与之吻合，软管（482）尾部经三通并入蹲盆冲水管。挂架（48）上有挂枪监测开关（483），接分控模块（45）。

7. 如创造性特征6所述蹲厕洁身器，其特征是：手柄（47）上也布设操作按钮（452）、指示灯（453），接分控模块（45）。

8. 如创造性特征3或4或5或6或7所述蹲厕洁身器，其特征是：温水阀（43）及热风阀（44）支持配置电动阀或手动阀。配置电动阀时，其控制端接分控模块（45），用操作按钮（452）调节温水及热风喷射力度；配置手动阀时，手动调节温水及热风喷射力度，手动阀具有弹力回弹功能，加力打开，松手回弹关闭。

13.3 技术现状及设计目的

13.3.1 技术领域
本设计涉及卫生间洁具，尤其涉及公厕卫生清洁系统设备的设计制造等技术领域。

13.3.2 技术现状
目前智能马桶盖很受用户欢迎，其核心功能是冲温水、吹热风洁身。可是，有相当比例人群习惯使用蹲厕，公厕以蹲盆为主，相对于马桶，人体不需接触蹲盆，更加安全卫生。但是，目前市面上未见自控的公厕卫生清洁系统设备，有人公开了相关设计，但都存在使用不够方便、效果不够好等技术缺陷。本设计人提交了"蹲厕洁身器"专利申请，但只适用于单个蹲厕，不适用于有多个蹲盆的公厕。

13.3.3 本设计目的
提供一种公厕卫生系统，拟克服上述技术缺陷，实现以下功能：

1. 当来人探头监测到有人进入公厕时，启动温水胆烧水及热风箱把风加热，之后启动温水及热风循环，使温水管及热风管保持有接近人体体温的温水及热风。

2. 多个蹲位共用一台主机，当人体探头监测到人进入蹲位时，微启温水阀及热风阀泄放支管中的凉水及凉风，并给蹲盆预加湿。

3. 当蹲者解手完毕时启动洁身枪喷射温水洁身，之后喷射热风烘干身体，更加清洁卫生，节省卫生纸，绿色环保，对于女性意义尤其大，也防止各种草纸堵塞蹲盆。

4. 当有人忘记冲水时，能自动给蹲盆冲水，能在无人使用公厕时段，定时自动用水冲洗、用吊扇吹干等措施清洁公厕。

5. 主机显示屏指示水温、风温预设值及实际值，蹲位机用黄、绿、红色指示灯分别表示水温或风温偏低、正常、偏高，用白色指示灯给公厕蹲位近距离照明，用电子语音播报相关情况，适用于盲人及文盲等人群。

6. 洁身枪可以固定在蹲盆后侧边沿，也可以用人体探头监测人蹲的位置与洁身枪的相对距离，自动调整洁身枪伸缩，实现精准喷射洁身。

7. 手持式洁身枪带有手柄，不用时插入挂架，手柄上也布设操作按钮、指示灯，分别操作和指示。

8. 温水阀及热风阀支持配置电动阀或手动阀。配置电动阀时，用按钮调节温水及热风喷射力度；配置手动阀时，手动调节温水及热风喷射力度，手动阀具有弹力回弹功能，加力打开，松手回弹关闭。

13.4　总体方案及效果

13.4.1　本设计总体方案

这种公厕卫生系统，其主机（1）经温水管（2）及热风管（3）连接不少于2台蹲位机（4），主机（1）内有温水胆（5）、热风箱（6）、主控模块（7）、直流电源（8）。

温水管（2）包含出水管（21）及回水管（22），与温水胆（5）及循环泵（51）组成温水循环，从温水胆（5）经循环泵（51）布设出水管（21）经水三通（23）分支接各个蹲位机（4），至最后一台蹲位机（4）后接回水管（22）回到温水胆（5）。

热风管（3）包含出风管（31）及回风管（32），与热风箱（6）组成热风循环，从热风箱（6）布设出风管（31）经风三通（33）分支接各个蹲位机（4），至最后一台蹲位机（4）后接回风管（32）回到热风箱（6）。

温水胆（5）上部经循环泵（51）接出水管（21），下部分别接回水管（22）及入水口（52），温水胆（5）包含有水加热器（53）及水温传感器（54），接主控模块（7），循环泵（51）驱动端接主控模块（7）。

热风箱（6）上部接出风管（31），下部分别接回风管（32）及入风口（61），热风箱（6）内有电风扇（62）、风加热器（63）、风温传感器（64），接主控模块（7）。

主控模块（7）还接主显示屏（71）、主操作键（72）、来人探头（73）、主指示灯（74）、冲洗接口（75）、直流电源（8）。

蹲位机（4）配置有支管（41）、洁身枪（42）、温水阀（43）、热风阀（44）、分控模块（45）。

支管（41）包含温水支管（411）、热风支管（412）、线缆（413），由可弯曲材料制成；洁身枪（42）包含温水喷嘴（421）及热风喷嘴（422），温水喷嘴（421）通过温水支管（411）及温水阀（43）连接温水管（2），热风喷嘴（422）通过热风支管（412）及热风阀（44）连接热风管（3）。

温水喷嘴（421）及热风喷嘴（422）内分别有出水温感器（423）及出风温感器（424），经线缆（413）接分控模块（45）。

分控模块（45）还接人体探头（451）、操作按钮（452）、指示灯（453）、电子语音模块（454）、扬声器（455）、冲水阀接口（456）、直流电源（8）。

洁身枪为固定式时，有基架（46）支撑洁身枪（42），使洁身枪（42）处在蹲盆正后侧边沿，并接近地面，喷射方向为前上方。

洁身枪为自动伸缩式时，基架（46）还包含导槽（461）、伸缩臂（462）、伸缩电机（463）。导槽（461）外端有臂位检测器（464），接分控模块（45）；伸缩臂（462）连接洁身枪（42），伸缩臂（462）

身上有齿条；伸缩电机（463）轴上有齿轮，其正反转拨动伸缩臂（462）进退伸缩，洁身枪（42）随之伸缩。人体探头（451）安装在基架（46）固定面上，探测指向蹲盆蹲者后腰，伸缩电机（463）接分控模块（45）。

手持式洁身枪（42）带有手柄（47），洁身枪（42）喷射方向与手柄（47）成倾斜角度。人体探头（451）安装在蹲位机面板上，探测指向蹲盆蹲者。蹲盆侧面有洁身枪挂架（48），其底部有锥体及胶圈（481），下接软管（482），洁身枪（42）从上向下插入挂架（48）时，喷嘴与之吻合，软管（482）尾部经三通并入蹲盆冲水管。挂架（48）上有挂枪监测开关（483），接分控模块（45）。这种情况，手柄（47）上也可以布设操作按钮（452）、指示灯（453），接分控模块（45）。

温水阀（43）及热风阀（44）支持配置电动阀或手动阀，配置电动阀时，其控制端接分控模块（45），用操作按钮（452）调节温水及热风喷射力度；配置手动阀时，手动调节温水及热风喷射力度，手动阀具有弹力回弹功能，加力打开，松手回弹关闭。

13.4.2 本设计效果

克服了前述技术缺陷，实现了以下功能：

1. 当来人探头监测到有人进入公厕时，启动温水胆烧水及热风箱把风加热，之后启动温水及热风循环，使温水管及热风管保持有接近人体体温的温水及热风。

2. 多个蹲位共用一台主机，当人体探头监测到人进入蹲位时，微启温水阀及热风阀泄放支管中的凉水及凉风，并给蹲盆预加湿。

3. 当蹲者解手完毕时启动洁身枪喷射温水洁身，之后喷射热风烘干身体，更加清洁卫生，免用卫生纸，绿色环保，对于女性意义尤其大，也防止各种草纸堵塞蹲盆。

4. 当有人忘记冲水时，能自动给蹲盆冲水，能在无人使用公厕时段，定时自动用水冲洗、用吊扇吹干等措施清洁公厕。

5. 主机显示屏指示水温、风温预设值及实际值，蹲位机用黄、绿、红色指示灯分别表示水温或风温偏低、正常、偏高，用白色指示灯给公厕蹲位近距离照明，用电子语音播报相关情况，适用于盲人及文盲等人群。

6. 洁身枪可以固定在蹲盆后侧边沿，也可以用人体探头监测人蹲的位置与洁身枪的相对距离，自动调整洁身枪伸缩，实现精准喷射洁身。

7. 手持式洁身枪带有手柄，不用时插入挂架，手柄上也布设操作按钮、指示灯，分别操作和指示。

8. 温水阀及热风阀支持配置电动阀或手动阀。配置电动阀时，用按钮调节温水及热风喷射力度；配置手动阀时，手动调节温水及热风喷射力度，手动阀具有弹力回弹功能，加力打开，松手回弹关闭。

13.5 设计原理与实施方案

13.5.1 附图说明

图 13-1 为本设计实施例总体示意图。

图 13-2 为本设计实施例伸缩型洁身枪示意图。

图 13-3 为本设计实施例主机及蹲位机面板示意图。

图 13-4 为本设计实施例手持式洁身枪示意图。

图 13-5 为本设计实施例主机控制电路示意框图。

图 13-6 为本设计实施例蹲位机控制电路示意框图。

13.5.2 具体工作原理与实施方案

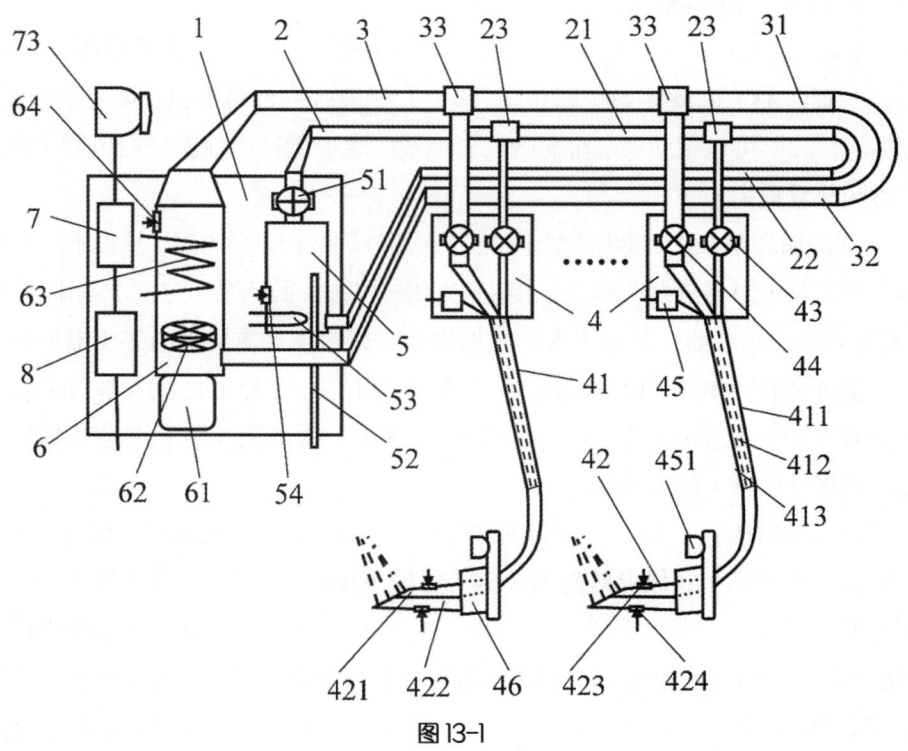

图13-1

图13-1为本设计实施例总体示意图。本设计主机（1）经温水管（2）及热风管（3）连接多台蹲位机（4），主机（1）内有温水胆（5）、热风箱（6）、主控模块（7）、直流电源（8）。主机（1）挂于公厕内，每个蹲位侧面挂1台蹲位机（4），各配置1根洁身枪（42），可以是固定的，或者自动伸缩的，或者手持的；温水管（2）及热风管（3）沿墙内或墙面布设；在对准公厕入口处挂一个来人探头（73）连接主机，当来人探头（73）监测到有人进入公厕时，启动温水胆（5）烧水及热风箱（6）把风加热，之后启动温水及热风循环，使温水管（2）及热风管（3）保持有接近人体体温的温水及热风。

当人体探头（451）监测到人进入蹲位时，微启温水阀（43）及热风阀（44）泄放支管（41）中的凉水及凉风，并给蹲盆预加湿；当蹲者解手完毕时自行启动洁身枪（42）喷射温水洁身，之后喷射热风烘干身体。

主机用显示屏（71）指示水温、风温预设值及实际值，蹲位机（4）用黄、绿、红色指示灯分别表示水温或风温偏低、正常、偏高，用白色指示灯给公厕蹲位近距离照明，用电子语音播报相关情况，适用于盲人及文盲等人群。

使用人根据需要自己调节温水阀（43）及热风阀（44）的开启程度，以调节温水及热风的喷射开、关和喷射力度。其支持配置电动阀或手动阀：配置电动阀时，用操作按钮（452）调节；配置手动阀时，手动调节，手动阀具有弹力回弹功能，加力打开，松手回弹关闭，避免温水及热风泄漏流失，喷射力度是可调的，但是要设上、下限，既保证能满意洁身，又不溅湿衣裤。温水管（2）包含出水管（21）及回水管（22），与温水胆（5）及循环泵（51）组成温水循环，从温水胆（5）经循环泵（51）布设出水管（21）经水三通（23）分支接各个蹲位机（4），至最后一台蹲位机（4）后接回水管（22）回到温水胆（5）；温水管（2）可以使用PPR管、铝塑管等材料，应做适当保温，水三通（23）使用市售产品，温水循环的目的是使温水管（2）内的水也得到加温，否则蹲位要泄放很多凉水才会出热水，因喷嘴很小，需要用时较久。洁身枪（42）喷嘴靠自来水压力及循环泵（51）推力喷射，所以出水管（21）口径要足，布设时尽量直、尽量短，减少阻力和热量损失。

热风管（3）包含出风管（31）及回风管（32），与热风箱（6）组成热风循环，从热风箱（6）布设出风管（31）经风三通（33）分支接各个蹲位机（4），至最后一台蹲位机（4）后接回风管（32）回到热风箱（6）。热风管（3）可以用塑料、金属等材料制成，也应做适当保温。出风管（31）布管尽量直、尽量短，减少阻力和热量损失。

温水胆（5）上部经循环泵（51）接出水管（21），下部分别接回水管（22）及入水口（52），温水胆（5）包含有水加热器（53）及水温传感器（54），接主控模块（7），循环泵（51）驱动端接主控模块（7）。温水胆（5）实质为一台小热水器，公厕来人才开始烧水，其箱体材质要求与热水器内胆相同，容量要根据蹲位的数量定，如平均每个蹲位0.1—0.2升，共10个蹲位1—2升足矣。入水口（52）的高度应保证水源停水时水加热器（53）及水温传感器（54）仍淹没水中。循环泵（51）也是开始烧水后才启动，其作用是保障洁身时出水管（21）内有温水。

热风箱（6）上部接出风管（31），下部分别接回风管（32）及入风口（61），热风箱（6）内有电风扇（62）、风加热器（63）、风温传感器（64），接主控模块（7）。热风箱（6）实质上为电吹风，其箱体可以采用塑胶、铁皮等材料，其依靠电风扇产生气流，如大型公厕可以考虑用微型空压机取代。热风箱（6）也是来人后开始启动加热风及循环，其作用是保障洁身时出风管（31）内有热风。

蹲位机（4）配置有支管（41）、洁身枪（42）、温水阀（43）、热风阀（44）、分控模块（45）。

支管（41）包含温水支管（411）、热风支管（412）、线缆（413），除了线缆（413）芯，应由可弯曲绝缘阻燃材料制成，并要求能适当隔热。洁身枪（42）包含温水喷嘴（421）及热风喷嘴（422），一般用金属或塑胶材质。温水喷嘴（421）通过温水支管（411）及温水阀（43）连接温水管（2），热风喷嘴（422）通过热风支管（412）及热风阀（44）连接热风管（3）。温水喷嘴（421）只需细孔喷射细股水柱，能精准洁身，又能节水，另需有水雾喷射喷嘴本身，用于保持洁身枪（42）清洁；热风喷嘴（422）类似电吹风的嘴，可以小得多，并有防止水倒灌的措施。

温水喷嘴（421）及热风喷嘴（422）内分别有出水温感器（423）及出风温感器（424），经线缆（413）接分控模块（45），用于监测喷射的水和风温度是否正常。

水温传感器（54）、风温传感器（64）、出水温感器（423）、出风温感器（424）使用热敏电阻、半导体温感器、集成温感器等。

主控模块（7）及分控模块（45）可以以组合逻辑电路（如各种门电路）、时序逻辑电路（如计数器、存储器）及模拟电路（如各种线性放大器、比较器）等为核心组成，成熟稳定，或以可编程控制器为核心组成，开发周期短。但最理想的是以数字处理器及其外围电路为核心组成，实现智能化，当前许多大小家电已经智能化。

来人探头（73）一般用红外及微波多普勒双鉴探测器；人体探头（45）可以是红外探头、超声探头。当分控模块（45）以数字处理器及外围电路为核心时，使用超声探头测距、光电测位更加精准；用摄像镜头实现智能测距也是一种选择。主指示灯（74）及蹲位机（4）的指示灯（453）宜用红绿蓝三基色LED灯，显示屏（71）宜用液晶屏。

直流电源（8）同时为主机（1）及蹲位机（4）供电，最好为隔离开关型直流稳压源，安全高效，其输入端经漏电保护器接市电，按照规范必须有可靠的接地线。

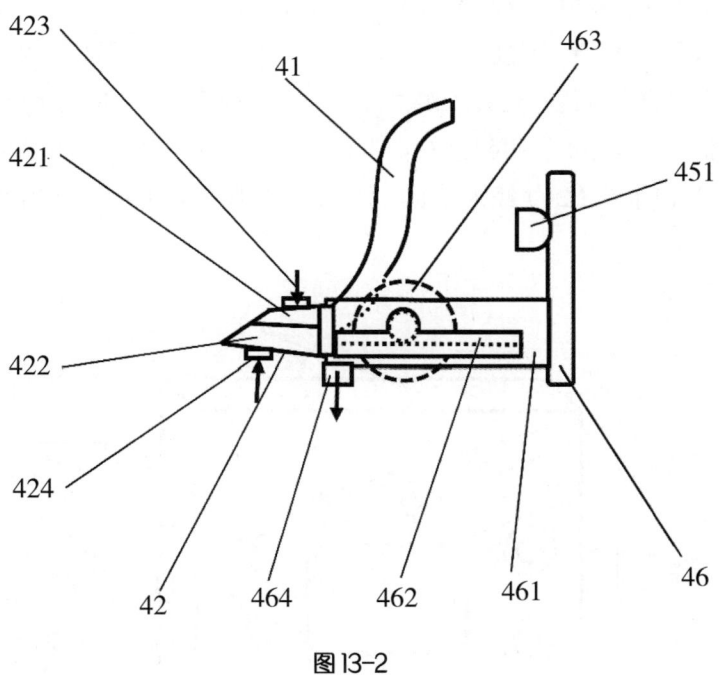

图13-2

图13-2为本设计实施例伸缩型洁身枪示意图。洁身枪（42）可以固定在蹲盆后侧边沿，也可以用人体探头（451）监测用户蹲的位置与洁身枪（42）的相对距离，自动调整洁身枪（42）伸缩，实现精准喷射洁身。

带自控伸缩的基架（46）还包含导槽（461）、伸缩臂（462）、伸缩电机（463）。导槽（461）外端有臂位检测器（464），接分控模块（45）；伸缩臂（462）连接洁身枪（42），伸缩臂（462）身上有齿条；伸缩电机（463）轴上有齿轮，其正反转拨动伸缩臂（462）进退伸缩，洁身枪（42）随之伸缩。伸缩电机（463）应有过载保护，伸缩臂（462）柔性传动，不因被卡而损坏。人体探头（451）使用超声测距探头，安装在基架（46）固定面上，探测指向蹲盆蹲者后腰，除了检测蹲位是否来人，还检测蹲者位置，以调整洁身枪（42）伸缩。伸缩电机（463）接分控模块（45），人体探头（451）和伸缩电机（463）在分控模块（45）控制下组成自控回路。支管（41）为柔性的，洁身枪（42）包含温水喷嘴（421）、热风喷嘴（422），与温水支管（411）、热风支管（412）分别对应连通。温水喷嘴（421）及热风喷嘴（422）内分别有出水温感器（423）及出风温感器（424），经线缆（413）接分控模块（45），洁身枪（42）的伸缩均有设定值，自控调节是小幅调整，收缩时喷嘴处在蹲盆正后边沿。臂位检测器（464）可以是光电检测或者电位器等。

图13-3为本设计实施例主机及蹲位机面板示意图。上部为主机（1）面板示意图。主机（1）嵌入墙体安装时，面板上有入风口（61）。显示屏（71）用于显示水温及风温的设置值及实际值等内容，显示屏（71）可用液晶屏。主操作键（72）用于进行相关操作。指示灯（74）用黄、绿、红色指示灯分别表示水温或风温偏低、正常、偏高，用白色指示灯给公厕蹲位近距离照明。

下部为蹲位机（4）面板示意图。当洁身枪为手持式时，人体探头（451）装置在面板上，用于检测蹲盆上是否有人，以启动预泄凉水湿润蹲盆。操作按钮（452）用于相关操作。指示灯（453）可用红绿蓝三基色LED灯，作为水温、风温指示外，也作为照明。扬声器（455）用于播放电子语音模块（454）发出的提示声。

蹲位机（4）最好挂在蹲盆侧面，方便使用操作。当洁身枪（42）为手持式，挂架（48）在蹲位机（4）外壳，其底部有锥体及胶圈（481），下接软管（482），洁身枪从上向下插入挂架（48）时，喷嘴与之吻合。软管（482）尾部垂入蹲盆边沿或经三通并入蹲盆冲水管，泄放支管中的凉水时，可以给蹲盆预加湿。挂架（48）上有挂枪监测开关（483），可以感知洁身枪（42）使用完毕，关闭温水、热风，保证其不泄漏而流失浪费。主机（1）从出水管（21）经水三通（23）分支接蹲位机（4），从出风管（31）经风三通（33）分支接蹲位机（4）。

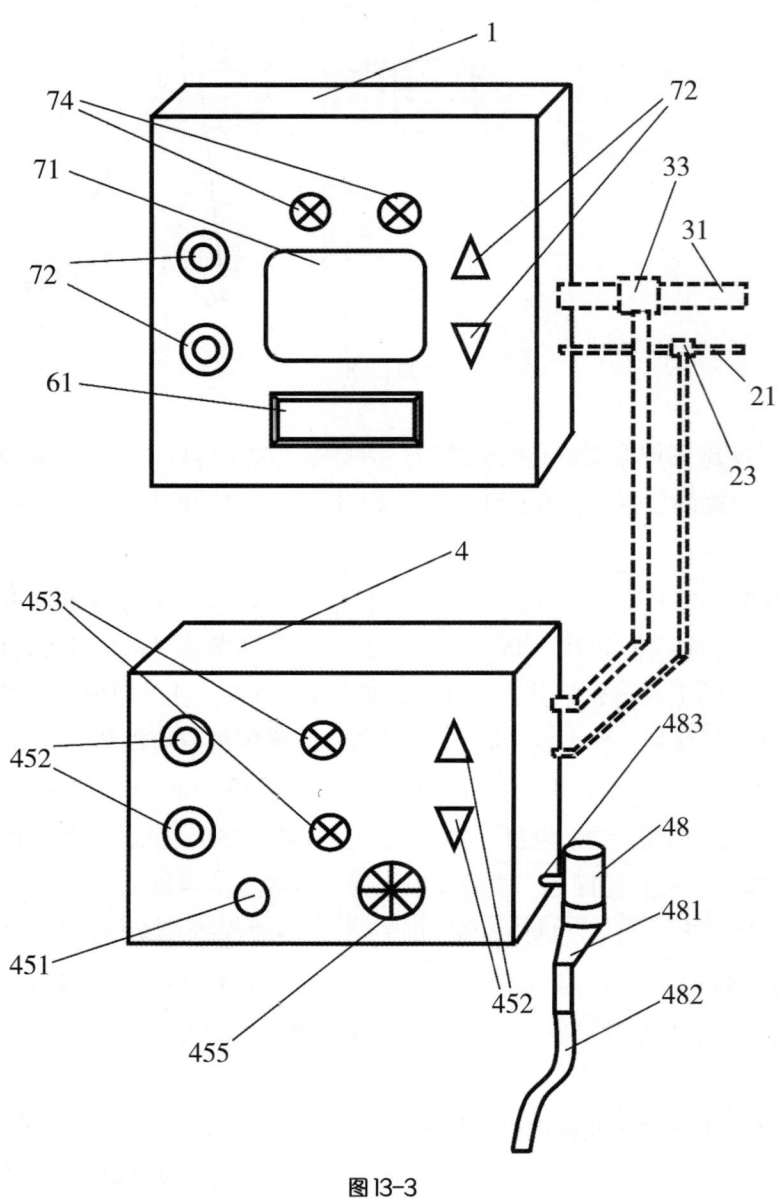

图13-3

图13-4为本设计实施例手持式洁身枪示意图。手持式洁身枪（42）带有手柄（47），不用时插入挂架（48）。手柄（47）上也可以布设操作按钮（452）、指示灯（453），方便使用操作。操作按钮（452）用防水的，如薄膜按钮，指示灯（453）可以兼做近距离照明。一般情况下，温水阀（43）及热风阀（44）在蹲位机（4）内，作为实施例，采用手持式洁身枪（42），并且采用手动式温水阀（43）及热风阀（44）时，温水阀（43）及热风阀（44）可以装置在洁身枪（42）内更加方便实用。

13 公厕卫生系统

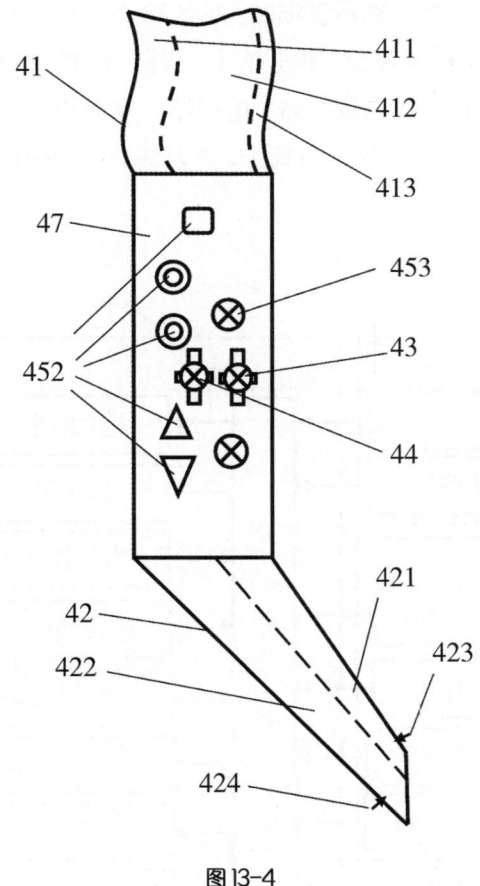

图13-4

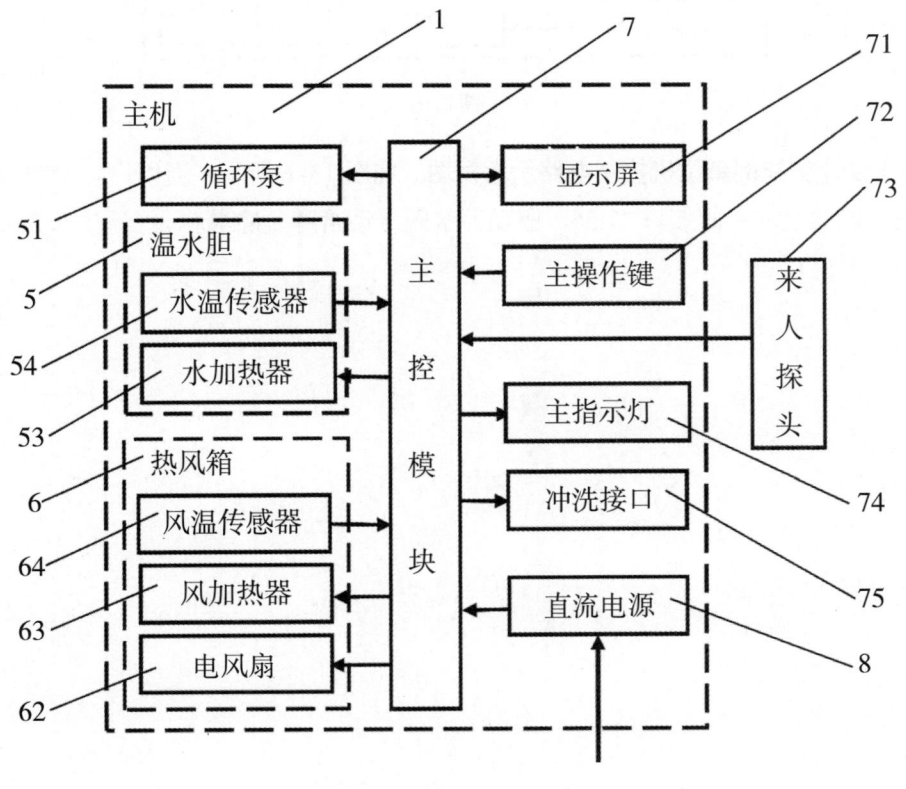

图13-5

图13-5为本设计实施例主机控制电路示意框图。如图13-5所示，例如通过水温传感器（54）监测水温，控制水加热器（53）的通断。水温可以设置，但是有上下限，如36~42℃，以免烫伤或受冻。同理，通过风温传感器（64）监测风温，控制风加热器（63）的通断，风温也有上下限。能通过冲洗接口（75）驱动相关设备定时清洁公厕，如在下半夜如厕人员稀少，并监测到公厕内没有人时，自动开启冲洗喷头冲洗，之后启动吊扇吹干等清洁程序。

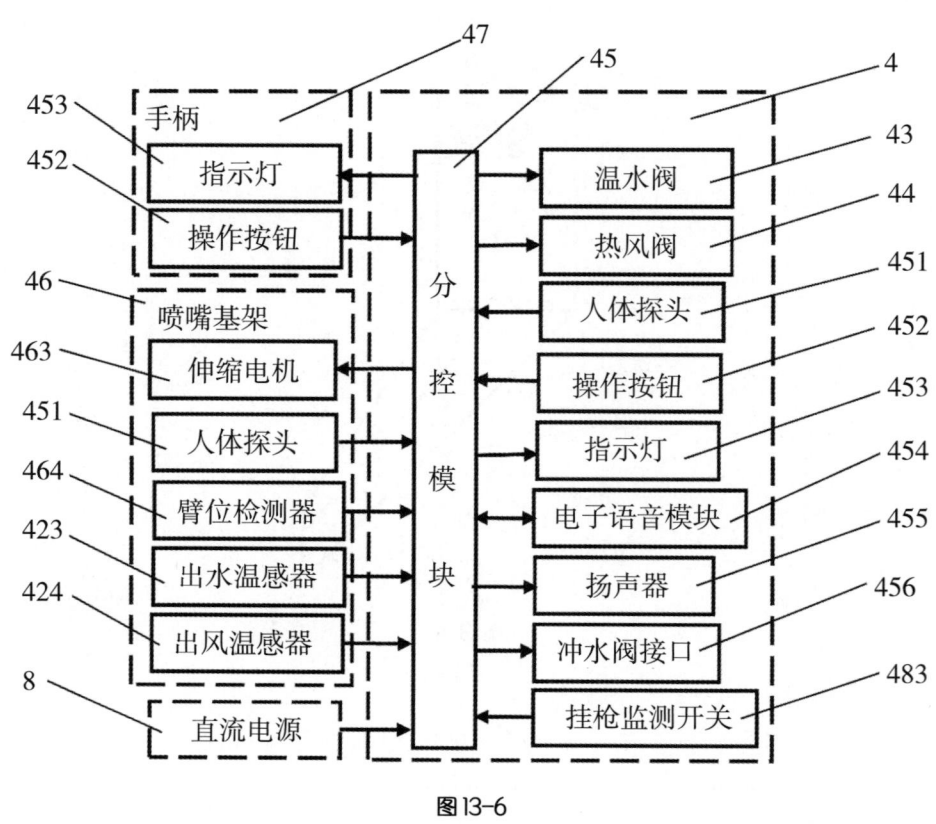

图13-6

图13-6为本设计实施例蹲位机控制电路示意框图。如图13-6所示，当用户忘记冲水时，蹲位机（4）的分控模块（45）能通过冲水阀接口（456）驱动冲水阀自动给蹲盆冲水。

14　手机平视装置
（实用新型专利号 ZL201720395148.9）

14.1　方案概述

一种手机平视装置，其将手机挂于眼前合适的距离，让眼睛平视，用于解放低头族，远离颈椎病，对于青少年的健康尤其有益；让机主抬头挺胸走路，眼观交通状况，避免交通事故；骑车途中手机铃响，不需要从腰袋或提包中掏手机，即可知道来电号码，可接电话，降低事故危险性；在黑暗中作业者把手机当头灯，释放双手，利于作业；视频聊天不需要抬手即可对准人脸；斜靠沙发、仰卧床上要玩手机，不必把手抬高，避免手酸疲劳；即使手插口袋也可以操纵手机鼠标，查看微信；不用时可抬起支臂竖立于额顶，减少不适。其包含挂框、支臂、手机夹、手机鼠标。挂框经上翘铰链接支臂，支臂经全向铰链接手机夹，可伸缩支臂以调整视距，手机鼠标经无线通信模块或连接线与手机通信。

14.2　创造性特征（图14-1~图14-5）

1. 一种手机平视装置，其特征是：包含挂框（1）、支臂（2）、手机夹（3）、手机鼠标（4）。挂框（1）经上翘铰链（5）接支臂（2），支臂（2）经全向铰链（6）接手机夹（3），手机鼠标（4）经无线通信模块或连接线与手机通信。挂框（1）可箍住人的前额、后脑，或制成与帽子一体，其后脑勺部位有松紧调节带（11）；或者，挂框（1）为披肩挂架，套于双肩，支臂（2）自前胸往前伸出；再或者，挂框（1）为扎腰装置，支臂（2）自肚脐部或侧腰往前斜上方伸出。上翘铰链（5）有摩擦力，足以使支臂（2）可下压平伸，上推翘起，释放停留在原位。

手机鼠标（4）为单指鼠标，至少包含1个定位指套（41），包含电容触摸板（42），或者手指压力传感器（43），可检测手指向前、后、左、右、下用力的方向及大小。

2. 根据创造性特征1所述手机平视装置，其特征是：支臂（2）为可伸缩杆，支臂（2）尾部有下垂监测开关（21），当支臂（2）下垂超过设定角度时动作。

3. 根据创造性特征1所述手机平视装置，其特征是：手机夹（3）包含弹力背板（31），可拉伸放缩，其两端有手机夹指（32），可从侧面夹持手机。手机夹（3）背面的全向铰链（6）有阻尼，可加力调节手机旋转或俯仰，释放停留在原位。

4. 根据创造性特征1所述手机平视装置，其特征是：手机鼠标（4）还包含鼠标处理模块（44）、蓝牙模块（45）、送受话器（46）、电池（47）、充电及数据接口（48），手机鼠标（4）受手机上的应用软件控制驱动。

14.3　技术现状及设计目的

14.3.1　技术领域

本设计涉及日常随身器具，尤其涉及一种手机平视装置的设计制造等技术领域。

14.3.2　技术现状

手持移动电话俗称手机，近年来手机普及率极高，几乎人手一部，但当前手机的使用存在如下问题：

1. 常使用手机的人被称为低头族，长时间低头看手机，对颈椎的健康造成严重威胁，颈椎病人群剧增。
2. 路上行走时低头看手机，无视眼前交通状况，因看手机引发的交通事故时有发生。
3. 骑车途中手机铃响，要从腰袋或提包中掏手机，增加事故危险性，或者需停车才能看消息、接电话。
4. 视频聊天时需抬手高举手机才能对准人脸，用扬声器播放音、视频也往往需要抬举手机；斜靠沙发、仰卧床上要玩手机，势必把手抬高，长时间手酸疲劳。
5. 手机具有手电筒功能，在黑暗中作业者需一手持手机一手作业。

14.3.3　本设计目的

提供一种手机平视装置，解决以下问题：

1. 将手机挂于眼前，让眼睛平视，并可伸缩支臂调整视距，能解放低头族，远离颈椎病。
2. 平视手机，抬头挺胸走路，眼观交通状况，避免交通事故；不用时可抬起竖立于额顶，减少不适。
3. 骑车途中手机铃响，不需要从腰袋或提包中掏手机，即可看到来电号码，可接电话，降低事故危险性。
4. 视频聊天时不需要抬手高举手机就能对准人脸，用扬声器播放音、视频也不需要抬举手机；斜靠沙发、仰卧床上要玩手机，不必把手抬高，避免手酸疲劳。
5. 在黑暗中作业的人把手机当头灯，释放双手，利于作业。
6. 体积小、重量轻，可以折叠收纳。

14.4　总体方案及效果

14.4.1　本设计总体方案

提供一种手机平视装置，其包含挂框（1）、支臂（2）、手机夹（3）、手机鼠标（4）。挂框（1）经上翘铰链（5）接支臂（2），支臂（2）经全向铰链（6）接手机夹（3），手机鼠标（4）经无线通信模块或连接线与手机通信。

挂框（1）可箍住人的前额、后脑，或制成与帽子一体，其后脑勺部位有松紧调节带（11），可用魔术贴、皮带扣、按扣等实现；或者，挂框（1）为披肩挂架，套于双肩，支臂（2）自前胸往前伸出，此时手机夹（3）向上翻；再或者，挂框（1）为扎腰装置，支臂（2）自肚脐部或侧腰往前斜上方伸出。上翘铰链（5）有摩擦力，足以使支臂（2）可下压平伸，上推翘起，释放停留在原位，可用弹簧加凹凸齿配合等方案实现；下压平伸，实现手机平视，上推翘起，清空视野，减少力臂力矩，增加舒适度，手机当手电筒、头灯时可以处在上翘状态。

手机鼠标（4）为单指鼠标，与电脑鼠标有所区别，至少包含1个定位指套（41），用食指操作，拇指与中指或二者之一定位，使手机鼠标（4）不需要桌面，在任何位置都可以操作，即使手插口袋也可以操纵手机鼠标（4），查看微信。所包含的电容触摸板（42），类似笔记本电脑自带的鼠标，指套与电容触摸板（42）要几乎垂直，保证指尖操作自如；或者手指压力传感器（43）替代电容触摸板（42），可检测手指向前、后、左、右、下用力的方向及大小，前与后、左与右可共用或分别用压力传感器（43），需用微型高灵敏度的，如半导体压力传感器。

支臂（2）为可伸缩杆，为铝合金或碳纤维材料，需重量轻以减小人的负担，需硬度高以减小弹性抖动，用管状嵌套或其他伸缩形式，与自拍杆类似，但要求更加小巧。整体做到体积小、重量轻，可以折叠收纳。

支臂（2）尾部有下垂监测开关（21），当支臂（2）下垂超过设定角度时动作，用滚球（22）或其他重力平衡开关，滚道（23）反方向倾斜，支臂（2）水平时，滚球（22）靠向非动作一边，防止误动作，随着支臂（2）下垂，倾斜度减小，直至滚球（22）滚到动作一边，触点（24）接通。最简单的下垂警示方法是由纽扣电池、LED、闪烁电路组成，或者加接口电路接入手机微型USB接口，在应用软件控制下，从屏幕显示警示。

手机夹（3）包含弹力背板（31），可拉伸放缩，其两端有手机夹指（32），可从侧面夹持手机。手机夹（3）背面的全向铰链（6）有阻尼，可加力调节手机旋转或俯仰，释放停留在原位，这也与自拍杆类似。

手机鼠标（4）还包含鼠标处理模块（44）、蓝牙模块（45）、送受话器（46）、电池（47）、充电及数据接口（48）。手机鼠标（4）受手机上的应用软件控制驱动，手机鼠标（4）支持有线无线兼容，并且集成送受话器（46），既可当鼠标，亦可当耳麦。

14.4.2　本设计效果

1. 将手机挂于额前，让眼睛平视，可伸缩支臂调整视距，用于解放低头族，远离颈椎病，对于青少年的健康尤其有益。
2. 平视手机，抬头挺胸走路，眼观交通状况，避免交通事故；不用时可抬起竖立于额顶，减少不适。
3. 骑车途中手机铃响，不需要从腰袋或提包中掏手机，即可看到来电号码，可接电话，降低事故危险性。
4. 视频聊天时不需要抬手高举手机就能对准人脸，用扬声器播放音、视频也不需要抬举手机；斜靠沙发、仰卧床上要玩手机，不必把手抬高，避免手酸疲劳，即使手插口袋也可以操纵手机鼠标，查看微信。
5. 在黑暗中作业者把手机当头灯，释放双手，利于作业。体积小、重量轻，可以折叠收纳。

14.5　设计原理与实施方案

14.5.1　附图说明

图14-1为本设计实施例总体结构示意图。

图14-2为本设计实施例手机鼠标示意图。

图14-3为本设计实施例手机夹示意图。

图14-4为本设计实施例手机鼠标组成方框示意图。

图14-5为本设计实施例下垂监测开关示意图。

14.5.2　具体工作原理与实施方案

下面结合实施例，对本设计作进一步说明。

图14-1为本设计实施例总体结构示意图。这种手机平视装置，其包含挂框（1）、支臂（2）、手机夹（3）、手机鼠标（4）。挂框（1）经上翘铰链（5）接支臂（2），支臂（2）经全向铰链（6）接手机夹（3），手机鼠标（4）经无线通信模块或连接线与手机通信。挂框（1）可箍住人的前额、后脑。可做成独立的箍圈，更适合女性，用裸露透气的塑胶制品，或裹缠软质的纺织品，起缓冲、装饰作用，前额部位加软垫，防止额头勒痕。因为骑单车的很少有人戴头盔，本设计的挂框对头部有一定的保护作用，这是附带的积极效果。

挂框（1）可以制成与帽子一体，其后脑勺部位有松紧调节带（11），可用魔术贴、皮带扣、按扣等来调节松紧；或者，挂框（1）为披肩挂架，套于双肩，支臂（2）自前胸往前伸出，此时手机夹（3）向

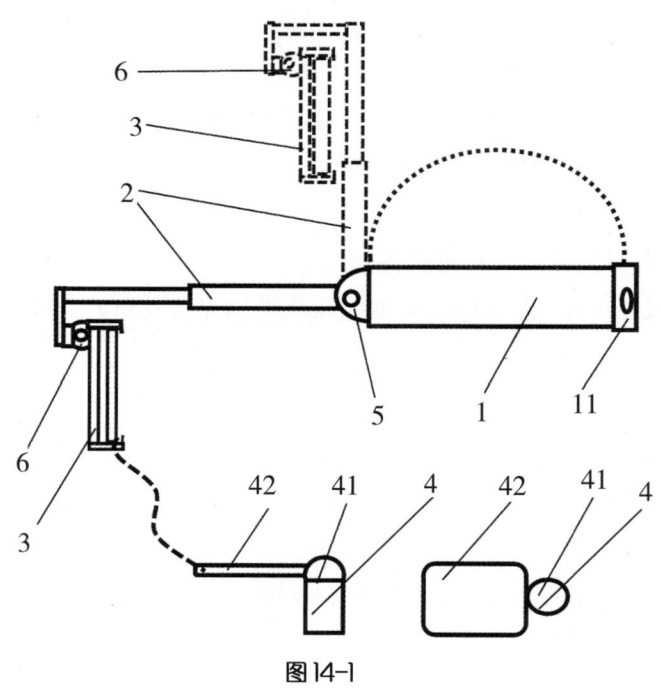

图14-1

上翻；再或者，挂框（1）为扎腰装置，支臂（2）自肚脐部或侧腰往前斜上方伸出。挂框（1）与支臂（2）间的上翘铰链（5）有摩擦力，足以使支臂（2）可下压平伸，上推翘起，释放停留在原位，可用弹簧加凹凸齿配合等方案实现；下压平伸，实现手机平视，上推翘起，清空视野，减少力臂力矩，增加舒适度，手机当头灯时可以在这个状态。

手机鼠标（4）为单指鼠标，与电脑鼠标有所区别，至少包含1个定位指套（41），用食指操作，拇指与中指或二者之一定位，使手机鼠标（4）不需要桌面，在任何位置都可以操作，即使手插口袋也可以操纵手机鼠标，查看微信。当然，手机鼠标（4）的加入并不排斥本机触摸屏的操作，所以手机鼠标（4）是可取舍的部件。

所包含的电容触摸板（42），类似笔记本电脑自带的鼠标，指套与电容触摸板要几乎垂直，保证指尖操作自如；或者手指压力传感器（43）替代电容触摸板（42），可检测手指向前、后、左、右、下用力的方向及大小，前与后、左与右可共用或分别用压力传感器（43），需用微型高灵敏度的，如半导体压力传感器。

支臂（2）为可伸缩杆，为铝合金或碳纤维材料，需重量轻以减小人的负担，需硬度高以减小弹性抖动，用管状嵌套或其他伸缩形式，与自拍杆类似，但要求更加小巧。

支臂（2）尾部，就是靠手机夹（3）那一端有下垂监测开关（21），当支臂（2）下垂超过设定角度时动作，用滚球（22）或其他重力平衡开关，滚道（23）反方向倾斜，支臂（2）水平时，滚球（22）靠向非动作一边，防止误动作，随着支臂（2）下垂，倾斜度减小，直至滚球（22）滚到动作一边，触点（24）接通。最简单的下垂警示方法，是加纽扣电池、LED、闪烁电路，或者加接口电路接入手机微型USB接口，在应用软件控制下，从屏幕显示警示。

手机夹（3）包含弹力背板（31），可拉伸放缩，其两端有手机夹指（32），可从侧面夹持手机。手机夹（3）背面的全向铰链（6）有阻尼，可加力调节手机旋转或俯仰，释放停留在原位，这也与自拍杆类似。

手机鼠标（4）还包含鼠标处理模块（44）、蓝牙模块（45）、送受话器（46）、电池（47）、充电及数据接口（48）。手机鼠标（4）受手机上的应用软件控制驱动，手机鼠标（4）支持有线无线兼容，并且集成送受话器（46），既可当鼠标，亦可当耳麦。

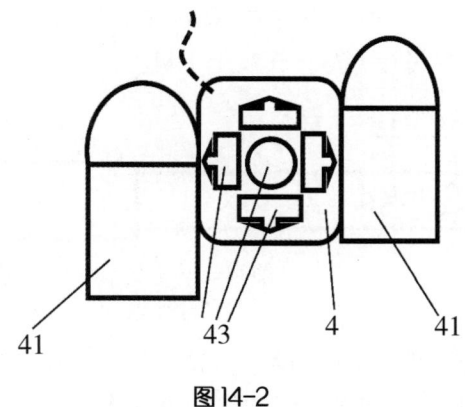

图14-2

图14-2为本设计实施例手机鼠标示意图。如图14-2所示，拇指、中指2个指套（41），及前、后、左、右、下5个压力传感器（43），便于食指操控手机鼠标（4）。

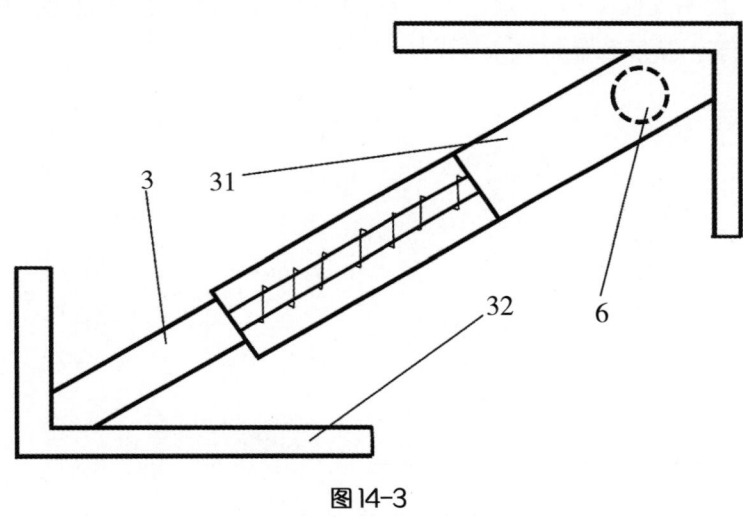

图14-3

图14-3为本设计实施例手机夹示意图。与自拍杆类似，可以适应不同尺寸手机，改进点是对角夹持手机，可以更好地防脱落。

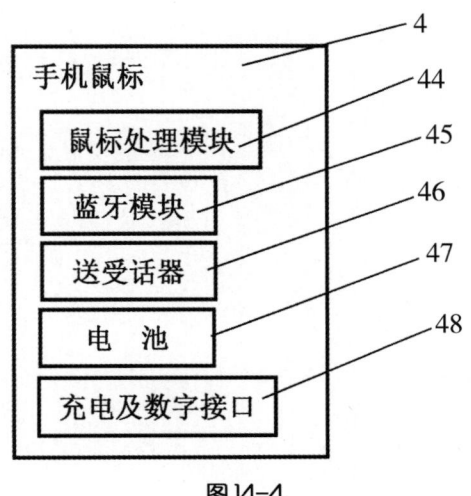

图14-4

图14-4为本设计实施例手机鼠标组成方框示意图。 鼠标处理模块（44）是必备的，蓝牙模块（45）与手机配对实现无线操控，集成送受话器（46），实现与耳麦一体，方便使用。因为有源器件的存在，电池（47）也必不可少，最好用微型可充电锂离子电池，充电及数字接口（48）可以为微型USB接口，可以连线使用，配套的鼠标驱动软件另行编写，安装于手机上。

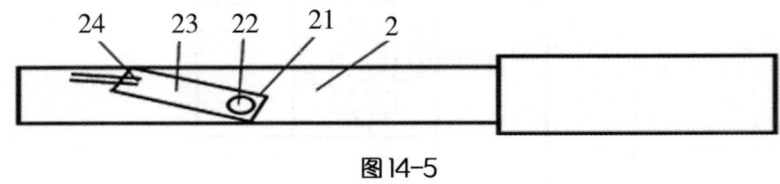

图14-5

图14-5为本设计实施例下垂监测开关示意图。 支臂（2）尾部，就是靠手机夹（3）那一端有下垂监测开关（21），当支臂（2）下垂超过设定角度时动作，用滚球（22）或其他重力平衡开关，滚道（23）反方向倾斜，支臂（2）水平时，滚球（22）靠向非动作一边，防止误动作，随着支臂（2）下垂，倾斜度减小，直至滚球（22）滚到动作一边，触点（24）接通。最简单的下垂警示方法，是加纽扣电池、LED、闪烁电路，LED闪烁，说明支臂（2）下垂过大，提醒用户注意抬头，或者加接口电路接入手机微型USB接口，在应用软件控制下，从屏幕显示警示。

15　水下诱捕装置

（实用新型专利号 ZL201821526289.0）

15.1　方案概述

一种水下诱捕装置，用于生产性或休闲性捕鱼。渔网包含网底和网墙，下网后渔网在水中全方位敞开，鱼类进网吃饵无阻，收网时网墙快速上升，直至高于水面，鱼类在网中无处可逃；其主竿挑起网弓，网弓经纲丝挑起并撑开渔网，收纲卷轮通过主导轮及纲导轮收放纲丝，实现渔网的收放，下网时放出纲丝，让渔网沉入水中，当入网鱼类满足收网要求，纲丝回卷收网；垂直下网收网，避免水底不平损坏渔网，两支挂臂上的红外摄像头及超声探头呈斜对视，红外灯及浮子灯提供辅助照明，用显示器监视，或应用图像分析模块，了解鱼类的入网情况；下网后主竿可插入基座，既固定也充电，基座提供来自光伏电池、汽车电源、市电等的直流电源；多种饵料，适应不同深度的不同鱼种，利用手机应用软件控制或欣赏图像，直观有趣；水下扬声器、水深传感器、网罩用于海捕时。

15.2　创造性特征（图15-1~图15-6）

1. 一种水下诱捕装置，包含基座（1）、主竿（2）、渔网（3）、坠子（31）、浮子（41）、饵兜（51）。其特征是：主竿（2）头段是手柄（21），可以插入基座（1），尾端经主铰链（22）连接网弓架（42），网弓架（42）经弓铰链（43）连接不少于3支网弓（44）；各网弓（44）间可展开、合并，展开呈伞形辐射状，合并收拢成一捆；网弓体是弧形或折线形枝条，肩部向下弯，尾部上翘，网弓（44）头部是弓铰链（43），连接网弓架（42），肩部下有浮子（41），尾端有纲导轮（45）；渔网（3）包含网底（32）和网墙（33），呈桶形、椭圆柱形或流线型，网底（32）边沿连接网墙（33）下沿，网墙（33）上下沿间隔分布连接坠子（31），网墙上沿接纲丝（34），与各网弓尾端纲导轮（45）一一对应，纲丝（34）穿过纲导轮（45）汇聚到主竿末端，穿过主竿末端的主导轮（23）延至收纲卷轮（24）。

有不少于1支探头挂臂（6），其顶端经臂铰链（61）接网弓（44）肩部，并自然下垂，挂臂（6）上挂有红外摄像头（62）、超声探头（63），其连接线缆（64）沿网弓（44）、主竿（2）到达并接至控制板（7），红外摄像头（62）嵌入图像分析模块。

有不少于1个饵兜（51）经吊绳（52）串接，吊绳（52）上端接浮子灯（53），下端接坠子（31），并与网底中心连接。

主竿（2）中段连接有拔绳（25），主竿（2）上有收纲卷轮（24），受电动机（26）驱动，电动机（26）接控制板（7）；主竿（2）头段的手柄（21）内有控制板（7）、电池（71）；手柄（21）表面有控制按钮（72）、蜂鸣器（73）、指示灯（74）、充电口（75），接控制板（7）；有显示器（76）接控制板（7）。

基座（1）包含主竿充电座（11）、蓄电池（12），光伏电池（13），基座（1）有汽车电源接口（14）、市电接口（15）及风力发电机接口（16）；基座（1）上方有座椅（17）、雨伞插座（18）。

控制板（7）接语音模块（77）、无线通信模块（78），有手机应用软件（APP）通过手机与控制板（7）建立通信，接收图像及状态信号，发射控制指令。

2. 根据创造性特征1所述的水下诱捕装置，其特征是：吊绳（52）下端有水下扬声器（54）、水深传感器（55），与控制板（7）电连接，饵兜（51）为细目网袋或绑扣结构。

3. 根据创造性特征1所述的水下诱捕装置，其特征是：有网罩（8）呈倒扣桶形，包含网顶（81）、网围（82），网顶边沿连接网围上沿，网顶（81）以各网弓尾端为支点张开，网围下沿分布连接坠子（31）。

15.3 技术现状及设计目的

15.3.1 技术领域

本设计涉及水下捕捞鱼货，尤其涉及一种水下诱捕装置的设计制造等技术领域。

15.3.2 技术现状

长期以来，人们设计了许多水下捕捞装置，包含钓鱼竿、渔捞、渔网等，用于捕捞各种鱼货，如鱼、虾、蟹等，作为生产或休闲用具。但是，目前相关设计存在如下缺陷：

1. 钓鱼竿一次只能钓一条鱼，鱼钩对鱼有伤害，影响活养；
2. 遇有凸起或礁石的水底，一般渔网下网及收网易受阻，甚至损坏渔网；
3. 诱捕时渔网不是全方位敞开，鱼类进网会受阻，捕捞效率受影响；
4. 一些渔具配备的水下摄像机、超声探头，对于摄像头及超声探头指向，未见较好的解决方案，摄像头未带红外光源辅助照明，未应用图像分析模块；
5. 未配备多个饵兜、多种饵料以适应不同深度的不同鱼种，未配备浮子灯；
6. 未设置基座用于固定主竿，未提供多种来源的直流电源；
7. 未实现自动收网，未连接手机应用软件；
8. 未见水下扬声器、水深传感器等应用；

15.3.3 本设计目的

提供一种水下诱捕装置，克服上述缺陷，解决所述问题。

15.4 总体方案及效果

15.4.1 本设计总体方案

提供一种水下诱捕装置，其包含基座（1）、主竿（2）、渔网（3）等主要部件，及网弓架（42）、弓铰链（43）、网弓（44）等结构件，还有坠子（31）、浮子（41）、饵兜（51）等配件。主竿（2）头段是手柄（21），可以插入基座（1），尾端经主铰链（22）连接网弓架（42），网弓架（42）经弓铰链（43）连接不少于3支网弓（44），足以撑开渔网，各网弓（44）间可展开、合并，展开呈伞形辐射状，合并收拢成一捆。

网弓体是弧形或折线形枝条，肩部向下弯，尾部上翘，使纲导轮（45）高于水面，网弓（44）头部是弓铰链（43），连接网弓架（42），肩部下有浮子（41），尾端有纲导轮（45）；网弓肩部的浮子（41）使整个骨架浮于水面上。

渔网（3）呈桶形、椭圆柱形或流线型，包含网底（32）和网墙（33），网底（32）边沿连接网墙（33）下沿，网墙（33）上下沿间隔分布连接坠子（31），使渔网下网时网墙（33）完全沉入水底，诱捕时渔网全方位敞开，鱼类从四面八方进网无阻。网墙上沿接纲丝（34），与各网弓尾端纲导轮（45）一一对应，纲丝（34）穿过纲导轮（45）汇聚到主竿末端，穿过主竿末端的主导轮（23）延至收纲卷轮（24）。渔网（3）由无色透明细丝编织，网底（32）留有取鱼口，平时用细丝扎住，纲丝（34）是耐拉柔性细丝，纲导轮（45）由硬质材料制成，如聚四氟乙烯或黄铜。

有不少于1支探头挂臂（6），其顶端经臂铰链（61）接网弓（44）肩部，并自然下垂，挂臂（6）上挂有红外摄像头（62）、超声探头（63），其连接线缆（64）沿网弓（44）、主竿（2）到达并接至控制板（7），线缆（64）也可以走主竿内部，红外摄像头（62）嵌入图像分析模块，其可以根据需要调整指向中心。红外辅助光源利于夜间或深水诱捕，臂铰链（61）上端与网弓固定，保障了挂臂（6）的水平指向，挂臂下端的坠子（31）保障了其垂直指向。

有不少于1个饵兜（51）经吊绳（52）串接，吊绳（52）上端接浮子灯（53），吊绳（52）下端接坠子（31），并与网底中心连接。吊绳（52）上串接不同饵料的饵兜（51），浮子灯（53）既是浮子，又提供水上、水下照明，水上照明诱捕虫子扑水面作为天然鱼饵，对下照明诱惑鱼类，并给摄像机补光。

主竿（2）中段连接有拔绳（25），用于辅助抬起主竿，辅助提网。主竿（2）上有收纲卷轮（24），受电动机（26）驱动，电动机（26）接控制板（7），可以实现自动提网。主竿（2）头段的手柄（21）内有控制板（7）、电池（71）。手柄（21）表面有控制按钮（72）、蜂鸣器（73）、指示灯（74）、充电口（75），接控制板（7）。有显示器（76）接控制板（7），显示器一般是液晶显示屏，可以经支架卡在主竿上，也可以固定在基座上。

基座（1）包含主竿充电座（11）、蓄电池（12）、光伏电池（13），基座（1）有汽车电源接口（14）、市电接口（15）及风力发电机接口（16）。基座（1）上方有座椅（17）、雨伞插座（18）。主竿（2）插入基座（1），既是固定，也开始给控制板的电池充电，人坐到座椅（17）上使基座更加稳固。

控制板（7）包含无线通信模块（77），有手机应用软件（APP）通过手机与控制板（7）建立通信。

15.4.2 本设计效果

1. 一次可以诱捕多条鱼，多种鱼，对鱼不造成伤害，便于活养，克服钓鱼竿一次只能钓一条鱼，鱼钩对鱼有伤害的缺陷。

2. 垂直下网，垂直收网，捕捞作业轻便，避免水底凸起或礁石损坏渔网；展开、收拢灵活方便，利于携带及收藏。

3. 诱捕时渔网全方位敞开，鱼类从四面八方进网无阻，提高捕捞效率。

4. 对于摄像头及超声探头指向，提供较好的解决方案，可配2个以上对角全视野覆盖，摄像头带红外光源辅助照明，应用图像分析模块，分析鱼类入网情况，并自动控制提网。

5. 可以配备多个饵兜，多种饵料，适应不同深度，不同鱼种；配备浮子灯，既是浮子，又提供水上、水下照明，水上照明诱惑虫子扑水面作为天然鱼饵，对下照明诱惑鱼类，并给摄像机补光。

6. 设置基座用于固定主竿，并提供直流电源，来源有光伏电池、汽车电源、市电、风力发电等多个选择。

7. 实现自动收网，利用手机应用软件控制或欣赏图像，直观有趣。

8. 海上诱捕时吊绳下端有水下扬声器吓阻猛鱼进入，有水深传感器感知下网深度。

15.5 设计原理与实施方案

15.5.1 附图说明

图15-1为本设计实施例总体结构示意图。

图 15-2 为本设计实施例主竿示意图。

图 15-3 为本设计实施例网弓示意图。

图 15-4 为本设计实施例基座示意图。

图 15-5 为本设计实施例网罩示意图。

图 15-6 为本设计实施例控制电路方框示意图。

15.5.2 具体工作原理与实施方案

下面结合实施例，对本设计作进一步说明。

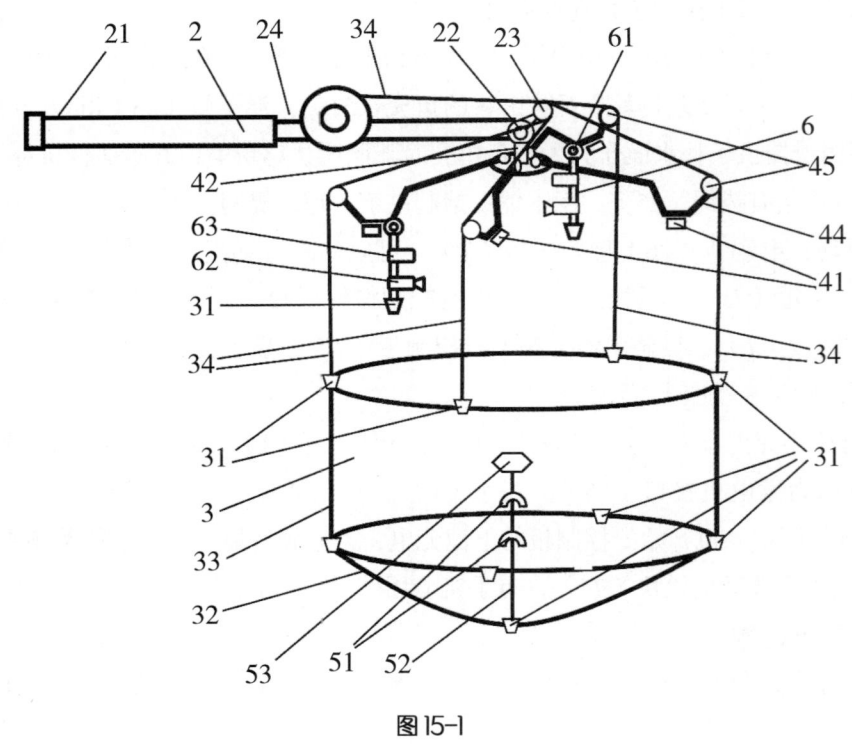

图 15-1

图 15-1 为本设计实施例总体结构示意图。 这种水下诱捕装置，包含基座（1）、主竿（2）、渔网（3）等主要部件，及网弓架（42）、弓铰链（43）、网弓（44）等结构件，还有坠子（31）、浮子（41）、饵兜（51）等配件。主竿（2）头段是手柄（21），可以插入基座（1），尾端经主铰链（22）连接网弓架（42），网弓架（42）经弓铰链（43）连接不少于3支网弓（44），足以撑开渔网，如图15-1所示为4支网弓；各网弓（44）间可展开、合并，展开呈伞形辐射状，合并收拢成一捆。

网弓体是弧形或折线形枝条，要求重量轻且有一定的负重能力和弹性，肩部向下弯，尾部上翘，使纲导轮（45）高于水面，网弓（44）头部是弓铰链（43），连接网弓架（42），肩部下有浮子（41），尾端有纲导轮（45）；网弓肩部的浮子（41）使整个骨架浮于水面上。

渔网（3）呈桶形、椭圆柱形或流线型，包含网底（32）和网墙（33），网底（32）边沿连接网墙（33）下沿，网墙（33）上下沿间隔分布连接坠子（31），使渔网下网时网墙（33）完全沉入水底，诱捕时渔网全方位敞开，鱼类从四面八方进网无阻，提高捕捞效率。网墙上沿接纲丝（34），纲丝数量同网弓数，与各网弓尾端纲导轮（45）一一对应，纲丝（34）穿过纲导轮（45）汇聚到主竿末端，穿过主竿末端的主导轮（23）延至收纲卷轮（24）。渔网（3）由无色透明细丝编织，网底（32）可为圆形、多边形等，可留有取鱼口，平时用细丝扎住。纲丝（34）是耐拉柔性细丝，纲导轮（45）由硬质材料制成，如聚四氟乙烯或黄铜。

本设计总体结构是：主竿（2）通过主铰链、弓铰链挑起网弓（44），网弓经纲丝挑起并撑开渔网（3），通过主导轮及纲导轮收放纲丝（34），实现渔网的收放。

网弓架（42）可以带有弹簧，形成网弓（44）弹开装置，释放束缚网弓（44）自动弹开，网弓（44）之间横向收拢，能较好地并拢；当然，网弓（44）也可以为类似雨伞骨的结构，加纵向弹簧及网弓（44）斜拉，释放束缚网弓（44）自动弹开。

有不少于1支探头挂臂（6），其顶端经臂铰链（61）接网弓（44）肩部，并自然下垂。挂臂（6）上挂有红外摄像头（62）、超声探头（63），其连接线缆（64）沿网弓（44）、主竿（2）到达并接至控制板（7）。线缆（64）也可以走主竿内部。红外摄像头（62）选用微型高清数字网络摄像头，嵌入图像分析模块，划定视野内某区块，对有鱼类进入进行监视判断，其可以配焦距较短，视角较宽的镜头，指向较为稳定，一般以饵兜（51）为指向中心，为了分析需要也可以选择其他指向。图15-1中有2支挂臂，各挂有摄像头（62）及超声探头（63），实现交叉指向，利于互相印证、自动分析鱼类入网情况，红外辅助光源利于夜间或深水诱捕。超声探头（63）选用指向性强的，类似汽车倒车雷达上用的。臂铰链（61）上端网弓固定，保障了挂臂（6）的水平指向，挂臂下端的坠子保障了其垂直指向。

有不少于1个饵兜（51）经吊绳（52）串接，吊绳（52）上端接浮子灯（53），吊绳（52）下端接坠子（31），并与网底中心连接。不同鱼种爱吃不同饵料，也习惯不同水深，吊绳（52）上串接不同饵料的饵兜（51），饵兜（51）悬于网底中心有利于防止提网时鱼类逃脱，浮子灯（53）既是浮子，又提供水上、水下照明，水上照明诱捕虫子扑水面作为天然鱼饵，对下照明诱惑鱼类，并给摄像机补光。

主竿（2）强度比一般鱼竿大。主竿（2）中段连接有拔绳（25），用于辅助抬起主竿，辅助提网。主竿（2）上有收纲卷轮（24），受电动机（26）驱动，当然也可以选择手摇收放纲丝，电动机（26）接控制板（7），可以实现自动提网。主竿（2）头段的手柄（21）内有控制板（7）、电池（71）。手柄（21）表面有控制按钮（72）、蜂鸣器（73）、指示灯（74）、充电口（75），接控制板（7）。有显示器（76）接控制板（7），显示器一般是液晶显示屏，可以经支架卡在主竿上，也可以固定在基座上。

基座（1）包含主竿充电座（11）、蓄电池（12）、光伏电池（13），基座（1）有汽车电源接口（14）、市电接口（15）及风力发电机接口（16）。基座（1）上方有座椅（17）、雨伞插座（18）。主竿插入基座，既是固定，也开始给控制板的电池充电，人坐到座椅（17）上使基座更加稳固。

控制板（7）包含无线通信模块（77），有手机应用软件（APP）通过手机与控制板（7）建立通信，通信模式可以用蓝牙、近场通信（NFC）、WiFi或蜂窝通信网络，接收图像及状态信号，发射控制指令，使水下捕捞更加智能化，更加直观有趣。

本设计的工作过程为：下网时在不同饵兜（51）装入不同饵料，各网弓（44）张开，把渔网（3）撑开，通过电动或手动收纲卷轮放出纲丝（45），让渔网（3）沉入水中，网弓（44）受肩部的浮子浮力而浮在水面，饵料吊绳悬在渔网中间的水中，挂臂（6）垂立于水中，两支挂臂（6）上的摄像头（62）及超声探头（63）呈斜对视，从显示器上的图像，及超声探头（63）的响应情况可以知道鱼类的入网情况，如夜间或水中视线不好，则可以借助摄像头（62）的红外辅助照明及浮子灯（53）的照明。当入网鱼类满足收网要求，则自动或手动转动收纲卷轮（24），纲丝回卷，网墙快速上升，直至高于水面，最终回收或用拔绳拔立主竿，使渔网靠岸或靠船，便于取鱼。下网时主竿（2）可以手持，也可以插入基座（1），既可以固定，也可以充电。

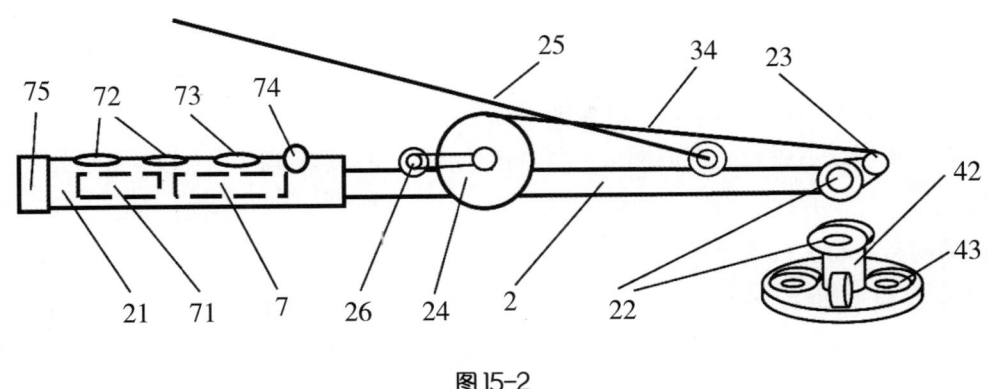

图15-2

图15-2为本设计实施例主竿示意图。 主竿强度比一般鱼竿大。主竿（2）中段连接有拔绳（25），用于辅助抬起主竿，辅助提网。主竿（2）上有收纲卷轮（24），受电动机（26）驱动，用皮带传动，或变速器传动，当然也可以选择手摇收放纲丝，电动机（26）接控制板（7），可以实现自动提网。主竿（2）头段的手柄（21）内有控制板（7），以数字处理器为核心，还有电池（71），可以为锂离子电池。手柄（21）表面有控制按钮（72）、蜂鸣器（73）、指示灯（74）、充电口（75），接控制板（7）。红外摄像头（62）、超声探头（63），其连接线缆（64）沿网弓（44）、主竿（2）到达并接至控制板（7），线缆也可以走主竿内部，红外摄像头（62）嵌入图像分析模块，其根据需要选择指向中心。

控制板（7）包含无线通信模块（77），有手机应用软件（APP）通过手机与控制板（7）建立通信，通信模式可以用蓝牙、近场通信（NFC）、WiFi或蜂窝通信网络，接收图像及状态信号，发射控制指令，使水下捕捞更加智能化，更加直观有趣。

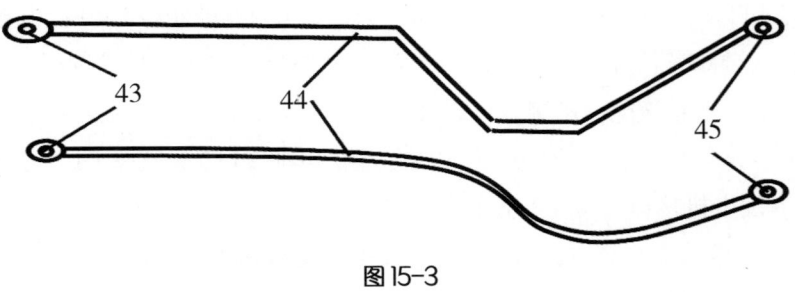

图15-3

图15-3为本设计实施例网弓示意图。 网弓体是弧形或折线形枝条，要求重量轻且有一定的负重能力和弹性。肩部向下弯，保证下网后，网弓架（42）等骨架高于水面；尾部上翘，使弓导轮（45）高于水面，主竿（2）还未抬起的情况下，网墙（33）就高于水面，防止鱼类逃脱。网弓（44）头部是弓铰链（43），连接网弓架（42），肩部下有浮子（41），尾端有纲导轮（45）；网弓肩部的浮子（41）使整个骨架浮于水面上。

图15-4为本设计实施例基座示意图。 基座（1）包含主竿充电座（11）、蓄电池（12）、光伏电池（13），基座（1）有汽车电源接口（14）、市电接口（15）及风力发电机接口（16）。基座（1）一侧有座椅（17）、雨伞插座（18）。主竿插入基座，既是固定，也开始给控制板的电池充电，人坐到座椅（17）上使基座（1）更加稳固。

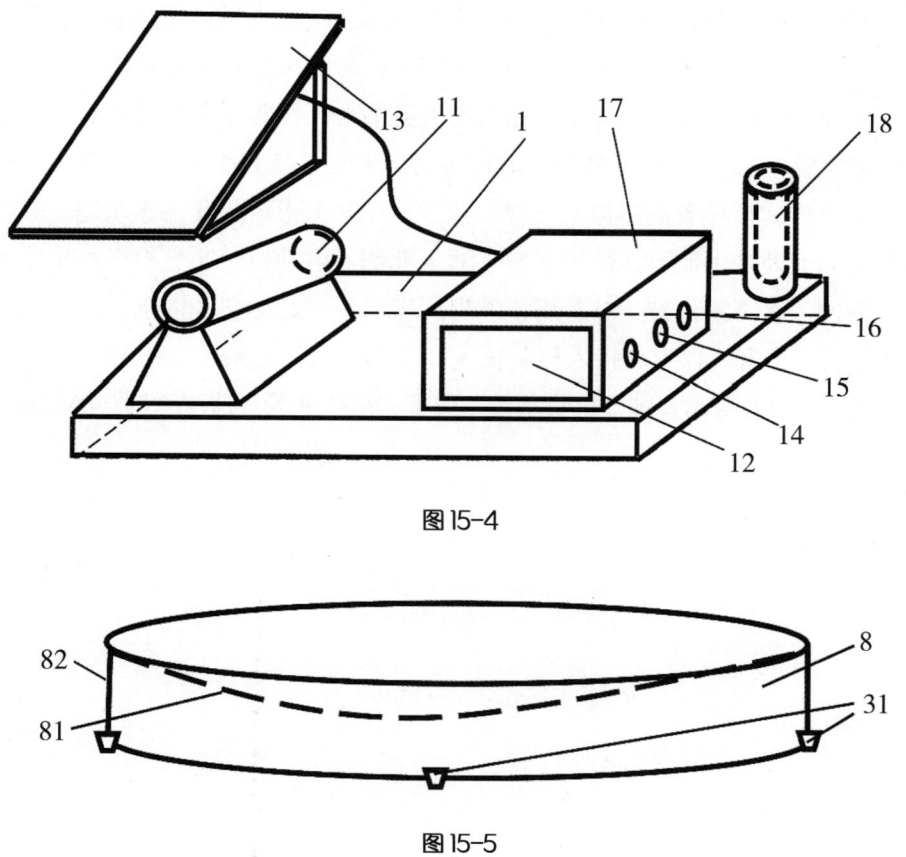

图 15-4

图 15-5

图 15-5 为本设计实施例网罩示意图。网罩（8）由网顶（81）及网围（82）组成。网围底沿连接坠子（31），用于深水诱捕，渔网不能快速提出水面时盖住网口，相当于渔网的盖子，防止鱼类逃脱。其网片由无色透明细丝编织而成。

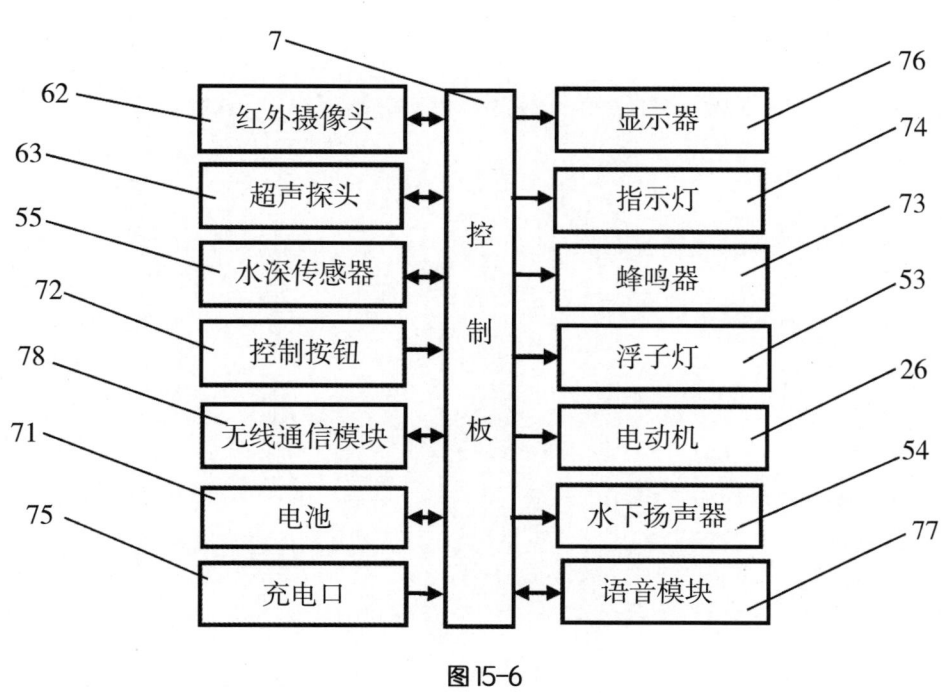

图 15-6

图 15-6 为本设计实施例控制电路方框示意图。红外摄像头（62）使水下诱捕场景直观可视，超声探头（63）可以利用其反射波测距的原理感知鱼类入网情况，与摄像头功能互相印证。水深传感器（55）测量下网深度，便于海上诱捕时掌握。控制按钮（72）提供人机界面，用于对控制板控制或设置。无线通信模块（78）是主控板（7）与手机等外界的通信桥梁。电池（71）及充电口（75）为装置提供能源。显示器（76）用于显示控制板参数或摄像头图像。指示灯（74）指示装置工作状态。蜂鸣器（73）用于警示渔者。浮子灯（53）处在水面，其灯用于对上对下照明。电动机（26）用于驱动收纲卷轮（24）收放纲丝，进而提放渔网。水下扬声器（55）用于发出所需声音驱赶猛鱼等需求。语音模块（77）用于产生提示音、警示音等所需声音。以上均接入控制板（7），由其统一控制。语音模块（77）存储预先录制的提示音如"鱼入网了"以及警示音如"电量不足"或者"猛鱼来袭！请注意！"等语音，在控制板（7）的控制下播放。

16 嵌入式防空防灾警报器

(实用新型专利号 ZL200820133615.1)

16.1 方案概述

一种嵌入式防空防灾警报器，其嵌入电视机、收音机、电话机、移动电话等电器内，警报收发电路不受被嵌入机的开关控制，长期处于警报接收守候状态，一旦收到警报信号，强制接通警报发生电路及功放电路等，播放警报，也可上传本地报警；用于接收播放防空警报、灾害警报或上传本地报警。其警报收发电路、警报发生电路使用大规模集成芯片，控制电路用单片微型计算机，未收到警报时，警报收发电路及控制电路处于守候状态，采用节能间歇接收模式，被嵌入机按原机电路连接，按原功能工作，接收到警报时，警报发生电路输出警报信号，控制电路将功放电路接入电源及警报信号，强切播放警报，在本地发生警情时可上传本地报警。本设计兼顾被嵌入机的使用功能，解决了专用防空防灾警报系统覆盖难、盲点多、不易分辨警报种类、对市电依赖性大、维护工作量大、需专门空间、利用率低、失效不易被发现等问题。

16.2 创造性特征（图16-1～图16-5）

1. 一种嵌入式防空防灾警报器，其嵌入电视机、收音机、电话机、移动电话等电器内。其特征是：警报收发电路及控制电路绕开被嵌入机电源开关接入被嵌入机电源，长期处于警报接收守候状态；未收到警报时被嵌入机按原电路连接，按原功能工作，接收到警报时，控制电路根据警报种类控制警报发生电路输出相应警报信号，控制电路将电源及警报信号接入功放电路，强制播放警报。

警报收发电路、警报发生电路包含大规模集成电路，控制电路包含单片微型计算机。

2. 根据创造性特征1所述的嵌入式防空警报器，其特征是：警报收发电路包含专业无线频点、移动通信、有线通信线路、有线或无线宽带线路之一，或上述收发电路的组合。

3. 根据创造性特征1所述的嵌入式防空警报器，其特征是：有显示屏接控制电路，可显示警报内容，有报警按钮接入控制电路，用于上传本地相关警情。

16.3 技术现状及设计目的

16.3.1 技术领域

本设计涉及防空防灾警报与安全技术防范领域。

16.3.2 技术现状

报警是避免或减小突发非正常事件造成损害的必备手段。人防警报系统是专用的系统，其警报由政府人防部门警报中心利用有线或无线电发布，用专用警报接收装置接收、控制并驱动电声或电动警报器向居民发出警报声。近年来，该系统被扩展至其他灾害警报，如地震、泥石流、极端天气等灾害，其存在如下缺陷：

1. 我国地域广，尤其是偏远乡村及山区，防空或灾害警报覆盖难。

2. 随着城乡建设的快速发展，专用警报接收播放系统布点改造跟不上，警报盲点增多。

3. 有些大厦内部、地下室、大型商场难以听到人防警报系统发出的警报。

4. 由于大功率防空防灾警报系统声音在空间上多次反射及重叠，现有防空防灾警报系统用声音区分不同警报种类困难大。

5. 现有防空防灾警报系统对市电依赖性大，一旦供电中断，系统将丧失功能。

6. 现有防空警报防灾接收装置占用专门的空间、造价高、维护工作量大。

7. 现有防空防灾警报接收装置功能单一、使用试鸣次数极少、利用效率极低，易失电或失效又不被发现。

16.3.3 本设计目的

提供一种微小型嵌入式防空防灾警报器，其警报接收电路、控制电路及警报发生电路嵌入电视机、收音机、电话机、移动电话等被嵌入机中，并与被嵌入机电连接。警报接收电路及控制电路绕开被嵌入机电源开关接入被嵌入机电源，未收到警报时被嵌入机按原功能工作，接收到警报时，控制电路控制警报发生电路输出警报信号，并将电源及警报信号接入功放电路，强制播放警报，也可上传本地报警。

16.4 总体方案及效果

16.4.1 本设计总体方案

警报收发电路及控制电路绕开被嵌入机电源开关接入被嵌入机电源，长期处于警报接收守候状态；未收到警报时被嵌入机按原电路连接，按原功能工作，接收到警报时，控制电路按警报种类控制警报发生电路输出相应警报信号，电源控制电路将电源接入功放电路，接入控制电路将警报信号接入功放电路，强制播放警报。

控制电路、警报发生电路由微体积、微功耗、大规模集成电路如单片微型计算机及其他微型元器件如无引线贴片元器件组成。微体积使整机小巧轻便，微功耗使被嵌入机额外耗电少，大规模集成电路使电路简洁。

警报收发电路包含专业 UHF 无线频点接收 FSK 解调、移动通信、有线通信线路接收 FSK 解调、有线或无线宽带线路之一，或上述几种收发电路的组合，接收途径互补。

警报收发电路及控制电路处于守候状态时，采用节能间歇接收模式，警报接收电路、控制电路、警报发生电路进入等待及休眠的低功耗状态，进一步减少被嵌入机额外耗电，接收到警报信号立即唤醒休眠电路。

警报播发内容包含语音、光闪烁、字符警示等，警报播发方式互补；报警按钮接入控制电路用于上传本地相关警情，如匪警、呼救等个人警情；控制电路内存储有本机全部控制软件，同时存储有加密的本机身份识别码，就像每一台传呼机、手机均有其号码一样，身份识别码用于系统管理及防止误报。

16.4.2 本设计效果

1. 小巧、廉价、多功能，易用于未配置专用警报接收装置的地方，增加覆盖面。

2. 所在位置灵活机动或便携，弥补专用警报接收播发系统布点改造跟不上城乡建设发展造成的警报盲点。

3. 由于其微小型化，大厦及商场内部也可配置，人防、应急或政府相关部门工作人员办公室及住宅都可配置。

4. 一般为小功率，服务于小范围的防空防灾警报，声音在空间上不重叠，分辨警报种类不困难。

5. 供电灵活，减小对市电依赖性。

6. 比专用警报接收装置造价低，免维护，无须占用专门的空间。

7. 兼顾被嵌入机的使用功能，未接收到警报时，仍具有使用价值，利用效率高；因经常使用，不易失电或失效又不被发现。

16.5 设计原理与实施方案

16.5.1 附图说明

下面结合附图及实施例（警报器嵌入调频收音机、警报器嵌入电话机）对本设计做进一步说明。

图 16-1 为实施例 1（警报器嵌入调频收音机）方框图。

图 16-2 为实施例 2（警报器嵌入电话机）方框图。

图 16-3 为实施例专业 UHF 频点警报收发电路图。

图 16-4 为实施例控制电路图。

图 16-5 为实施例警报发生电路图。

16.5.2 具体工作原理与实施方案

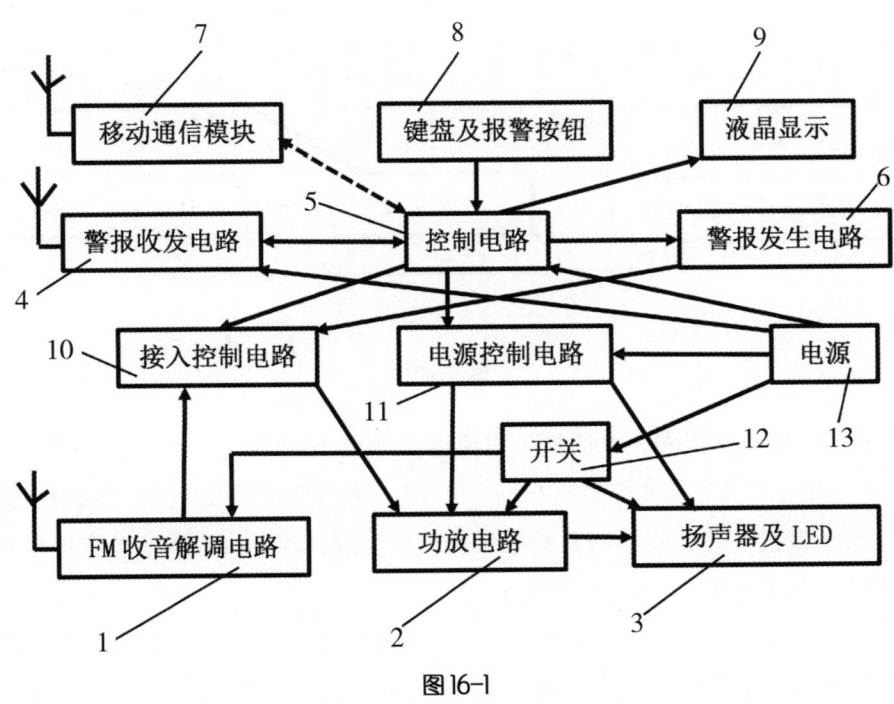

图 16-1

图 16-1 为实施例 1（警报器嵌入调频收音机）方框图。如图 16-1 所示，FM 收音解调电路（1）与功放电路（2）扬声器及 LED（3）（警报终端电路）构成调频收音机，受电源开关（12）控制。警报收发电路（4）、控制电路（5）绕开电源开关（12）接入电源（13），未接收到警报时，控制电路（5）控制接入控制电路（10）使 FM 收音解调电路（1）的输出接入功放电路（2），同时控制电源控制电路（11）使功放电路（2）接电源开关之后的电源（13），调频收音机按一般收音机功能正常工作使用。

警报接收电路（4）收到警报时，将警报控制码传输至控制电路（5），控制电路（5）根据警报内容输出控制信号，分别控制警报发生电路（6）输出警报驱动信号，控制接入控制电路（10）使功放电路（2）的输入切换为接警报发生电路（6），控制电源控制电路（11）使功放电路（2）接入电源开关之前的电源（13），从而经过扬声器及 LED（3）（警报终端电路）强行播放警报。

移动通信模块（7）用于接收通过公共通信网发布的警报，与警报收发电路（4）形成互补。键盘及人工报警按钮（8）用于本机设置及人工发播本地相关警情，如匪警、呼救等个人警情，液晶显示（9）用于本机状态指示，也可显示警报内容提示报警。

图中虚线箭头表示移动通信模块（7）是选配，警报收发电路（4）在软件控制下，处于守候接收状态时采用间歇式工作，如 1/10 或 1/100（接收 10ms，休眠 990ms）间歇工作模式，以节省被嵌入机额外耗电，休眠时长以不漏收警情为限。

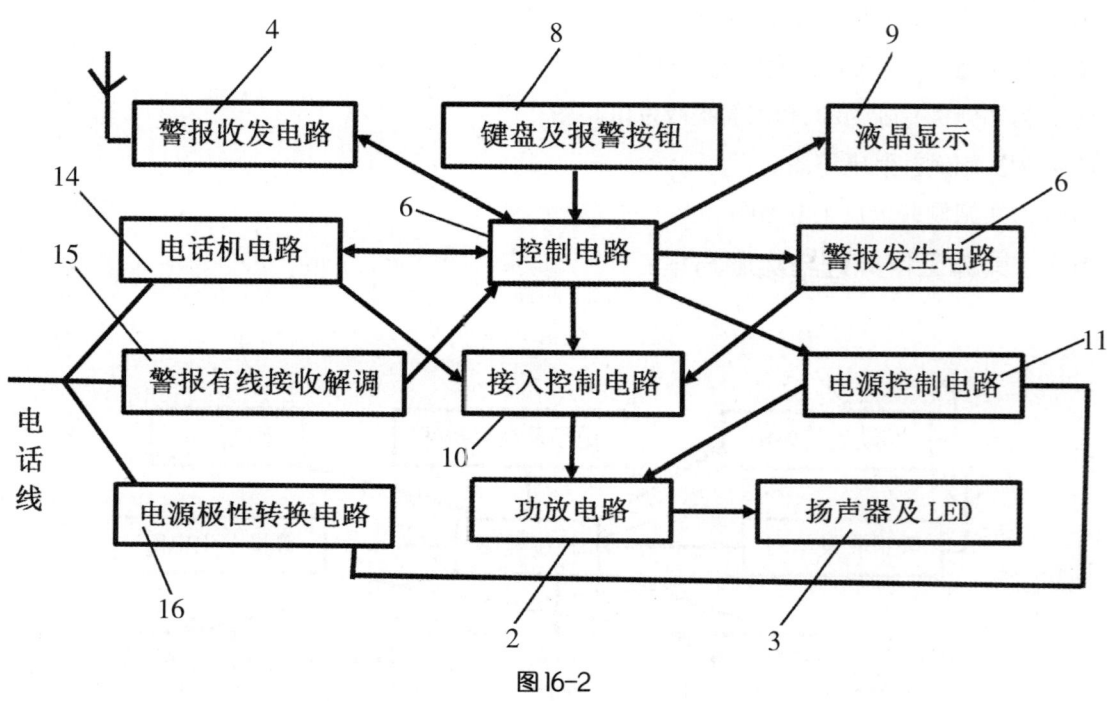

图16-2

图 16-2 为实施例 2（警报器嵌入电话机）方框图。 如图 16-2 所示，电话机电路（14）、电源极性转换电路（16）、功放电路（2）、扬声器及 LED（3）是一般电话机构成电路，警报有线接收解调（15）接收通过公话网发布的警报信号，使用 FSK 接收解调模块实现，与无线专用信道警报收发电路（4）形成互补。未收到警报时，电话机按原功能照常使用。

警报接收电路（4）或警报有线接收解调电路（15）收到警报时，控制电路（5）按照警报信号种类输出控制信号，分别控制警报发生电路（6）输出警报驱动信号，控制接入控制电路（10）使功放电路（2）的输入切换为接警报发生电路（6），控制电源控制电路（11）使功放电路（2）接入电源，从而经过扬声器及 LED（3）强行播放警报。电源极性转换电路（16）为本机提供从电话线上获得的电源。

图 16-3 为实施例专业 UHF 频点警报收发电路图。 如图 16-3 所示，CC1100 为 UHF 数传收发模块，在此用于 UHF 波段的 FSK 收发时，其与外围电路构成警报收发电路（4）。CC1100 具有集成度高、功能强、功耗低等特点，数传速率可达 500KbPS。因为是收发芯片，所以本电路在控制电路（5）的控制下除接收解调警报以外，还具有发射功能，可发射对下级指令或上传报警等其他相关信息。

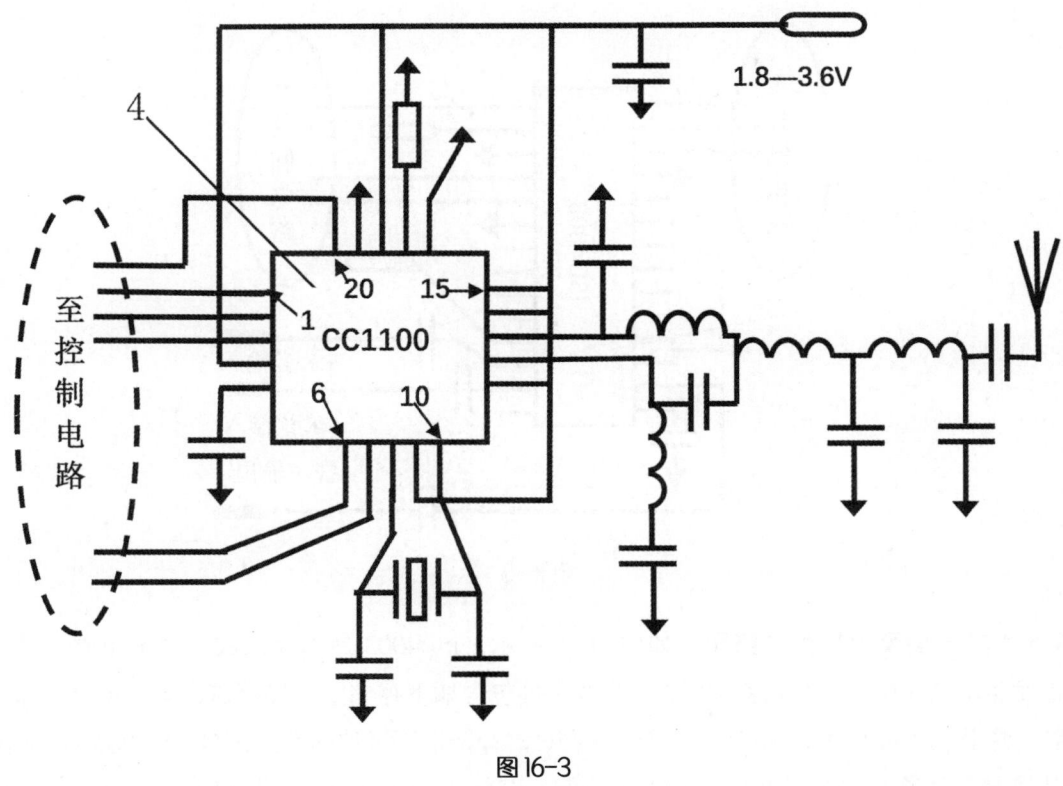

图16-3

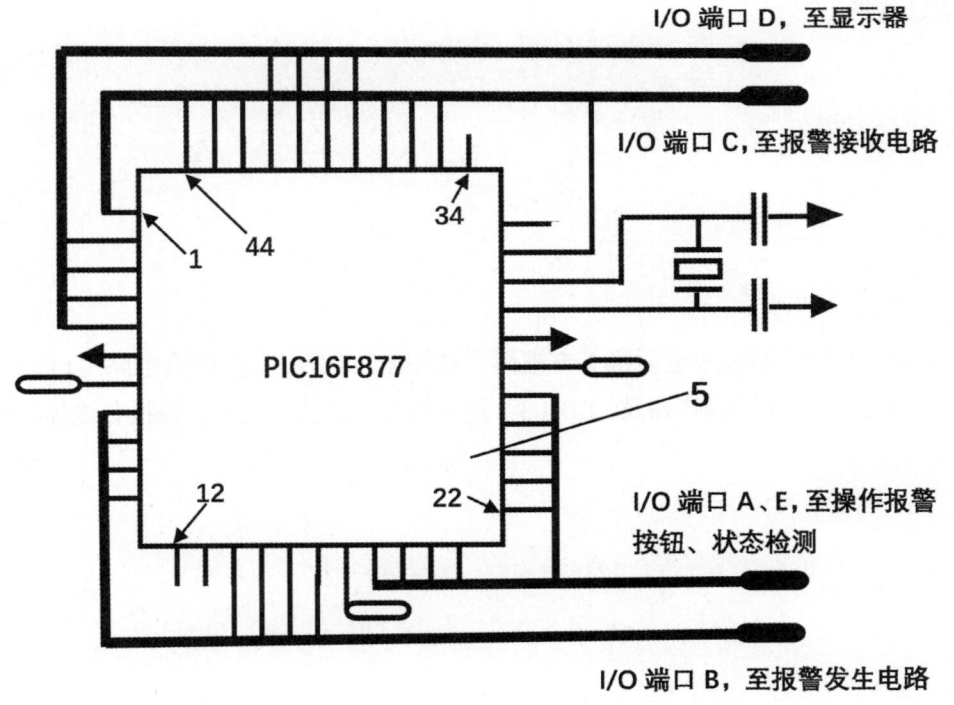

图16-4

图16-4为实施例控制电路图。如图16-4所示，PIC16F877是单片微型计算机，其与外围电路构成控制电路（5）。该芯片具有功能强，易于与外部接口，电耗低等特点。在此芯片内存储有本机全部控制软件，同时存储有加密的本机身份识别码，就像每一台传呼机、手机均有其号码一样，身份识别码用于系统管理及防止误报。

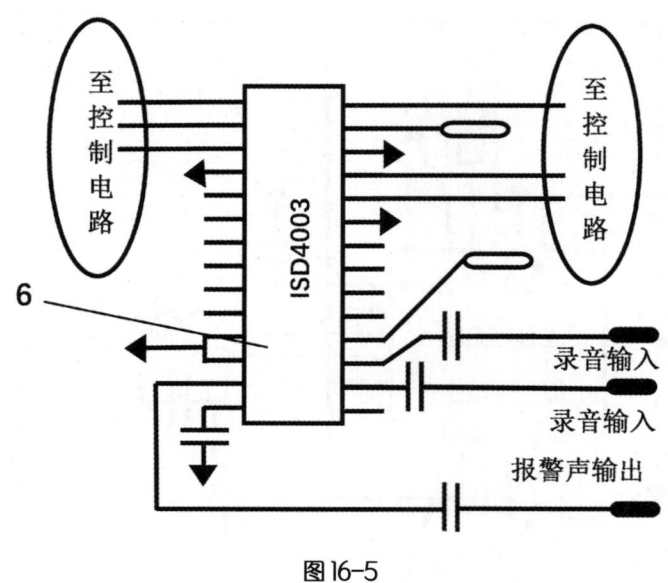

图16-5

图16-5为实施例警报发生电路图。 如图16-5所示，ISD4003是单片录放音集成电路，其与外围电路构成警报发生电路（6），可存储多段声音信号，可包含如下存储空间和存储内容：防空警报（包括预先警报、空袭警报、解除警报）、火警、灾警、匪警、语音警报等警种的警报信号。该电路与控制电路（5）接口并受其控制，其警报内容可在出厂前接入录制，其输出信号接到接入控制电路（10），在收到警报时经该电路接入功放电路（2）。

17 智能报警定位终端

（实用新型专利号 ZL201220151419.3）

17.1 方案概述

一种智能报警定位终端，配置于公共场所，用于各种紧急报警，遇到紧急情况，只要触发报警开关，接警中心立即获知其准确位置，可看到报警现场的图像，事后可调阅或复制录像；可与报警现场对讲并可扩音喊话；显示屏可显示滚动宣传信息或警示性、引导性文字符号，接警中心可刷新显示内容；可根据情况打开警灯警号对案发现场实施警示威慑。其面板上有报警标识、报警触发开关、显示屏等，其设有摄像机及音像存储模块、语音对讲电路、音频功放电路、主电路模块等，与接警中心通过有线或无线方式实现实时信息联通，受接警中心遥控。其具有多种自身保护功能，如防拆、防移位等，支持多种电源接入，其报警点的准确位置由本机安装记录，或卫星定位模块，或二者互相印证获得。

17.2 创造性特征（图17-1~图17-2）

1. 一种智能报警定位终端，由箱体（1）、面板（2）、报警标识（3）、报警触发开关（4）、摄像机（5）及音像存储模块、语音对讲电路（6）、音频功放电路（7）、主电路模块（8）等组成。其特征是：在具有报警标识（3）的面板（2）上设置报警触发开关（4），设有摄像机（5）及音像存储模块、语音对讲电路（6）、音频功放电路（7），均与主电路模块（8）电连接。主电路模块（8）与接警中心（9）实时信息联通，由接警中心（9）远程控制，报警触发开关（4）被触发时，接警中心（9）实时获得警报及位置信息，并弹出报警现场图像，可与报警现场语音对讲，可遥控音频功放电路（7）的启闭，并可扩音喊话。音像存储模块可保存报警现场音像，供办案部门调用或复制。

2. 根据创造性特征1所述的智能报警定位终端，其特征是：设有显示屏（10）接入主电路模块（8），可显示警示、引导信息。

3. 根据创造性特征1所述的智能报警定位终端，其特征是：设有警灯警号（11）与主电路模块（8）连接，接警中心（9）可遥控其启闭。

4. 根据创造性特征1或2或3所述的智能报警定位终端，其特征是：包含线缆接口，与接警中心（9）通过线缆（12）（导线或光纤）连接，实现实时信息联通。

5. 根据创造性特征1或2或3所述的智能报警定位终端，其特征是：包含无线收发电路（13），与接警中心（9）通过无线收发电路（13）实现实时信息联通。

6. 根据创造性特征1或2或3所述的智能报警定位终端，其特征是：包含公共移动通信模块（14），与接警中心（9）通过公共移动通信模块（14）实现实时信息联通。

7. 根据创造性特征4或5所述的智能报警定位终端，其特征是：具有报警接口、音频接口、数据接口，通过线缆（12）或无线收发电路（13）接入摄像机（5）的报警接口、音频接口、数据接口，再经过摄像机（5）接入接警中心（9）实现实时信息联通。

8. 根据创造性特征1或2或3所述的智能报警定位终端，其特征是：设有防盗开关（15）、防移位导体（16）

及防割线导体（17），箱体（1）被非法开启、被移离固定物或被割断线路时触发报警。

9. 根据创造性特征 1 或 2 或 3 所述的智能报警定位终端，其特征是：包含电源控制电路（18），可接入市电、蓄电池、太阳能电池、风力发电机。

17.3 技术现状及设计目的

17.3.1 技术领域

本设计涉及报警定位与安全防范技术领域。

17.3.2 技术现状

住宅小区、村社区、厂区常设有安全防范系统，报警接警系统是其最重要部分。公安 110、急救 120、交警 122 报警接警系统是全社会民众的保护神，各种报警定位牌被广泛使用，其存在如下缺陷：

1. 近年移动手机日益普及，报警多用手机，接警中心根据口头报位，很难准确定位；
2. 用固定电话机和手机报警，接警中心无法看到报警现场的图像；
3. 报警人无固定电话机和手机时，无法报警；
4. 报警定位牌需拨打手机报警，且口头报位，当距离远、光线弱，或口音差别、情况紧急等情况下容易出错；
5. 不能根据情况对案发现场实施警示威慑或喊话。

17.3.3 本设计目的

提供一种智能报警定位终端，其报警触发开关被触发时，接警中心实时获得警报及位置信息，并弹出报警现场图像；接警中心可与报警现场语音对讲，并可扩音喊话，可遥控警灯警号启闭；可保存报警现场音像，供办案部门调用或复制；其显示屏可显示警示、引导的信息；其设有自身安全部件，箱体被非法开启、被移离固定物或被割断线路时触发报警；其可接入市电、蓄电池、太阳能电池、风力发电机等。

17.4 总体方案及效果

17.4.1 本设计总体方案

在具有报警标识的面板上设置报警触发开关；设有摄像机及音像存储模块、语音对讲电路、音频功放电路，均与主电路模块电连接。主电路模块与接警中心实时信息联通，受接警中心远程控制，报警触发开关被触发时，接警中心实时获得警报及位置信息，并弹出报警现场图像，可与报警现场语音对讲，可遥控音频功放电路的启闭，并可扩音喊话，音像存储模块可保存报警现场音像，供办案部门调用或复制；设有显示屏接入主电路模块，可显示警示性、引导性的文字符号等内容；设有警灯警号与主电路模块连接，接警中心可遥控其启闭；报警点的准确位置由本机安装记录，或卫星定位模块，或二者互相印证获得。

为实现与接警中心信息连通，电路模块包含线缆接口，与接警中心通过导线或光纤连接实现实时信息联通；或包含无线收发电路，与接警中心通过无线收发电路实现实时信息联通；或包含公共移动通信模块，与接警中心通过公共移动通信模块实现实时信息联通。

为实现与接警中心信息连通，比较便捷的途径是电路模块包含报警接口、音频接口、数据接口。本设计通过线缆或无线收发电路接入摄像机的报警接口、音频接口、数据接口，再经过摄像机接入接警中心实现实时信息联通。

为了本设计自身的安全,设有防盗开关、防移位导体及防割线导体,箱体被非法开启、被移离固定物或被割断线路时触发报警。

为了本设计在不方便接入市电的情况下也能正常工作,其包含电源控制电路模块,可利用太阳能电池、风力发电机辅助蓄电池工作。

17.4.2 本设计效果

1. 其可用于各种紧急报警,遇到紧急情况,只要触发按钮,接警中心立即获知其准确位置,不需要手机或固定电话机,不需要口头报位;
2. 接警中心可看到报警现场的图像,事后可调阅或复制录像;
3. 可与报警现场对讲并可扩音喊话;
4. 显示屏可显示滚动宣传信息或警示性、引导性文字符号,接警中心可刷新显示内容;
5. 可根据情况打开警灯警号对案发现场实施警示威慑;
6. 在无市电的地段,如山地公园等,也可设置本设计。

17.5 设计原理与实施方案

17.5.1 附图说明

图 17-1 为本设计实施例总体示意图。

图 17-2 为本设计实施例电路框图。

图 17-3 为本设计实施例主电路模块电路框图。

图 17-4 为本设计实施例接警中心配套电路框图。

17.5.2 具体工作原理与实施方案

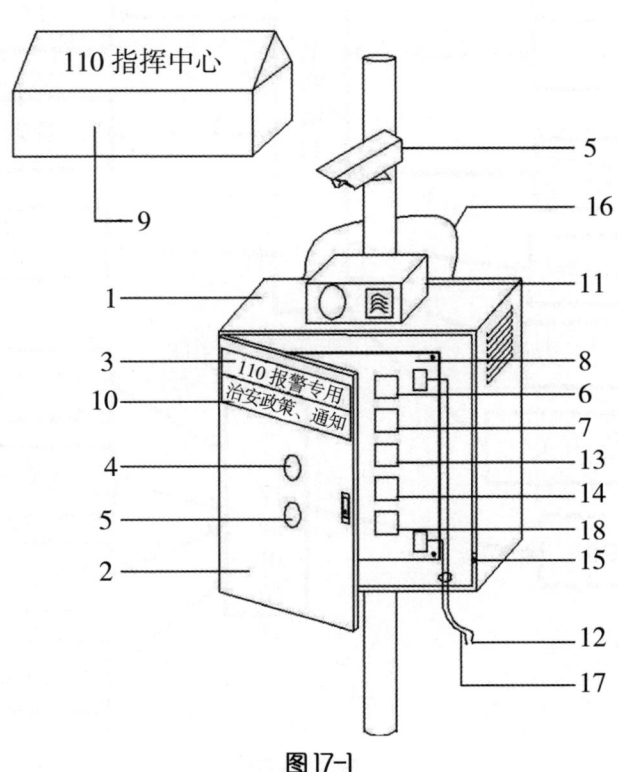

图17-1

图 17-1 为本设计实施例总体示意图。面板（2）上的报警标识（3）提醒路人，遇紧急情况时可以按下报警触发开关（4）。摄像机（5）及音像存储模块设置在面板（2）上，也可安装在立杆上。箱体（1）内安装有语音对讲电路（6）、音频功放电路（7），均与主电路模块（8）电连接。主电路模块（8）通过线缆（12）（导线或光纤）连接，或通过无线收发电路（13），或通过公共移动通信模块（14）与接警中心（9）实现实时信息联通，由接警中心（9）远程控制。报警触发开关（4）被触发时，接警中心（9）实时获得警报及位置信息，并弹出报警现场图像，并可根据需要开启与报警现场语音对讲，询问报警人，提供语音指导，也可根据需要遥控开启音频功放电路（7），对报警现场进行扩音喊话。音像存储模块可保存报警现场音像，供办案部门调用或复制，以分析案情或取证。

报警点的准确位置由本机安装记录，或卫星定位模块，或二者互相印证获得。

目前市场上的网络摄像机多带有报警接口、音频接口、数据接口，本设计可通过线缆（12）或无线收发电路（13）接入摄像机（5）的报警接口、音频接口、数据接口，再经过摄像机（5）通过网络接入接警中心（9）实现实时信息联通。为保证本设计自身的安全，其在箱体（1）门边设有防盗开关（15），在箱体（1）和固定物如立杆之间接入防移位导体（16），在线缆（12）中加入防割线导体（17），箱体（1）被非法开启、被移离固定物或被割断线路时触发报警，达到及时发现和制止破坏的目的。为了本设计在不方便接入市电或停电的情况下也能正常工作，其包含电源控制电路（18），可利用太阳能电池、风力发电机等辅助蓄电池作为供电电源。

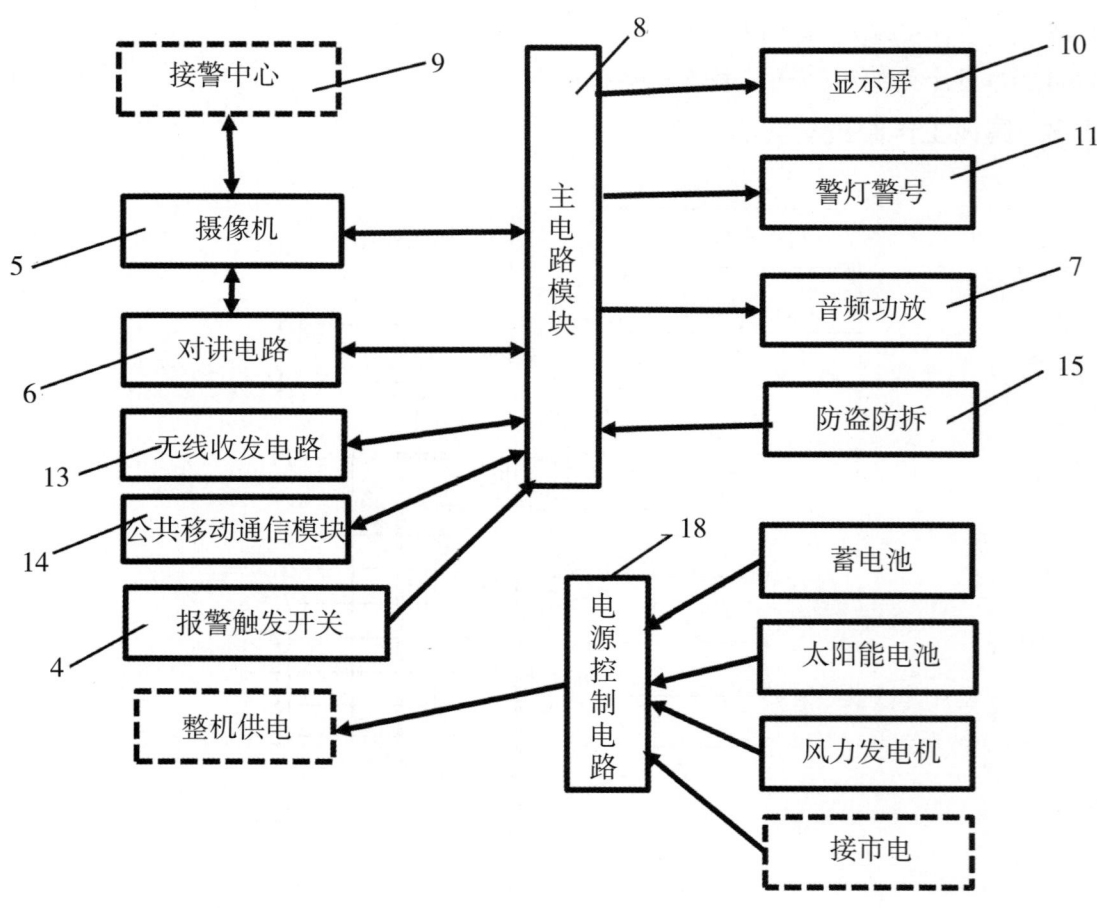

图17-2

图 17-2 为本设计实施例电路框图。 接警中心（9）通过 RJ45 接口及网络线与本设计摄像机（5）连接，再通过摄像机（5）的报警接口、音频接口、数据接口与主电路模块（8）连接，实现接警中心（9）与本设计的数据通信，从而实现接警中心（9）对本设计的远程控制。报警触发开关（4）被触发时，主电路模块（8）立即获得开关量信号，接警中心（9）继而实时获得警报及位置信息，并弹出报警现场图像，接警中心（9）根据需要可遥控开启语音对讲电路（6）与报警现场语音对讲，也可遥控开启音频功放电路（7），对现场进行扩音喊话。音像存储模块可保存报警现场音像，供办案部门调用或复制。接警中心（9）也可根据需要开启警灯警号（11），对现场进行警示威慑；接警中心（9）通过数据通信或现场通过数据接口可对显示屏（10）显示内容进行刷新，显示所需警示、引导信息。

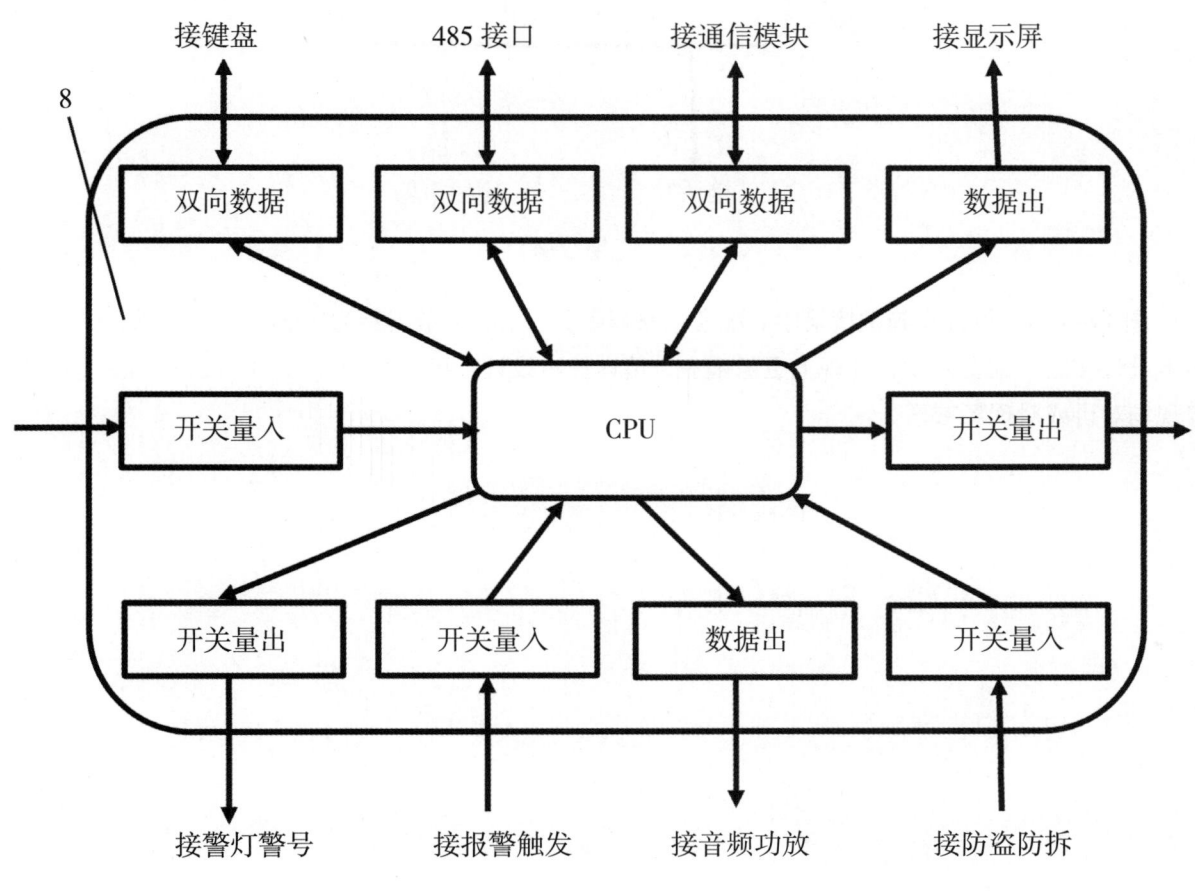

图17-3

图 17-3 为本设计实施例主电路模块电路框图。 这是一个单片微型计算机控制电路，包含若干输入输出接口，与其他微控制器的区别在于，其软件是专门配套开发的。

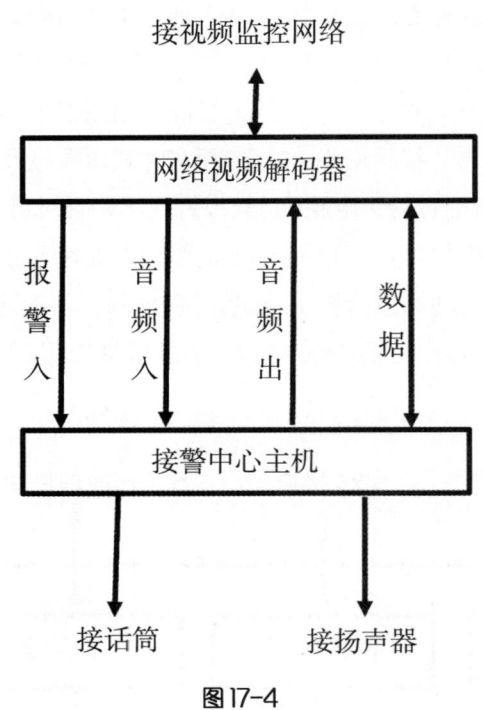

图17-4

图17-4为本设计实施例接警中心配套电路框图。网络视频解码器为一般产品。接警中心主机（键盘）为本设计实施例配套开发，外观上更像键盘，可遥控本设计，可与PC接口，可外接话筒及音箱用于与报警现场对讲或对现场喊话。

18 光伏黑匣子

（实用新型专利号 ZL201420485981.9）

18.1 方案概述

一种光伏黑匣子，用所带的太阳能电池板给匣内主电池充电。用于非机动车和电动车时可以跟踪定位、报警求助、遥控锁车、超速告警、防撞告警等；有发光型的尾灯，有夜间照明，有转向指示灯，有测速、计程装置。用于小渔船、快艇、骆驼队、畜牧群、大件贵重货物等时能跟踪定位、报警求助、发光警示，不慎落水后能间歇发射超声信号引导查找；其落水传感器、超声信标发射器嵌入匣体，能共享主匣体的防震、防拆、防水、集中控制等功能。

18.2 创造性特征（图18-1~图18-3）

1. 一种光伏黑匣子，包含匣体（1）、太阳能电池（2）、固定件（3）。其特征是：匣体（1）内有主电路（4）、主电池（5），太阳能电池（2）与主电路（4）电连接。主电路（4）包含定位及移动通信模块（41），并连接报警开关（42）及防拆电路（43）。匣体（1）表面有充电及信息接口（11）、光敏传感器（12）接入主电路（4），匣体（1）为密封防水结构，外表有防撞材料（13），固定件（3）与匣体（1）之间有减震层（31）。

2. 如创造性特征1所述光伏黑匣子，其特征是：匣体（1）表面有落水传感器（14）、超声信标发射器（15）、警示灯（16）接入主电路（4）。

3. 如创造性特征1所述光伏黑匣子，其特征是：有照明灯（61）、照明开关（62）接入主电路（4）。

4. 如创造性特征3所述光伏黑匣子，其特征是：有转向灯（63）、转向开关（64）、尾灯（65）、测速计程传感器（66）、电声器（67）、读数终端（68）、电驱锁（69）、超声测距传感器（60）接入主电路（4）。

5. 如创造性特征2或3或4所述光伏黑匣子，其特征是：主电路（4）包含组合逻辑电路、时序逻辑电路、常规电子元器件，并包含太阳能电池接入电路（44）。

6. 如创造性特征2或3或4所述光伏黑匣子，其特征是：主电路（4）包含数字处理器及存储器电路、常规电子元器件，并包含太阳能电池接入电路（44）。

18.3 技术现状及设计目的

18.3.1 技术领域

本设计涉及电子技术、通信技术领域，具体涉及太阳能发电、跟踪定位、报警求助、超声信标、测速计程等技术领域。

18.3.2 技术现状

可移动器具，尤其是不带电源的非机动车、小渔船、快艇、骆驼队、畜牧群、大件贵重货物等，不能为黑匣子供电，所以一般不安装黑匣子，以至于不具备跟踪定位、报警求助、发光警示，不慎落水时无超声信标；自行车等非机动车不具备跟踪定位、报警求助、遥控锁车、超速告警、防撞告警等功能，尾灯是反光型的，无夜间照明及转向指示灯，一般无测速、计程装置。

18.3.3　本设计目的

提供一种光伏黑匣子，可用与匣体电路相连接的太阳能电池板给匣内主电池充电；用于非机动车时可以跟踪定位、报警求助、遥控锁车、超速告警、防撞告警等；有发光型的尾灯，有照明灯及转向指示灯，有测速、计程装置。用于小渔船、快艇、骆驼队、畜牧群、大件贵重货物等时能跟踪定位、报警求助、发光警示，不慎落水后能间歇发射超声信号引导查找；其落水传感器、超声信标发射器嵌入匣体，能共享主匣体的防震、防拆、防水、集中控制等功能。

18.4　总体方案及效果

18.4.1　本设计总体方案

提供一种光伏黑匣子，包含匣体（1）、太阳能电池（2）、固定件（3）。其匣体（1）内有主电路（4）、主电池（5），太阳能电池（2）与主电路（4）电连接，主电路（4）包含定位及移动通信模块（41），并连接报警开关（42）及防拆电路（43）。匣体（1）表面有充电及信息接口（11）、光敏传感器（12）接入主电路（4），匣体（1）为密封防水结构，外表有防撞材料（13），固定件（3）与匣体（1）之间有减震层（31）。用于小渔船、快艇、大件贵重货物等时其匣体（1）表面有落水传感器（14）、超声信标发射器（15）、警示灯（16）接入主电路（4）。用于非机动车和非电动车时有照明灯（61）、照明开关（62）接入主电路（4）；有转向灯（63）、转向开关（64）、尾灯（65）、测速计程传感器（66）、电声器（67）、读数终端（68）、电驱锁（69）、超声测距传感器（60）接入主电路（4）。本设计当主电路（4）包含组合逻辑电路、时序逻辑电路、常规电子元器件，并包含太阳能电池接入电路（44）时形成基本型。当主电路（4）包含数字处理器及存储器电路、常规电子元器件，并包含太阳能电池接入电路（44）时形成智能型。

太阳能电池（2）可以分布在匣体（1）表面，可以是匣体（1）长出"翅膀"的形式，也可以是分体。太阳能电池（2）与匣体（1）间用导线连接。

18.4.2　本设计效果

针对可移动器具，尤其是小渔船、快艇、大件贵重货物、非机动车和非电动车等，在不易碰撞受损但易见阳光之处等合适位置安装光伏黑匣子，其匣与太阳能电池板结构相连接，可以为匣内主电池充电，可以作为GPS或北斗卫星或移动通信基站定位跟踪器，主人或管理者可以通过短信、微信、软件平台查询，获得该被搭载物的位置及位移轨迹，或预设电子围栏越界报警。如不慎丢失，可用同样跟踪定位方法寻找，遇紧急情况时，主人可使用报警开关，通过定位及移动通信模块用短信、微信等形式进行远程报警求助；非主人如想拆除黑匣子，防拆电路触发，会发出报警及位置信息。其光敏传感器可检测环境亮度，根据检测结果辅助控制警示灯、照明灯及相关电路的工作。

本设计用于小渔船、快艇、大件贵重货物等时能跟踪定位、报警求助、发光警示，不慎落水后能间歇发射超声信号引导查找；其落水传感器、超声信标发射器嵌入匣体，能共享主匣体的防震、防拆、防水、集中控制等功能。

本设计用于非机动车和非电动车时可以跟踪定位、报警求助、遥控锁车、超速告警、防撞告警等；有发光型的尾灯，有照明灯和转向指示灯，有测速、计程装置。如认为必要，在确认车速为零的情况下，可发指令遥控电驱锁进行锁车。自主发光型尾灯可以加闪烁或变色，提升警示效果，同时用光敏传感器监测环境亮度，相应调节尾灯侧灯亮度以节省能耗。转向开关及转向灯实现车子转向指示，必要时双闪示警；测速计程传感器可以直接、准确地测速、计程，与定位及移动通信模块的测速计程功能各有长处，可以互补，可以用电声器进行超速警示，增强行车安全性，读数终端可以获得实时速度及行车里程。超声传感器可以在行驶中监测别车或障碍物与本车的距离，低于设定距离时，用相应的前、后、左、右灯的闪烁频率及颜色变化，以及电声器鸣响急促性变化进行警示。黑匣子的电池除了用太阳能电池外，还可以外接充电器充电。

18.5 设计原理与实施方案

18.5.1 附图说明

图 18-1 为本设计实施例 1 外形结构示意视图。

图 18-2 为本设计实施例 2 外形结构示意视图。

图 18-3 为本设计实施例电路框图。

18.5.2 具体工作原理与实施方案

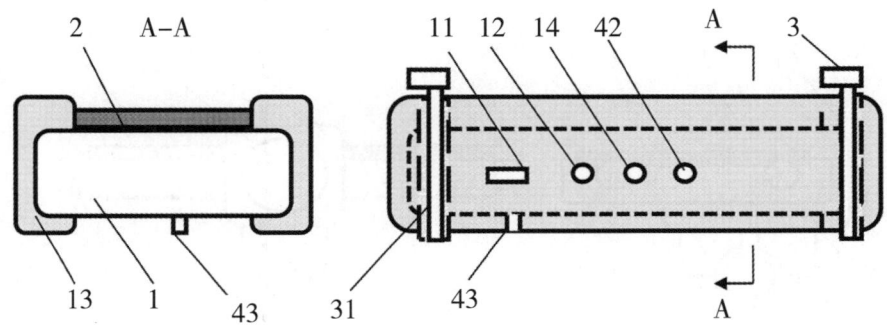

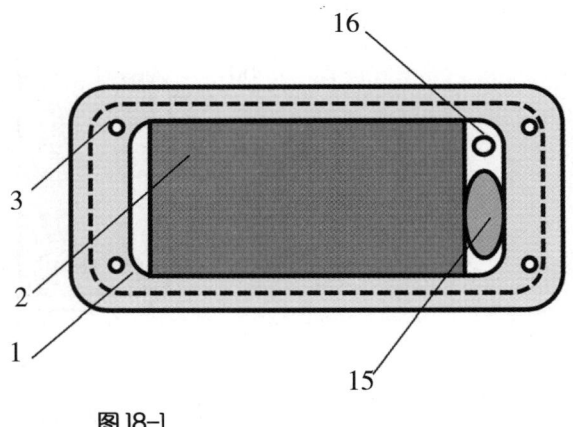

图 18-1

图 18-1 为本设计实施例 1 外形结构示意视图。如图 18-1 所示，匣体（1）经固定件（3）固定在搭载体如小渔船、快艇、大件贵重货物等之上，固定件（3）可以为螺栓、绷带、抱箍等材料，其与匣体（1）之间有减震层（31）可以为弹性材料，用于保护黑匣子不致震坏。匣体（1）内嵌入定位及移动通信模块（41），可直接采用或定制现有技术产品，需包含卫星（GPS 或北斗）信号接收天线及移动通信（GSM

或CDMA）天线；匣体（1）防水、防尘、防震，外表有防撞材料（13），太阳能电池（2）附着在匣体（1）外表。本设计可以安装在被搭载体表面不易被撞坏且易见阳光之处，以增加受阳光面；要根据整机耗电量及各种因素确定太阳能电池（2）的大小。太阳能电池（2）可以分布在匣体（1）表面，可以是匣体（1）长出"翅膀"的形式，也可以是分体。太阳能电池（2）与匣体（1）间用导线连接。

为节省能耗进而减少整机体积，定位及移动通信模块（41）某些功能是间歇工作的，如间隔一段时间上传一次位置信息，间隔时间内移动通信等电路处于休眠。报警开关（42）应为密封防水按钮，有防误报措施，如接通超3秒才确认报警等。防拆电路（43）可以为常开触点，匣体（1）一旦拆离被搭载物，触点立即接通报警。充电及信息接口（11）用于必要时外接充电、调试、维修之用，平常须加密封盖严格密封。光敏传感器（12）检测环境亮度，以调节警示灯（16）亮度及相关电路的工作。落水传感器（14）可以为密封水压力开关，也可以为水感电阻，即进水后电阻急剧下降以检测落水，或二者兼用互补。密封水压力开关可以监测落水深度，所以超声信标信号除了可以搭载落水前位置信息外，还可以搭载落水深度。超声信标发生器（15）用于间歇产生超声信标信号，可以根据主电池（5）的续航能力调整间歇比及发射功率，间歇比如10ms/10s—10ms/3600s等。当主电路（4）由组合逻辑电路、时序逻辑电路、常规电子元器件组成时，构成本设计的基本型；当主电路（4）由数字处理器及存储器电路、常规电子元器件组成时，构成本设计的智能型。控制器所带通信模块，便于设备相关数据远传，或远程设置、控制。

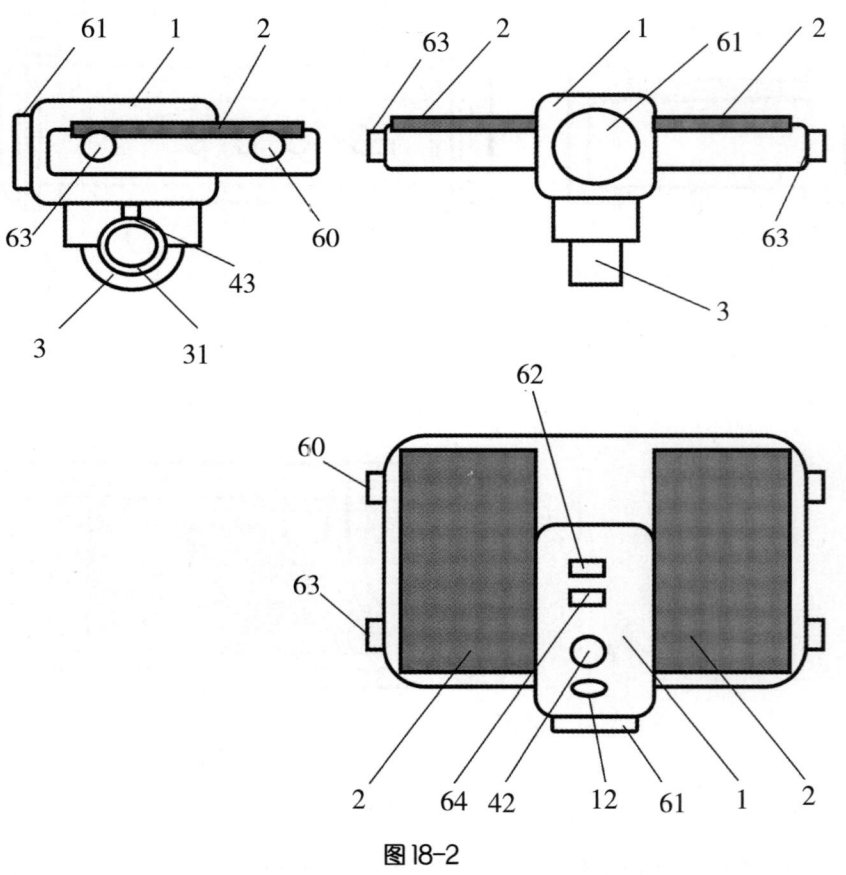

图18-2

图18-2为本设计实施例2外形结构示意视图。如图18-2所示，匣体（1）经固定件（3）固定在非机动车车把上，固定件（3）为半圆包箍，用特殊螺栓锁定，固定件（3）内侧的减震层（31）可保护黑匣子不致震坏。匣体（1）内嵌入定位及移动通信模块（41），可直接采用或定制现有技术产品，需包含卫

星（GPS或北斗）信号接收天线及移动通信（GSM或CDMA）天线。匣体（1）防水、防尘、防震，外表有防撞材料（13）。太阳能电池（2）与匣体（1）相连接，要根据整机耗电量及各种因素确定太阳能电池（2）的大小。报警开关（42）在匣体（1）上方，有防误报措施，如接通超3秒才确认报警等。防拆电路（43）可以为常闭导体，一旦拆断立即报警；或为常开触点，匣体（1）一旦拆离被搭载物，触点立即接通报警。照明灯（61）在匣体（1）前部，转向灯（63）、超声传感器（60）分别在太阳能电池（2）两侧前、后部；照明开关（62）及转向开关（64）在匣体（1）顶端；照明灯（61）一般用白色高亮度LED，转向灯（63）用红色LED；尾灯（65）需外接，可用三基色高亮度LED。测速计程传感器（66）、电声器（67）、电驱锁（69）为外接，测速计程传感器（66）可用霍尔传感器，车轮每转动一圈输出一个脉冲，电声器（67）可用扬声器或蜂鸣器，电驱锁（69）可用低驱动电流的电动锁。当主电池（5）电量低于设定值时除了定位及移动通信模块（41），其余电路在主电路（4）的控制下停止工作以保障基本功能正常。

当主电路（4）由组合逻辑电路、时序逻辑电路、常规电子元器件组成时，读数终端（68）一般使用速度表、里程表；当主电路（4）由数字处理器及存储器电路、常规电子元器件组成时，读数终端（68）一般使用LED显示器或液晶显示器，前者亮度高、耗电大。超声传感器（60）可用倒车雷达探头，防撞警示使用照明灯（61）、转向灯（63）、尾灯（65）急闪及电声器（67）鸣响来实现。

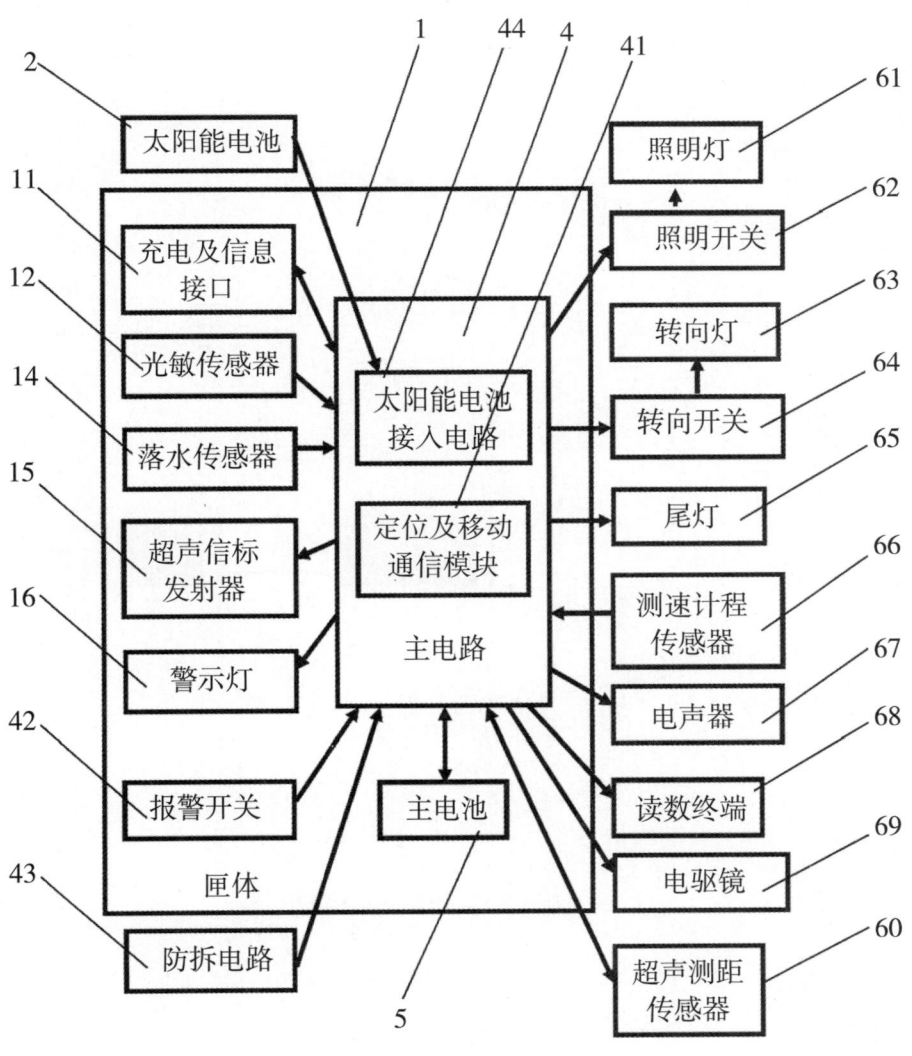

图18-3

图 18-3 为本设计实施例电路框图。如图 18-3 所示，是本设计电路各个功能模块的连接关系表达。因太阳能电池的输出电压是非常不稳定的，从 0 到几十伏随时变化，而且常常引入各种外来电浪涌冲击，如电火花、感应雷等，所以在主电路（4）上，太阳能电池接入电路（44）包含了消弧电路、抗浪涌电路、恒流电路、整流滤波电路等。定位及移动通信模块（41）可直接采用或定制现有技术产品，需包含卫星（GPS 或北斗）信号接收天线及移动通信（GSM 或 CDMA）天线。超声测距传感器（60）用于发出超声测距信号，并接收回波信号。其余电路相对比较简单，一般工程师使用现有技术即可实施。

19 人体参数监测T恤

（实用新型专利号 ZL201420317996.4）

19.1 方案概述

一种人体参数监测T恤，具有心肺音、肠胃蠕动音监听录制功能，及体温、血压、心电监测记录功能，实现24小时不间断监测，出现异常时能自动报警，除血压监测外其他监测均不干扰被测人，不影响被测人休息，穿上该监测T恤也不影响被测人行动，监测记录数据可有线或无线远传，还可扩展理疗、热疗等功能。其主体为弹性织料等，在T恤面上胸部、心脏部位、腹部嵌入拾音器，腋下等部位嵌入温度传感器，手臂部位嵌入血压测量气带，心脏周围及手脉等部位嵌入心电检测导联电极。各种传感器、引线及充放气管可拆卸，引线及气管沿着嵌入囊带穿行并汇聚后接至接插头，最后接入监护检测器，检测器通过有线或无线与监护中心通信。

19.2 创造性特征（图19-1）

1. 一种人体参数监测T恤，包含弹性织料（1）等，其特征是：T恤面上嵌入拾音器（2），拾音器的拾音指向朝人体。

2. 如创造性特征1所述的人体参数监测T恤，其特征是：在腹部、胸部、心脏部位分布有嵌入的拾音器（2）。

3. 如创造性特征1所述的人体参数监测T恤，其特征是：T恤面上腋下部位嵌入温度传感器（3）。

4. 如创造性特征1所述的人体参数监测T恤，其特征是：T恤面上手臂部位嵌入血压测量气带（4）及其充放气管（5）。

5. 如创造性特征1所述的人体参数监测T恤，其特征是：T恤面上嵌入心电检测导联电极（6）。

6. 如创造性特征1或2或3或4或5所述的人体参数监测T恤，其特征是：T恤面上分布有嵌入囊带，各种传感器引线（7）、血压测量气带（4）及其充放气管（5）嵌入其中，囊带各处有开口便于安装、拆卸被嵌入物，开口处有活动连接用于防止被嵌入物掉落。

7. 如创造性特征6所述的人体参数监测T恤，其特征是：各种传感器引线（7）及充放气管（5）沿着嵌入囊带穿行并汇聚后接至接插头（8）。

8. 如创造性特征7所述的人体参数监测T恤，其特征是：有监护检测器（9）包含采集接口电路、模拟信号处理电路、多路切换开关电路、模数转换器、数字处理器、存储器、数据及控制接口电路、触摸显示屏，采集接口电路经接插头（8）、传感器引线（7）接传感器。

9. 如创造性特征8所述的人体参数监测T恤，其特征是：监护检测器（9）包含压力传感器、血压测量气泵，经接插头（8）、充放气管（5）接血压测量气带（4）。

10. 如创造性特征8或9所述的人体参数监测T恤，其特征是：监护检测器（9）包含报警按钮、扬声器、无线数传模块。

11. 如创造性特征8所述的人体参数监测T恤，其特征是：T恤面上有监护检测器（9）嵌入囊袋。

12. 如创造性特征 8 所述的人体参数监测 T 恤，其特征是：T 恤面上有电脉冲电极、发热模块嵌入囊袋。

19.3 技术现状及设计目的

19.3.1 技术领域

本设计涉及身体状况电子监测记录技术领域，尤其是心肺音、肠胃蠕动音、体温、血压、心电等的监测、记录、传输技术领域。

19.3.2 技术现状

针对病人及老人等需特别监护的人的心肺音、肠胃蠕动音听诊一般使用听诊器，心率、血压测量一般使用血压计，体温测量一般使用体温计，心电监测一般使用心电监护仪。使用听诊器及体温计需被测人配合，难以实现 24 小时不间断监测，不能存储记录。血压计及心电监护仪一般单独使用，接上后被测人行动不方便，简易型均不具备异常报警功能。

19.3.3 本设计目的

提供一种监测 T 恤，具有心肺音、肠胃蠕动音监听录制功能，及体温、血压、心电监测记录功能，可实现 24 小时不间断监测，出现异常时能自动报警。除血压监测外其他监测均不干扰被测人，不影响被测人休息，穿上该监测 T 恤也不影响被测人行动。监测记录数据可有线或无线远传。

19.4 总体方案及效果

19.4.1 本设计总体方案

提供一种监测 T 恤，主体为弹性织料等，在 T 恤面上胸部、心脏部位、腹部嵌入拾音器，拾音器的拾音指向朝人体；在 T 恤面上腋下部位嵌入温度传感器，手臂部位嵌入血压测量气带，心脏部位周围及手臂等部位嵌入心电检测导联电极。T 恤面上分布有嵌入囊带，用于嵌入各种传感器及其引线、血压测量气带及其充放气管，囊带各处有开口便于安装、拆卸被嵌入物，开口处有活动连接（魔术贴、纽扣、拉链等）用于防止被嵌入物掉落。各种传感器引线及充放气管沿着嵌入囊带穿行并汇聚后接至接插头，最后接入监护检测器。监护检测器包含采集接口电路、模拟信号处理电路、多路切换开关电路、模数转换器、数字处理器、存储器、数据及控制接口电路、触摸显示屏，还包含压力传感器、血压测量气泵，经接插头、充放气管接血压测量气带；也包含报警按钮、扬声器、无线数传模块。监护检测器可嵌入 T 恤面上的囊袋，位于上臂外侧至肩顶位置或手脉部位，也可独立搁置；监护检测器由锂电池供电。此外 T 恤面上可以在特定穴位对应位置嵌入电脉冲电极，用于电灸理疗，也可以嵌入发热模块，用于热疗，或者取暖。

19.4.2 本设计效果

穿上这种监测 T 恤，可对心肺音、肠胃蠕动音监听录制，对体温、血压、心电监测记录，实现 24 小时不间断监测，出现异常时能自动报警。除血压监测外其他监测均不干扰被测人，不影响被测人休息，穿上该监测 T 恤也不影响被测人行动。监测记录数据可有线或无线远传。此外还可扩展理疗、热疗功能。

19.5 设计原理与实施方案

19.5.1 附图说明

图 19-1 为本设计实施例整体示意图。

图 19-2 为本设计实施例拾音朝向示意图。

图 19-3 为本设计实施例监护检测器组成框图。

19.5.2 具体工作原理与实施方案

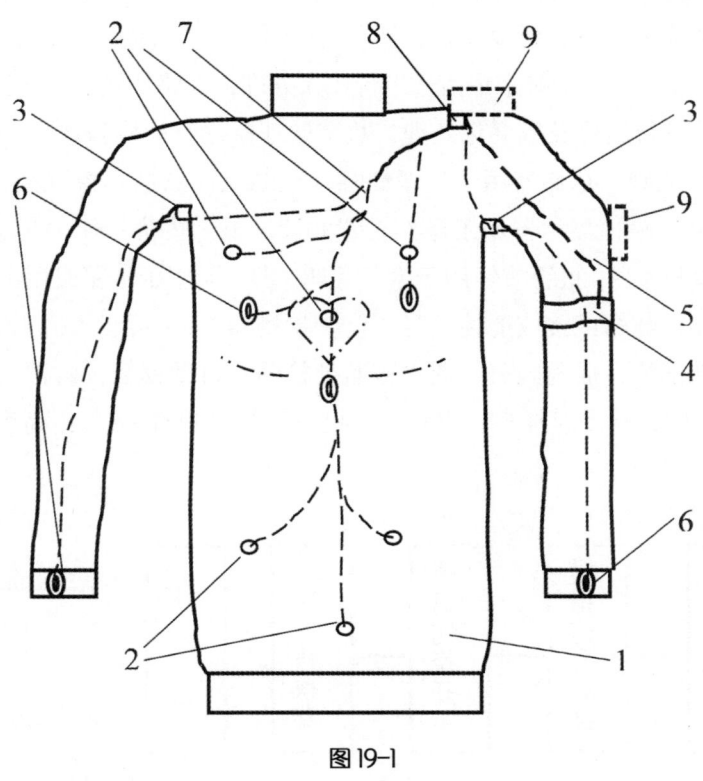

图 19-1

图 19-1 为本设计实施例整体示意图。监测 T 恤主体为弹性织料（1），如加莱卡的腈纶等，以保证各种传感器尽量紧贴人体，提高检测准确性。T 恤面上，拾音器（2）嵌入到囊带里，传感器引线（7）也沿着嵌入囊带穿行，拾音器（2）可按需要嵌入多个，监护检测器（9）对其同时或分时监听检测记录，拾音器（2）的拾音指向朝人体，其主要分布在胸部、心脏部位、腹部等部位，以监听呼吸音、心跳音、肠胃蠕动音。血压测量气带（4）嵌入上臂或手脉部位，可单手或双手嵌入互为备用，其充放气管（5）沿着嵌入囊带穿行；心电检测导联电极（6）应根据检测需要嵌入心脏周围及手脉等部位的 T 恤面上。嵌入囊带用于嵌入各种传感器引线（7）、血压测量气带（4）及其充放气管（5），囊带各处有开口便于安装、拆卸被嵌入物，开口处有活动连接用于防止被嵌入物掉落；所述活动连接可以是纽扣、自粘纤维或尼龙拉链等。为不影响 T 恤穿着舒适性，传感器引线（7）应尽量纤细柔软，囊带也尽量狭窄，至刚好满足传感器引线（7）穿行为宜。各种传感器引线（7）及充放气管（5）沿嵌入囊带穿行并汇聚后接至接插头（8），再接入监护检测器（9）。监护检测器（9）包含采集接口电路、模拟信号处理电路、多路切换开关电路、模数转换器、数字处理器、存储器、数据及控制接口电路、触摸显示屏，也可包含压力传感器、血压测量气泵，还可包含报警按钮、扬声器、无线数传模块。监护检测器（9）可装入嵌入囊袋，位于上臂外侧至肩顶位置，也可位于手脉部位，成为腕表，便于被监护检测人自助读数；监护检测器（9）也可独立搁置，卧床时搁放床头或挂墙，行动时挂身、肩背、手提；监护检测器（9）由高容量高安全性电池供电，如锂电池。此外 T 恤面上可以在特定穴位对应位置嵌入电脉冲电极，用于电灸理疗，也可以嵌入发热模块，用于热疗，或者取暖。

图 19-2 为本设计实施例拾音朝向示意图。使用指向性强的高灵敏度微型麦克风，既能拾取心肺音、胃肠音，又能排除外界干扰音。如果各种传感器使用细屏蔽线，由于各种传感器紧贴人体，人体是低阻抗等电位体，则各种电磁干扰会很小。

图 19-3 为本设计实施例监护检测器组成框图。由于使用超大规模集成电路及数据处理器芯片、液晶触摸显示屏，所以监护检测器（9）体积小、重量轻。其采集接口电路及模拟信号处理电路用于对采集信号进行放大处理；多路切换开关电路及模数转换器用于对信号进行巡检及数字化处理；数字处理器是监护检测器（9）的心脏，对所有电路进行控制；存储器用于记录储存检测结果；数据及控制接口电路用于写入或远传数据；触摸显示器用于操作设置并读取显示内容；压力传感器及血压测量气泵用于检测血压；报警按钮用于紧急呼叫；扬声器用于告警或用电子语音报告测量结果；无线数传模块用于无线远传数据或接收遥控信号。监护检测器（9）可装入嵌入囊袋，位于上臂外侧至肩顶位置，也可位于手脉部位，成为腕表，便于被监护检测人自助读数；监护检测器（9）也可独立搁置，卧床时搁放床头或挂墙；行动时挂身、肩背、手提；监护检测器（9）由高容量高安全性电池供电，如锂电池。

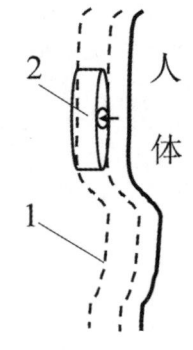

图19-2

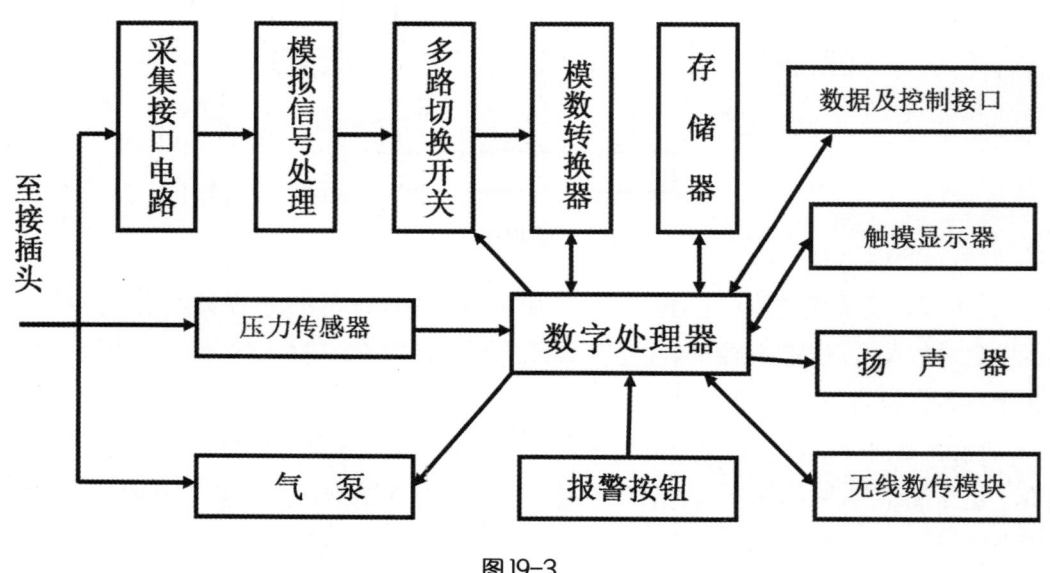

图19-3

19.6 后续优化措施

如有必要，可以在T恤的身体相关穴位处嵌入电脉冲理疗电极，实现理疗目的。进一步的，可以根据监测到的不同异常情况，输出不同的电脉冲，实现不同的电脉冲治疗效果。

20　随身电子多用夹
（实用新型专利号 ZL201420404678.1）

20.1　方案概述

一种随身电子多用夹，适合用于老人、儿童的监护。其在夹体内嵌入电池、定位及移动通信模块、摄像头及数字处理器、存储器组件、收音及数码音频播放电路等，并专为老人、儿童设计操作界面。其可以作为迷你 DV，记录所亲临现场的声音及相关场景图像，或抓拍照片；可以作为卫星或移动通信基站定位跟踪器，必要时报警求助；可以作为随身听；可以用于暗处照明；可以装入公交卡、门卡、零钱、钥匙、急救药等随身物品。

20.2　创造性特征（图 20-1~图 20-3）

1. 一种随身电子多用夹，包含夹体（1）、电池（2）、摄像头及存储器组件（3）、定位及移动通信模块（4）、收音及数码音频播放电路（5）等。其特征是：夹体（1）内嵌入摄像头及存储器组件（3）、定位及移动通信模块（4）、收音及数码音频播放电路（5）并连接电池（2），由其供电。

2. 如创造性特征格式所述随身电子多用夹，其特征是：夹体（1）表面上有抓拍按钮（31）、回放按钮（32）、止录开关（33）、摄录指示灯（34）、红外发射灯（35）、显示屏（36）、充电及数据接口（37）与摄像头及存储器组件（3）连接，充电及数据接口（37）还连接电池（2）。

3. 如创造性特征 2 所述随身电子多用夹，其特征是：夹体（1）表面上有求助按钮（41）连接定位及移动通信模块（4），并与收音及数码音频播放电路（5）连接，电池（2）盖板下有防拆开关（42）连接定位及移动通信模块（4）。

4. 如创造性特征 3 所述随身电子多用夹，其特征是：夹体（1）表面上有收音按钮（51）、放音按钮（52）、音量按钮（53）、存储卡插口（54）与收音及数码音频播放电路（5）连接，照明开关（61）连接照明电路（6）。

5. 如创造性特征 4 所述随身电子多用夹，其特征是：前述各个按钮经过主控制电路（7）与所接功能电路间接连接，所述主控制电路（7）由组合逻辑电路和时序逻辑电路组成。

6. 如创造性特征 4 所述随身电子多用夹，其特征是：前述各个按钮经过主控制电路（7）与所接功能电路间接连接，所述主控制电路（7）由数字处理器组成。

7. 如创造性特征 4 或 5 或 6 所述随身电子多用夹，其特征是：夹体（1）包含有储物夹（11），其储放取出口上有盖（12）及盖扣（13），夹体（1）表面上还有悬挂耳件（14）。

20.3　技术现状及设计目的

20.3.1　技术领域

本设计涉及随身电子安全防护及随身听技术领域，尤其涉及随身录音录像、定位跟踪、报警求助、老人儿童监护等技术领域。

20.3.2 技术现状

迷你DV或执法记录仪可以摄录所亲临现场的声音及相关场景的图像，或抓拍照片，也可以回放；定位跟踪器可以获得携带者位置及位移轨迹；随身听可以收听电台广播或播放闪存卡存储的MP3音频等；手电筒用于暗处照明；手夹可以装入公交卡、门卡、零钱、钥匙、急救药等随身物品。以上几种都是现有上市产品，但都是分立的，各自发挥作用，要同时实现上述几种功能须带齐所述几种器具。目前的智能手机也不适合用于老人、儿童的监护。

20.3.3 本设计目的

提供一种随身电子多用夹，可以作为迷你DV记录所亲临现场的声音及相关场景图像或抓拍照片；可以作为定位跟踪器，必要时报警求助；可以作为随身听；可以用于暗处照明；可以装入公交卡、门卡、零钱、钥匙、急救药等随身物品。适合用于老人、儿童的监护。

20.4 总体方案及效果

20.4.1 本设计总体方案

提供一种随身电子多用夹，包含夹体（1）、电池（2）、摄像头及存储器组件（3）、定位及移动通信模块（4）、收音及数码音频播放电路（5）等。其夹体（1）内嵌入摄像头及存储器组件（3）、定位及移动通信模块（4）、收音及数码音频播放电路（5）并连接电池（2），由其供电；夹体（1）表面上有抓拍按钮（31）、回放按钮（32）、止录开关（33）、摄录指示灯（34）、红外发射灯（35）、显示屏（36）、充电及数据接口（37）与摄像头及存储器组件（3）连接，充电及数据接口（37）还连接电池（2）；夹体（1）表面上有求助按钮（41）连接定位及移动通信模块（4），并与接收音及数码音频播放电路（5）连接，电池（2）盖板下有防拆开关（42）连接定位及移动通信模块（4）；夹体（1）表面上有收音按钮（51）、放音按钮（52）、音量按钮（53）、存储卡插口（54）与收音及数码音频播放电路（5）连接，照明开关（61）连接到包含LED照明灯（62）的照明电路（6）。前述各个按钮可以直接与所接功能电路连接，也可以经过主控制电路（7）与所接功能电路间接连接，所述主控制电路（7）由组合逻辑电路和时序逻辑电路组成，或由数字处理器组成。夹体（1）包含有储物夹（11），其储放取出口上有盖（12）及盖扣（13），夹体（1）表面上还有悬挂耳件（14）。

20.4.2 本设计效果

当人们出行时，尤其是老人、儿童单独出行时，携带这种随身电子多用夹，可以将所亲临现场的声音及相关场景图像循环记录在闪存里。存储器容量越大，循环周期越长，达数天或数周，万一发生安全事件或纠纷，可以回放现场的声音及相关场景图像，以了解当时情况，有助于解决问题，也可以接电脑回放获得更高的清晰度。携带者可以通过抓拍按钮拍下特定画面，环境昏暗时红外发射灯帮助提高摄录可见度；回到家里可拨动止录开关至摄录指示灯熄灭，以确认停止摄录音像。

本设计也可以作为GPS卫星或北斗卫星或移动通信基站定位跟踪器，使老人的子女或儿童的家长通过短信、微信、软件平台查询，获得携带者位置及位移轨迹，或预设电子围栏越界报警。如不慎丢失，可用同样跟踪定位方法寻找。非主人如想取下电池断电，需先揭开电池盖板，揭开时防拆开关触发，会发出报警及位置信息。遇紧急情况时，可以按压求助按钮，通过音频播放电路播放预先录制的报警语音进行现场求助；也可以通过定位及移动通信模块用短信、微信等形式进行远程报警求助。

本设计还可以作为随身听，收听电台广播或播放闪存卡存储的MP3音频；在暗处可以按压照明开关接通照明电路进行照明。

前述各个按钮可以直接与各自功能电路连接，使各个功能电路相对独立工作，组成本设计的基本型版本；也可以经过主控制电路与所接功能电路间接连接，所述主控制电路由组合逻辑电路和时序逻辑电路组成，形成提高型版本；主控制电路也可由数字处理器组成，形成智能型版本。基本型和提高型操作应用简单直观，对视力、记忆力、操作技能要求低，即做成傻瓜机，适合老人及儿童使用；智能型如再配以触摸显示屏，则可实现软按钮，把按钮的功能嵌入触摸屏，不适合老人使用。

本设计夹体可以是柔软的或硬质的，夹体包含有储物夹，可以装入公交卡、门卡、零钱、钥匙、急救药品等随身物品。储物夹有储放取出口，口上有盖，盖扣可以是按扣或拉链等。本设计可以根据不同使用习惯挂在腰脐部、腰侧部、前胸部、上臂外侧等，均应尽量让录像镜头朝前，以录制携带者跟前场景。夹体表面上配套相应的悬挂耳件以实现挂戴及摄像头指向的需要。镜头一般用广角（如120度）短焦距镜头。收听广播或播放音频时一般自动关闭拾音器停止录音。

20.5 设计原理与实施方案

20.5.1 附图说明

图20-1为本设计实施例正面外观示意图。

图20-2为本设计实施例背面外观示意图。

图20-3为本设计实施例电路框图。

20.5.2 具体工作原理与实施方案

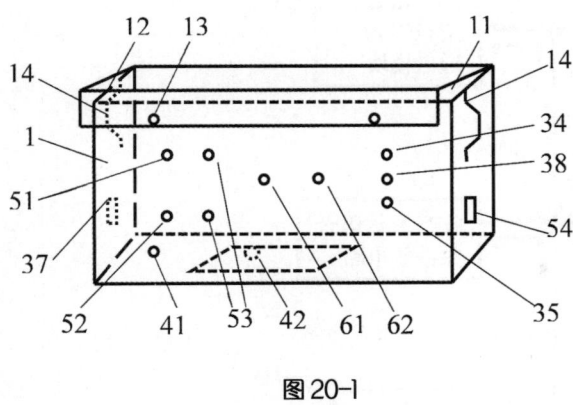

图20-1

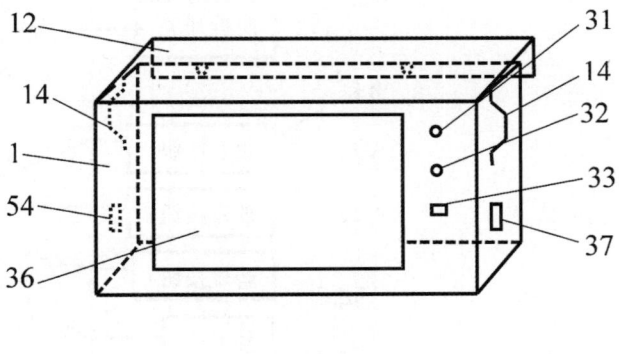

图20-2

图20-1为本设计实施例正面外观示意图，图20-2为本设计实施例背面外观示意图。其中图20-1为镜头（38）及主按钮面，携带时一般朝前，图20-2为显示屏（36）面，携带时一般朝主人。其在夹体（1）内嵌入摄像头及存储器组件（3）、定位及移动通信模块（4）、收音及数码音频播放电路（5）。表面上的抓拍按钮（31）、回放按钮（32）、止录开关（33）用于控制摄录像，摄录指示灯（34）熄灭表明停止摄录，使主人在家时放心止录。环境昏暗时红外发射灯（35）帮助提高摄录可见度。显示屏（36）多用液晶彩色屏，用于显示摄录或抓拍画面，也用于回放。充电及数据接口（37）用于为电池（2）充电，也用于下载音像数据。

求助按钮（41）用于主人紧急报警求助，可通过收音及数码音频播放电路（5）播放预先录制的求助语音，也可通过定位及移动通信模块（4）发出求助信号。防拆开关（42）在电池盖被非法开启时触发报警。

定位及移动通信模块（4）可以采用现成的GPS卫星或北斗卫星或移动通信基站定位，使老人的子女或儿童的家长通过短信、微信、软件平台查询，获得携带者位置及位移轨迹，或预设电子围栏越界报警。

收音按钮（51）、放音按钮（52）、音量按钮（53）用于平时收听；存储卡插卡口（54）用于插入音源数据卡；照明开关（61）用于主人在暗处时，开启LED照明灯（62）。

夹体（1）内的储物夹（11）可以装入公交卡、门卡、零钱、钥匙、急救药等随身物品；储物夹（11）的储放取出口盖（12）可以是硬质的或软质的，盖扣（13）可以是按扣、拉链等，悬挂耳件（14）用于将夹体（1）穿入腰带或接背带。当主人将夹体（1）挂于腰脐部时，除了抓拍按钮（31）、回放按钮（32）、止录开关（33）以外的所有按钮均处于前部，方便使用操作。此外，摄录指示灯（34）红外发射灯（35）、镜头（38）也应朝前。

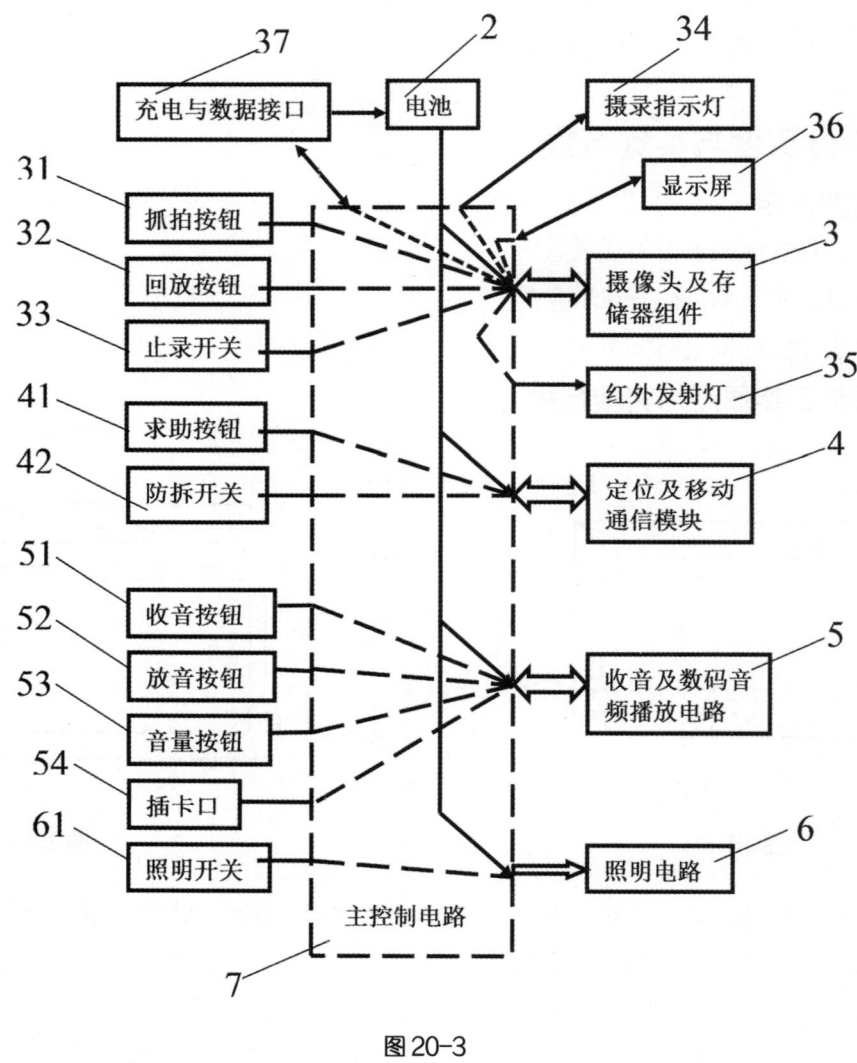

图 20-3

图 20-3 为本设计实施例电路框图。如图 20-3 所示，如基本型版本，其中摄像头及存储器组件（3）、定位及移动通信模块（4）、收音及数码音频播放电路（5）可以直接定制或购买现成市售的组件，并按照前述连接关系以及如图 20-3 所示连接关系直接连接集成；如提高型或智能型版本，则需加入由组合逻辑电路和时序逻辑电路组成或由数字处理器组成的主控制电路（7），对相关功能电路进行集中统一操控，但均等效于图 20-3 所示的连接关系。

21 多功能帽子
（实用新型专利号 ZL201520526790.7）

21.1 方案概述

一种多功能帽子，可以是软帽或硬帽，也可以是基本型或智能型。适合旅游、骑车出行、探险、野外作业、滑雪等戴帽者的跟踪、定位、报警，并在行进中接、打移动电话或收听广播、播放音乐等。可以监测环境亮度调节透光液晶板透光率，增加戴帽者视线舒适度。其微型风扇用于高温时降温送凉，屏蔽层可保护头部不受电磁辐射。其在帽体外贴光伏电池，作为补充电能来源以增加续航能力，内壁嵌入定位与移动通信模块及主控模块，帽体各个部位分别嵌入摄像头、拾音器、耳机、触摸显示屏、操控按钮、充电及数据接口、副显示器、液晶透光板、聚光 LED 灯、光传感器、微型风扇等，电路模块与减震层之间加有屏蔽层。

21.2 创造性特征（图 21-1~ 图 21-2）

1. 一种多功能帽子，包含帽体表层（1）、光伏电池（2）、定位与移动通信模块（3）、电池（4）。其特征是：帽体表层（1）外面贴有光伏电池（2），内壁嵌入定位与移动通信模块（3）及电池（4），均接主控模块（5）。帽体表层（1）前额部嵌入摄像头（31），近嘴部安装有拾音器（32），侧面耳部嵌入耳机（33），后脑部安装有触摸显示屏（34），均接定位与移动通信模块（3）。定位与移动通信模块（3）包含公共移动通信（GSM/CDMA）模块（35）、定位（GPS/ 北斗）模块（36）、蓝牙模块（37）、无线通信（WiFi）模块（38）、收音机模块（39）。帽体表层（1）侧面安装有操控按钮（6）、充电与数据接口（7），均接主控模块（5）。在帽前面帽舌下方经过方向调节铰链安装有副显示器（30）及液晶透光板（8），副显示器（30）接定位与移动通信模块（3），液晶透光板（8）接主控模块（5）。

2. 如创造性特征 1 所述多功能帽子，其特征是：帽体表层（1）前额部安装有光传感器（9）及聚光 LED 灯（10），侧面嵌入微型风扇（11），均接主控模块（5）。

3. 如创造性特征 2 所述多功能帽子，其特征是：帽子里加有屏蔽层（12）和减震层（13），整体从外到里层次顺序依次是光伏电池（2）、帽体表层（1）、包含定位与移动通信模块（3）及主控模块（5）的电路模块、屏蔽层（12）、减震层（13）。

4. 如创造性特征 3 所述多功能帽子，其特征是：主控模块（5）包含时序逻辑电路、组合逻辑电路、常规电子元器件。

5. 如创造性特征 3 所述多功能帽子，其特征是：主控模块（5）包含数字处理器、存储器、接口电路。

21.3 技术现状及设计目的

21.3.1 技术领域

本设计涉及定位及移动通信、随身电子安全防护领域，尤其涉及定位跟踪、移动通信、报警、随身录音录像、随身听等技术领域。

21.3.2 技术现状

旅游者或骑车出行者等人群所戴帽子一般不嵌入定位及移动通信模块，不具备定位跟踪功能，不作为定位跟踪系统平台的终端，也没有光伏电池用于补充电能，所以不能用于跟踪定位并在行进中用帽子的送受话器接、打移动电话或收听广播和音乐，不具备跟踪定位、报警等功能。

21.3.3 本设计目的

提供一种多功能帽子，可以用于跟踪定位、报警、录像并在行进中用帽子的送受话器接、打移动电话或收听广播和音乐。利用帽子表面的光伏电池作为补充电能来源之一以增加续航能力。其可根据光敏传感器监测的环境亮度调节透光液晶板透光率，增加戴帽者视线舒适度，起到"变色墨镜"的作用。同时可以用帽前的聚光 LED 灯照明，用帽子侧面的微型风扇换气降温送凉。在帽内电路模块与减震层之间夹屏蔽层，保护头部不受电磁辐射。帽子表层可以是棉质、皮质等软性材料，也可以是塑料、藤编等硬质材料。适合旅游、骑车出行、探险、野外作业、滑雪等户外活动者的跟踪定位、报警、移动通信等应用。

21.4 总体方案及效果

21.4.1 本设计总体方案

在帽体表层（1）外面贴有光伏电池（2），内壁嵌入定位与移动通信模块（3）、电池（4）及主控模块（5），定位与移动通信模块（3）、电池（4）均接主控模块（5）。帽体表层（1）前额部嵌入摄像头（31），近嘴部安装有拾音器（32），侧面耳部嵌入耳机（33），后脑部安装有触摸显示屏（34），均接定位与移动通信模块（3）。定位与移动通信模块（3）包含公共移动通信（GSM/CDMA）模块（35）、定位（GPS/北斗）模块（36）、蓝牙模块（37）、无线通信（WiFi）模块（38）、收音机模块（39）。帽体表层（1）侧面安装有操控按钮（6）、充电与数据接口（7），均接主控模块（5）。在帽前面帽舌下方经过方向调节铰链安装有副显示器（30）及液晶透光板（8），副显示器（30）接定位与移动通信模块（3），液晶透光板（8）接主控模块（5）。帽体表层（1）前额部安装有光传感器（9）及聚光 LED 灯（10），侧面嵌入微型风扇（11），均接主控模块（5）。帽子里加有屏蔽层（12）和减震层（13），整体从外到里层次顺序依次是光伏电池（2）、帽体表层（1）、包含定位与移动通信模块（3）及主控模块（5）的电路模块、屏蔽层（12）、减震层（13）。主控模块（5）可以以时序逻辑电路、组合逻辑电路、常规电子元器件等为主组成基本型，也可以以数字处理器、存储器、接口电路等为主组成智能型。

21.4.2 本设计效果

当旅游、骑车出行、探险、野外作业、滑雪等户外活动者出行时，戴上本设计产品，可以作为 GPS 卫星或北斗卫星或移动通信基站定位跟踪器，使活动组织者或授权查询方通过软件平台或短信、微信查询，获得戴帽者的位置及位移轨迹，或预设电子围栏越界报警，如出行者拉开距离超限报警；也可以通过定位及移动通信模块用短信、微信等形式进行远程报警求助；如不慎失联，可用同样跟踪定位方法寻找失联前最后位置。也可将所亲临现场的声音及相关场景图像记录在闪存里，万一发生安全事件可以回放或远程发送现场的声音及相关场景图像，以了解当时情况。正常行进中可以作为移动通信终端使用，可以拨打或接听电话，也可以播放音乐或电台广播。其利用帽子表面的光伏电池作为主要电能来源之一，当地处偏远不方便充电时增加续航能力。其光敏传感器可监测环境亮度，主控模块可根据监测情况调节透光液晶板透光率，增加戴帽者视线舒适度，起到"变色墨镜"的作用。同时帽子前的聚光 LED 灯可用于照明，嵌入微型风扇用于高温天气降温送凉。在帽内层电路模块与减震层之间夹屏蔽层，可以保护头部不受电磁辐射。

21.5 设计原理与实施方案

21.5.1 附图说明

图 21-1 为本设计实施例外观示意图。

图 21-2 为本设计实施例电路框图。

21.5.2 具体工作原理与实施方案

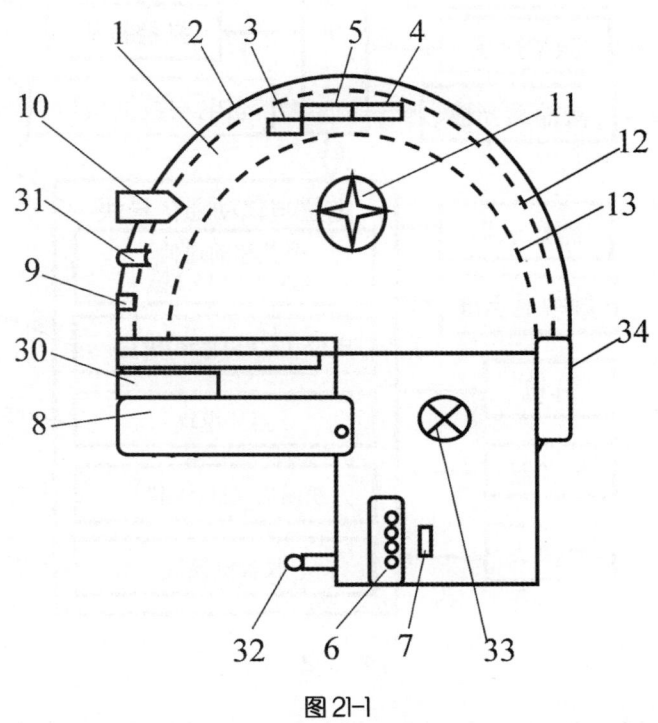

图 21-1

图 21-1 为本设计实施例外观示意图。帽体表层（1）可以是棉质、皮质等软性材料，也可以是塑料、藤编等硬质材料。其外面贴上光伏电池（2），用于补充电能；在帽体表层（1）内壁嵌入了包含公共移动通信（GSM/CDMA）模块（35）、定位（GPS/北斗）模块（36）、蓝牙模块（37）、无线通信（WiFi）模块（38）、收音机模块（39）等的定位与移动通信模块（3）。其硬件实质是一部带定位功能的移动通信智能手机，只是其相关配件根据应用需求移植到各自位置，其摄像头（31）嵌入前额部，其拾音器（32）安装在近嘴部，耳机（33）嵌入侧面耳部，触摸显示屏（34）安装在后脑部。帽体表层（1）侧面安装有操控按钮（6）、充电与数据接口（7），操控按钮（6）用于行进中的简单操作，如接听电话、播放音乐等，一些较复杂操作，如录像回放、设置等才用触摸显示屏（34），充电与数据接口（7）用于接充电器或电脑。在帽前面帽舌下方经过方向调节铰链安装有副显示器（30）及液晶透光板（8），副显示器（30）接定位与移动通信模块（3），用于显示基本数字，如来电号码等；液晶透光板（8）接主控模块（5），用于当光线过强时滤除强光及射线保护眼睛。前额部安装有光传感器（9）及聚光 LED 灯（10），光传感器（9）用于测试环境光线强度，聚光 LED 灯（10）用于光线不足时的照明。帽体表层（1）嵌入微型风扇（11），接主控模块（5），可以在温度太高时散热降温送凉。在帽子里加有屏蔽层（12）和减震层（13），屏蔽

层（12）在电路模块与减震层（13）之间，用于防止头部受到电磁辐射。主控模块（5）可以以时序逻辑电路、组合逻辑电路、常规电子元器件为主，组成基本型；也可以由数字处理器、存储器、接口电路为主，组成智能型。

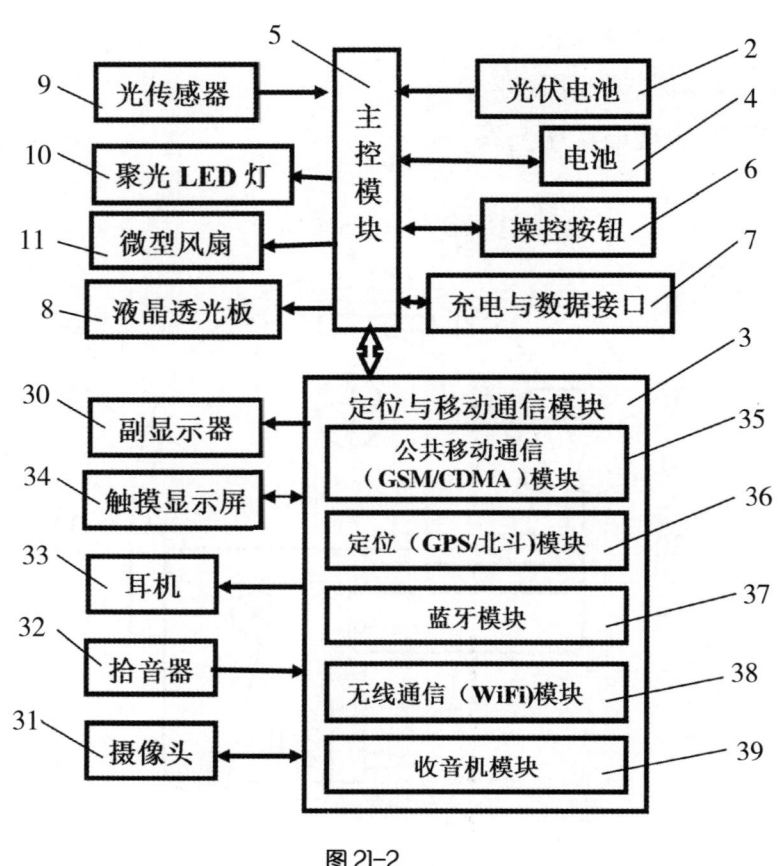

图21-2

图21-2 为本设计实施例电路框图。 如图21-2所示，展现的是各个功能模块的连接关系，其中主控模块（5）连接光伏电池（2）、定位与移动通信模块（3）、电池（4）、操控按钮（6）、充电与数据接口（7）、液晶透光板（8）、光传感器（9）、聚光LED灯（10）、微型风扇（11）等。定位与移动通信模块（3）连接摄像头（31）、拾音器（32）、耳机（33）、触摸显示屏（34）、副显示器（30）等；定位与移动通信模块（3）包含公共移动通信（GSM/CDMA）模块（35）、定位（GPS/北斗）模块（36）、蓝牙模块（37）、无线通信（WiFi）模块（38）、收音机模块（39）等。

22 落物监测拦截装置

（实用新型专利号 ZL201320479267.4）

22.1 方案概述

一种落物监测拦截装置，由柔性面及刚性支撑组成拦截面，平时长期处于收缩折叠状态，不影响楼房外观，不会遮天蔽日，不会长期日晒雨淋风吹而变质损坏。其落物监测装置一直处于警戒状态，一旦监测到落物，落物监测装置控制落物拦截装置立即弹开以拦截落物，保护行人、车辆安全。落物监测装置可以由超声传感器、红外电子栅栏、智能摄像头、细导线网之一或组合而成，弹开控制装置由铰链、弹簧、电磁铁、电子电路组成。拦截面与支撑之间用弹性物连接，还有斜拉筋以增强承载落物冲击能力。

22.2 创造性特征（图 22-1~ 图 22-5）

1. 一种落物监测拦截装置，包含落物监测装置（1）及落物拦截装置（2）。其特征是：落物拦截装置（2）与落物监测装置（1）电连接并受其控制。落物拦截装置（2）具有收缩和弹开状态，收缩为常态；落物监测装置（1）设置在落物拦截装置（2）上方，落物监测装置（1）监测到落物时通过电信号控制落物拦截装置（2）弹开以拦截落物。

2. 根据创造性特征1所述的落物监测拦截装置，其特征是：落物拦截装置（2）弹开状态为柔性拦截面（3）水平张开，边沿有刚性支撑（4），柔性拦截面（3）与刚性支撑（4）之间用弹性物（5）连接，以衰减落物冲击。落物拦截装置（2）设有斜拉筋（7）以增强承载落物冲击的能力。

3. 根据创造性特征2所述的落物监测拦截装置，其特征是：落物拦截装置（2）的刚性支撑（4）设有铰链及弹簧，可以折叠。折叠时落物拦截装置（2）处收缩状态，弹簧被压缩蓄能，电磁铁未得电，锁扣装置扣住落物拦截装置（2）使其不致弹开。落物监测装置（1）监测到落物时，输出监测控制信号至电磁铁，锁扣装置被吸引释放，使落物拦截装置（2）弹开以拦截落物。

4. 根据创造性特征3所述的落物监测拦截装置，其特征是：可设有高空、中空、低空落物监测装置（1），以防止监测遗漏并保证落物拦截装置（2）在落物到达前完全弹开以拦截落物。

5. 根据创造性特征3所述的落物监测拦截装置，其特征是：超声波传感器组（6）组成落物监测装置（1），落物经过超声波传感器组（6），超声波被反射则判定为监测到落物。

6. 根据创造性特征3所述的落物监测拦截装置，其特征是：红外电子栅栏（9）组成落物监测装置（1），落物经过红外电子栅栏（9），红外线被遮挡则判定为监测到落物。

7. 根据创造性特征3所述的落物监测拦截装置，其特征是：智能摄像机（10）组成落物监测装置（1），落物经过智能摄像机（10）预设的警戒线则判定为监测到落物。

8. 根据创造性特征3所述的落物监测拦截装置，其特征是：水平布置的细导线网（11）组成落物监测装置（1），细导线网（11）的任一条导线出现断开则判定为监测到落物。

22.3 技术现状及设计目的

22.3.1 技术领域
本设计涉及安全技术防范及电子监测控制技术领域。

22.3.2 技术现状
高层建筑如林是城市发展的重要标志。高层建筑或陡峭边坡的落物，如外墙瓷砖、空调外机或部件、跌落的花盆或杂物的散落已经成为地面行人、车辆的重大安全威胁，设置拦截面影响楼房外观，且遮天蔽日；设置柔性拦截面长期日晒雨淋风吹，容易变质损坏。

22.3.3 本设计目的
提供一种落物监测拦截装置，平时长期处于折叠收缩状态，不影响楼房外观，不会遮天蔽日；不会长期日晒雨淋风吹而变质损坏。其落物监测装置一直处于警戒状态，一旦监测到落物，立即控制落物拦截装置弹开以拦截落物，保护行人安全。

22.4 总体方案及效果

22.4.1 本设计总体方案
在需警戒拦截落物的墙边过道上方安装一种落物监测拦截装置，其包含落物拦截装置及落物监测装置，落物拦截装置与落物监测装置电连接并受其控制。落物拦截装置具有收缩和弹开状态，未监测到落物时一直处于收缩状态；落物监测装置设置在落物拦截装置上方，监测到落物时通过电信号控制落物拦截装置弹开以拦截落物；落物拦截装置弹开状态即为水平张开柔性拦截面，边沿有刚性支撑，柔性拦截面与刚性支撑之间用弹簧或弹性绳索连接，以衰减落物冲击。落物拦截装置的刚性支撑设有铰链及弹簧，可以折叠，折叠时落物拦截装置处收缩状态，弹簧被压缩蓄能，电磁铁未得电，锁扣装置扣住落物拦截装置使其不致弹开，落物监测装置监测到落物时，输出监测指令至电磁铁，锁扣装置被吸引释放，使落物拦截装置弹开以拦截落物。根据需拦截建筑物高度可设有一道或高空、中空、低空等多道落物监测装置，以防止监测遗漏并保证落物拦截装置在落物到达前完全弹开以拦截落物。超声波传感器组、红外电子栅栏、智能摄像机、细导线网等均可组成落物监测装置，落物经过监测装置超声波被反射，或红外线被遮挡，或拍摄到落物经过警戒线，或细导线被碰断则判定为监测到落物，输出控制信号，电磁铁得电吸引锁扣释放，落物拦截装置弹开以拦截落物。落物拦截装置设有斜拉筋以增强承载落物冲击的能力。

22.4.2 本设计效果
未发生落物而威胁过道行人、车辆安全时落物拦截装置处于收缩状态，不影响楼房外观，不遮天蔽日；柔性拦截面不会因长期日晒雨淋风吹而变质损坏。发生落物时监测装置控制拦截装置在落物到达前张开拦截，保护地面行人、车辆的安全。

22.5 设计原理与实施方案

22.5.1 附图说明
图 22-1 为本设计实施例结构示意图。

图 22-2 为本设计实施例落物拦截装置收缩和弹开状态示意图。

图 22-3 为本设计实施例落物监测方案示意图。

图22-4为本设计实施例落物拦截装置电磁铁锁扣示意图。

图22-5为本设计实施例监测控制电路示意图。

22.5.2 具体工作原理与实施方案

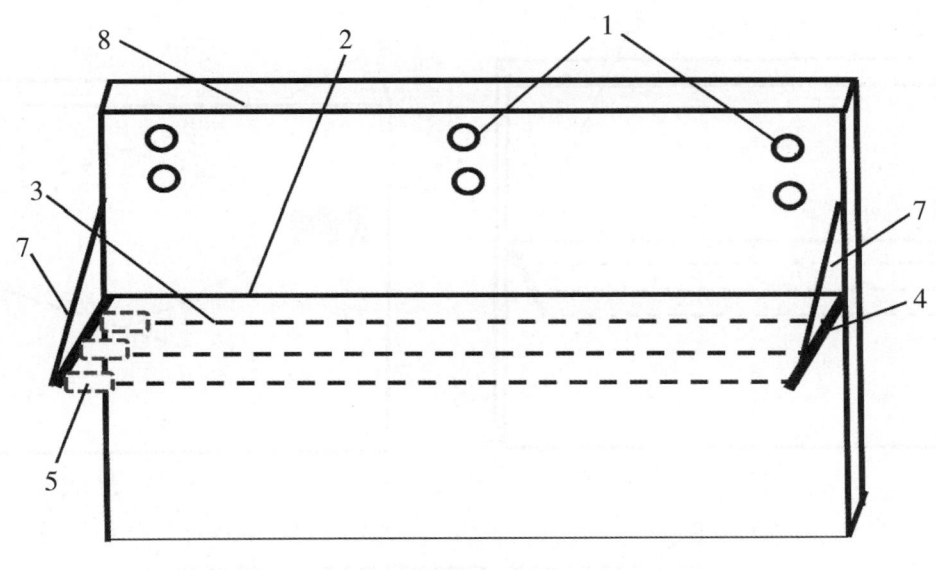

图22-1

图22-1为本设计实施例结构示意图。在建筑物墙体（8）表面分布安装落物监测装置（1），其下方安装落物拦截装置（2）。由于落物呈自由落体加速度下坠，所以应根据建筑物高度，设置一道或多道落物监测装置（1），保证监测面完全覆盖，并在落物下坠速度较低时就监测到，并保证落物自由坠落到达前拦截面完全弹开，可以通过计算自由落体运动，并进行实验的办法来确定落物监测装置（1）与落物拦截装置（2）的安装高度差。落物拦截装置（2）的柔性拦截面（3）与刚性支撑（4）之间用弹簧或有一定弹性的绳索等弹性物（5）连接。落物拦截装置（2）设有斜拉筋（7）以增强承载落物冲击的能力。

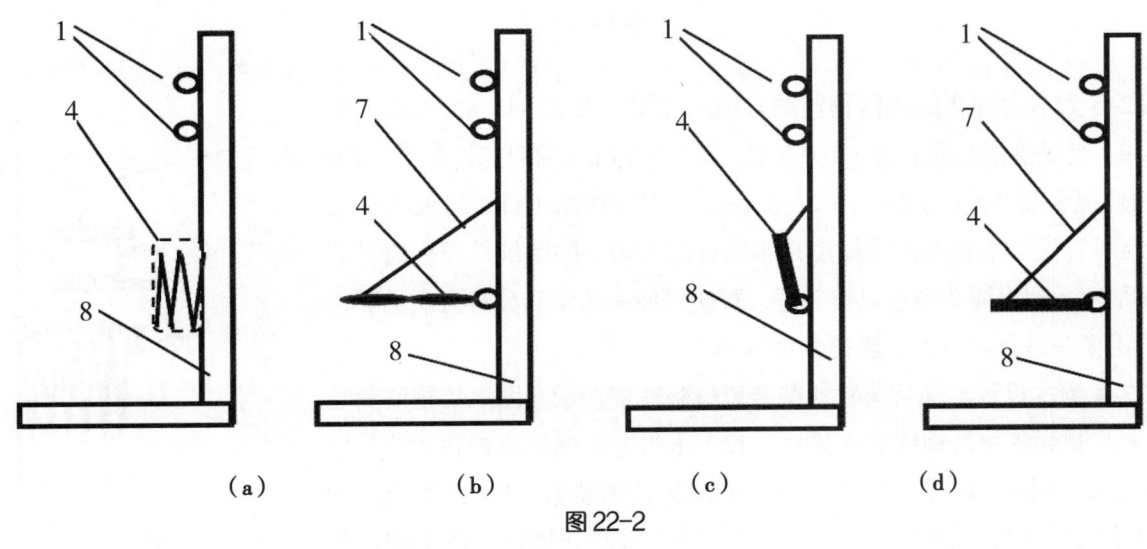

图22-2

图 22-2 为本设计实施例落物拦截装置收缩和弹开状态示意图。图 22-2（a）为收缩状态，柔性拦截面的刚性支撑（4）分数节折叠，弹簧被压缩蓄能；图 22-2（b）为张开状态。图 22-2（c）刚性支撑（4）呈上翻折叠，图 22-2（d）呈下翻弹开。

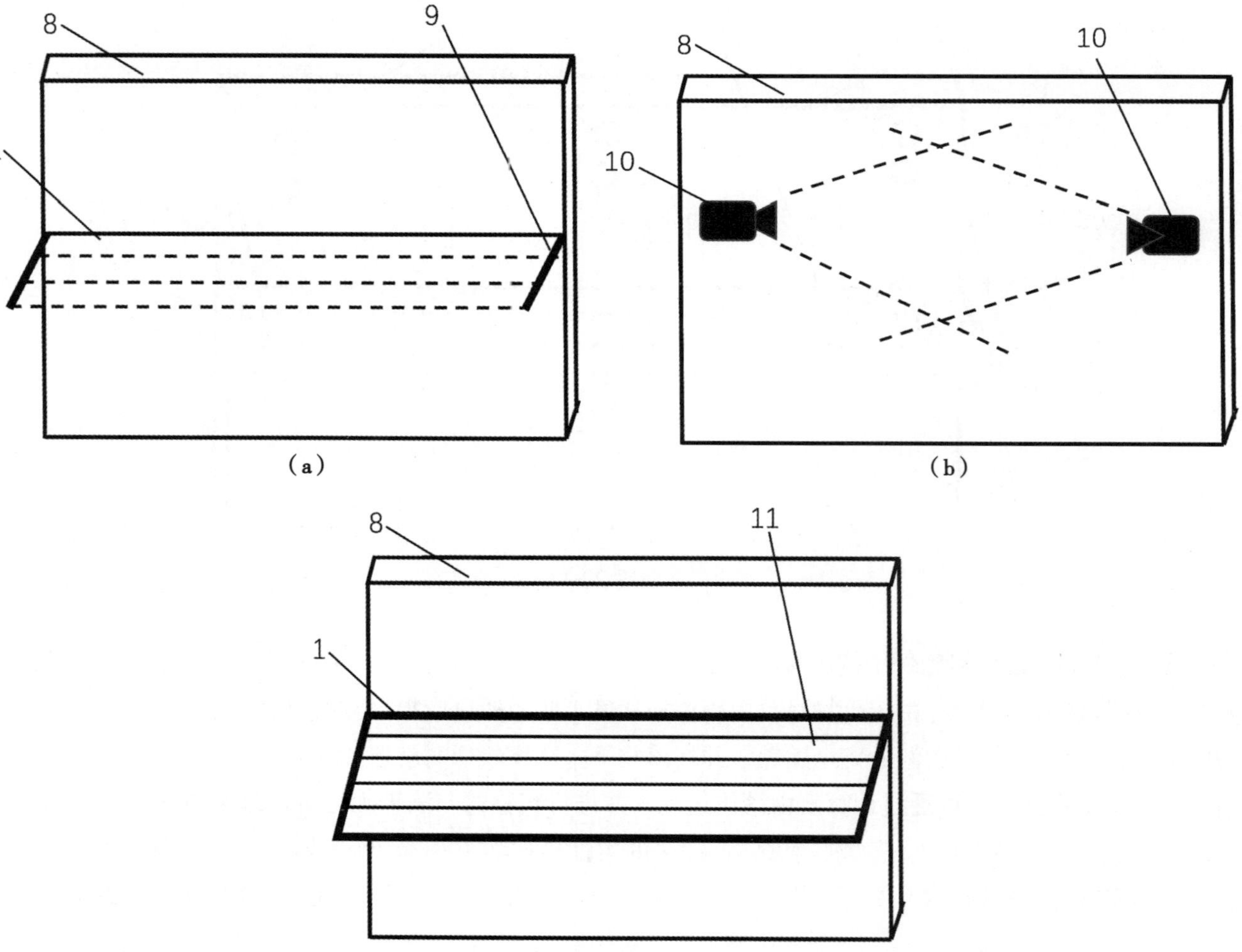

图 22-3

图 22-3 为本设计实施例落物监测方案示意图。图 22-3（a）为红外电子栅栏（9）组成落物监测装置（1）方案；图 22-3（b）为智能摄像机（10）组成落物监测装置（1）方案；图 22-3（c）为细导线网（11）组成落物监测装置（1）方案。落物监测灵敏度是本设计的关键，因此红外栅栏应足够密，形成幕帘，超声探测器应足够敏感，智能摄像头像素和分辨力应足够，使用智能摄像头是最好方案，将是发展方向。

图 22-4 为本设计实施例落物拦截装置电磁铁锁扣示意图。落物监测装置（1）未监测到落物时螺线管电磁铁（12）未得电，弹簧将锁扣（13）顶至锁定落物拦截装置（2），使之不弹开；落物监测装置（1）监测到落物时螺线管电磁铁（12）得电，将锁扣（13）吸引至脱开锁定，使落物拦截装置（2）弹开。

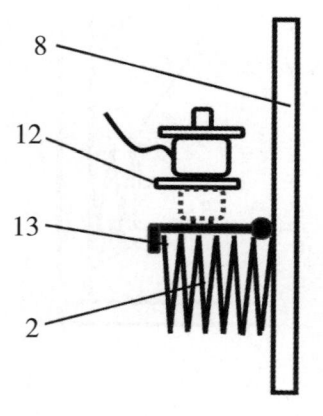

图 22-4

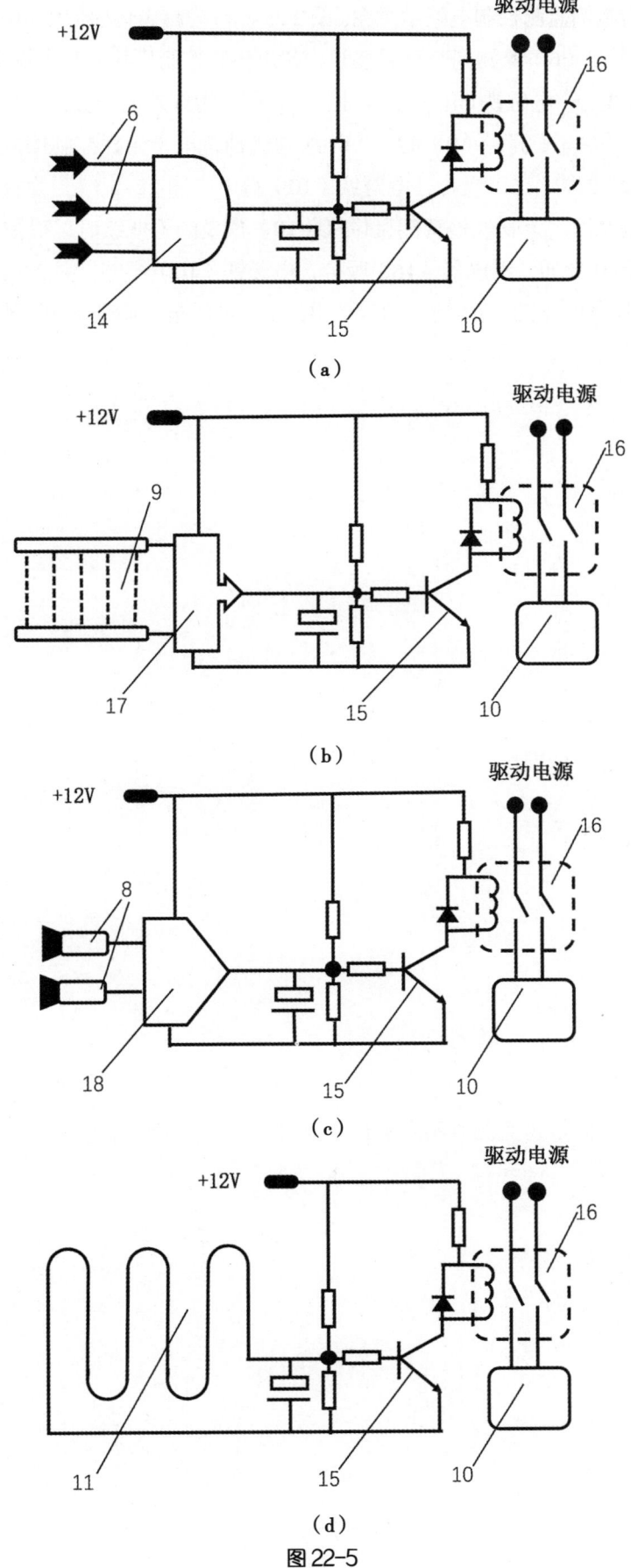

图 22-5

图22-5为本设计实施例监测控制电路示意图。图22-5（a）为超声传感器组（6）组成落物监测装置（1）控制电路图。超声传感器组（6）监测到落物回波时，超声传感控制模块（14）输出高电平，晶体管（15）饱和导通，继电器（16）吸合，电磁铁（10）得电。图22-5（b）为红外电子栅栏（9）组成落物监测装置（1）控制电路图。落物经过红外电子栅栏（9）时，红外线被遮挡，电子栅栏控制模块（17）输出高电平，晶体管（15）饱和导通，继电器（16）吸合，电磁铁（10）得电。图22-5（c）为智能摄像机（10）组成落物监测装置（1）控制电路图。落物经过智能摄像机（10）预设的警戒线时，摄像机控制模块（18）输出高电平，晶体管（15）饱和导通，继电器（16）吸合，电磁铁（10）得电。图22-5（d）为细导线网（11）组成落物监测装置（1）控制电路图。落物经过细导线网（11）导线被碰断任一根，则晶体管（15）饱和导通，继电器（16）吸合，电磁铁（10）得电。

23 地下空间安全监测控制器
（实用新型专利号 ZL201320569886.2）

23.1 方案概述

一种地下空间安全监测控制器，能监测地下空间集水池水位，并在水位达警戒线时自动启动排水，防止内涝淹水；当水位达报警警戒线时启动警示装置并输出报警信号；当水位达到阻拦警戒线时，输出控制信号，将阻人、阻车栅栏置位，阻止车辆、行人进入危险地带。同时可监测排水工作状况，出现无水排出时切断电源或切换工作水泵，防止空转或因堵塞过载；也对地下空间坍塌、火警、被破坏、探头开路、市电停电、水泵故障等进行监测，以便及时排除及相应处置，并输出报警信号，在显眼位置安装报警按钮供现场报警；也提供地下空间光照度监测，以调节照明回路实现自动照明。本设计还连接远程监控中心，接受远程监测控制，即遥测遥控。

23.2 创造性特征（图23-1~图23-5）

1. 一种地下空间安全监测控制器，由箱体、主电路板等组成。其特征是：主电路板上包含安全监测输入电路（1）、安全控制输出电路（2）、主控制电路（3）、不间断电源电路（4）。安全监测输入电路（1）及安全控制输出电路（2）与主控制电路（3）电连接，由不间断电源电路（4）供电。安全监测输入电路（1）包含水位监测接口、排水监测接口，安全控制输出电路（2）包含排水控制输出接口，分别与主控制电路（3）电连接。

2. 根据创造性特征1所述的地下空间安全监测控制器，其特征是：安全监测输入电路（1）包含灾害监测接口、警情监测接口，安全控制输出电路（2）包含阻拦控制输出接口、报警信号输出接口，分别与主控制电路（3）电连接。

3. 根据创造性特征2所述的地下空间安全监测控制器，其特征是：安全监测输入电路（1）包含光照度监测接口，安全控制输出电路（2）包含照明控制输出接口，分别与主控制电路（3）电连接。

4. 根据创造性特征3所述的地下空间安全监测控制器，其特征是：水位监测接口、排水监测接口、灾情监测接口、警情监测接口、光照度监测接口分别包含1—8路同类接口，排水控制输出接口、阻拦控制输出接口、报警信号输出接口、照明控制输出接口分别包含1—4路同类接口。

5. 根据创造性特征1或2或3或4所述的地下空间安全监测控制器，其特征是：主控制电路（3）包含监测控制电路、显示器接口、控制开关接口，还包含远程监测与控制接口，与远程监控中心电连接。

6. 根据创造性特征1或2或3或4所述的地下空间安全监测控制器，其特征是：不间断电源电路（4）包含市电接入接口、蓄电池组接口、太阳能电池接口、直流电源输出接口。

23.3 技术现状及设计目的

23.3.1 技术领域

本设计涉及电子监测与安全监测自动控制技术领域。

23.3.2 技术现状

随着经济发展,人口大量集聚到城市,各地城市大量建设地下隧道、通道、商场、仓库、车库等地下空间,带来了严重的安全隐患。暴雨或其他原因常使城市出现内涝,上述地下空间进水淹水或坍塌等安全事故时有发生,严重威胁人们生命财产安全。为避免事故造成人员伤亡或财产损失,目前尚需依靠人力巡查,手动启动相关设备,无全自动全方位安全监测与控制装置,不能监测集水池水位并自动启动排水,不能监测灾情警情并自动进行相关处置,不能接受监控中心遥测遥控,或自动阻拦人和车进入危险地带。

23.3.3 本设计目的

提供一种地下空间安全监测控制器,能监测地下空间集水池水位,并在水位达警戒线时自动启动排水,防止内涝淹水。当水位达报警警戒线时启动警示装置并输出报警信号;当水位达到阻拦警戒线时,输出控制信号,将阻人、阻车栅栏置位,阻止车辆、行人进入危险地带。同时可监测排水工作状况,出现无水排出时切断电源或切换工作水泵,防止空转或因堵塞过载;也对地下空间坍塌、火警、被破坏、探头开路、市电停电、水泵故障等进行监测,以便及时排除及相应处置,并输出报警信号,在显眼位置安装本地报警按钮。也提供地下空间光照度监测,以调节照明回路实现自动照明。本设计还连接远程监控中心,接受远程监测控制,即遥测遥控。

23.4 总体方案及效果

23.4.1 本设计总体方案

在本设计箱体内设置主电路板等,主电路板上包含安全监测输入电路、安全控制输出电路、主控制电路、不间断电源电路,安全监测输入电路及安全控制输出电路与主控制电路电连接,由不间断电源电路供电;根据监测需要,安全监测输入电路可以包含水位监测接口、排水监测接口、灾害监测接口、警情监测接口、光照度监测接口,或其中几个不同接口的组合;安全控制输出电路可以包含排水控制输出接口、阻拦控制输出接口、报警信号输出接口、照明控制输出接口或其中几个不同接口的组合;输入与输出接口均分别与主控制电路电连接。监测输入接口分别包含1—8路同类接口;控制输出接口分别包含1—4路同类接口。主控制电路包含监测控制电路、显示器接口、控制开关接口,还包含远程监测控制接口,实现遥测遥控功能,使本设计成为监控系统的终端,与监控中心互动;主控制电路可以由数字逻辑电路、时序逻辑电路组合而成,稳定、可靠、廉价,但遥测遥控功能较弱;可以由数字处理器组成,使本设计实现智能化,功能更加完善。不间断电源电路包含市电接入接口、蓄电池组接口、太阳能电池接口、直流电源输出接口。

23.4.2 本设计效果

能自动监测地下空间集水池水位,并在水位达到排水警戒线时自动启动排水。当水位达到报警警戒线时启动警示装置并输出报警信号;当水位达到阻拦警戒线时,输出控制信号,将阻人、阻车栅栏置位,阻止车辆、行人进入危险地带。同时可对排水工作状况进行监测,出现无水排出时切断电源或切换水泵,防止空转或因堵塞过载,保护水泵安全;也对地下空间坍塌、火警、被破坏、探头开路、市电停电、水泵故障等进行监测,以便及时排除及相应处置,并输出报警信号,在显眼位置安装报警按钮;也提供地下空间光照度监测,以调节照明回路实现自动照明。本设计还连接远程监控中心,接受远程监测控制,即遥测遥控。整体提高地下空间安全,保护人们生命财产安全,降低管理难度,提高地下空间管理部门应急处置能力。

23.5 设计原理与实施方案

22.5.1 附图说明

图 23-1 为本设计实施例总体框图。

图 23-2 为本设计实施例主要电路框图。

图 23-3 为本设计实施例监测与控制连接框图。

图 23-4 为本设计实施例部分具体电路框图。

图 23-5 为本设计实施例智能控制方案电路框图。

22.5.2 具体工作原理与实施方案

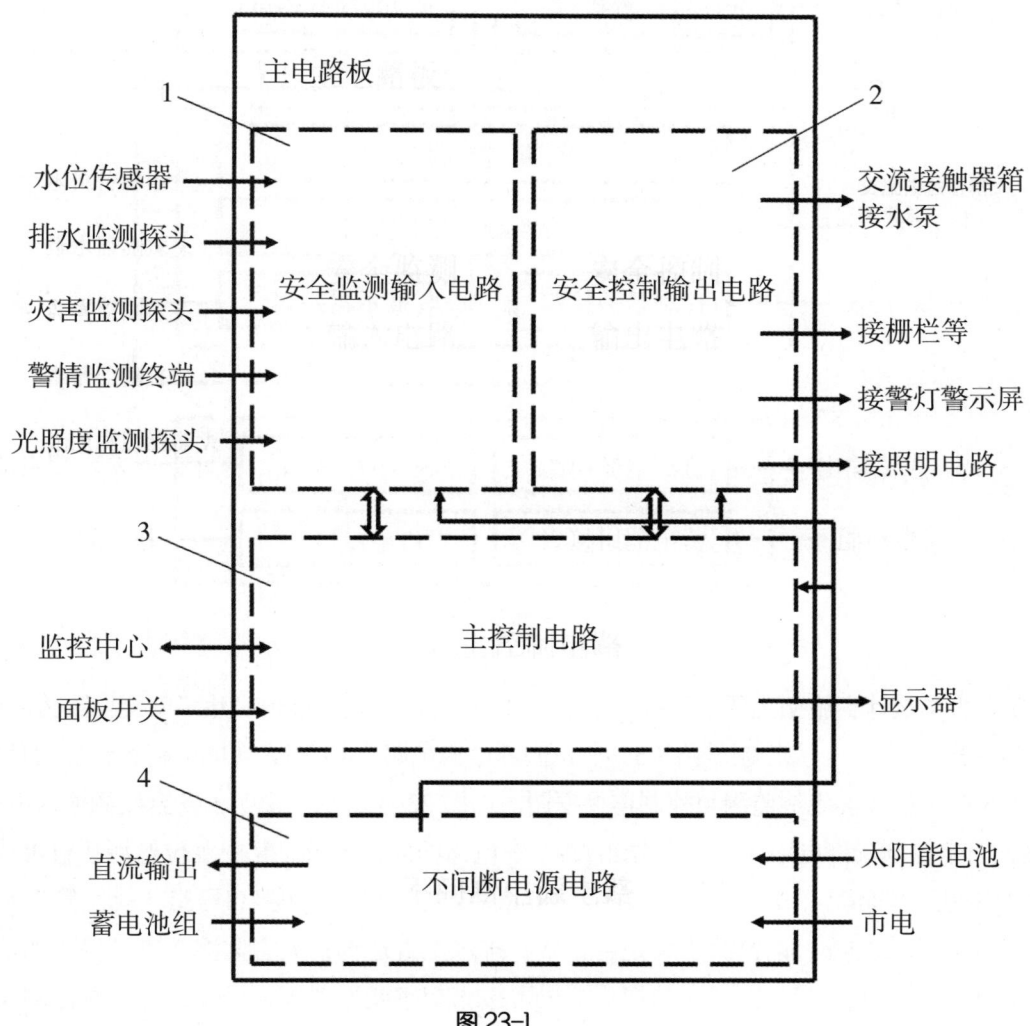

图 23-1

图 23-1 为本设计实施例总体框图。 主电路板上，安全监测输入电路（1）用于实现不安全事件及有关参数的监测接入；安全控制输出电路（2）用于实现排除不安全事件及处置有关参数的控制输出；主控制电路（3）用于实现监测结果的判断和参数转换处理；不间断电源电路（4）用于整机供电，并在市电停电时用太阳能电池及蓄电池组的电能维持整机继续工作。四大功能电路紧密连接，并无完全界限，所以图框使用虚线。

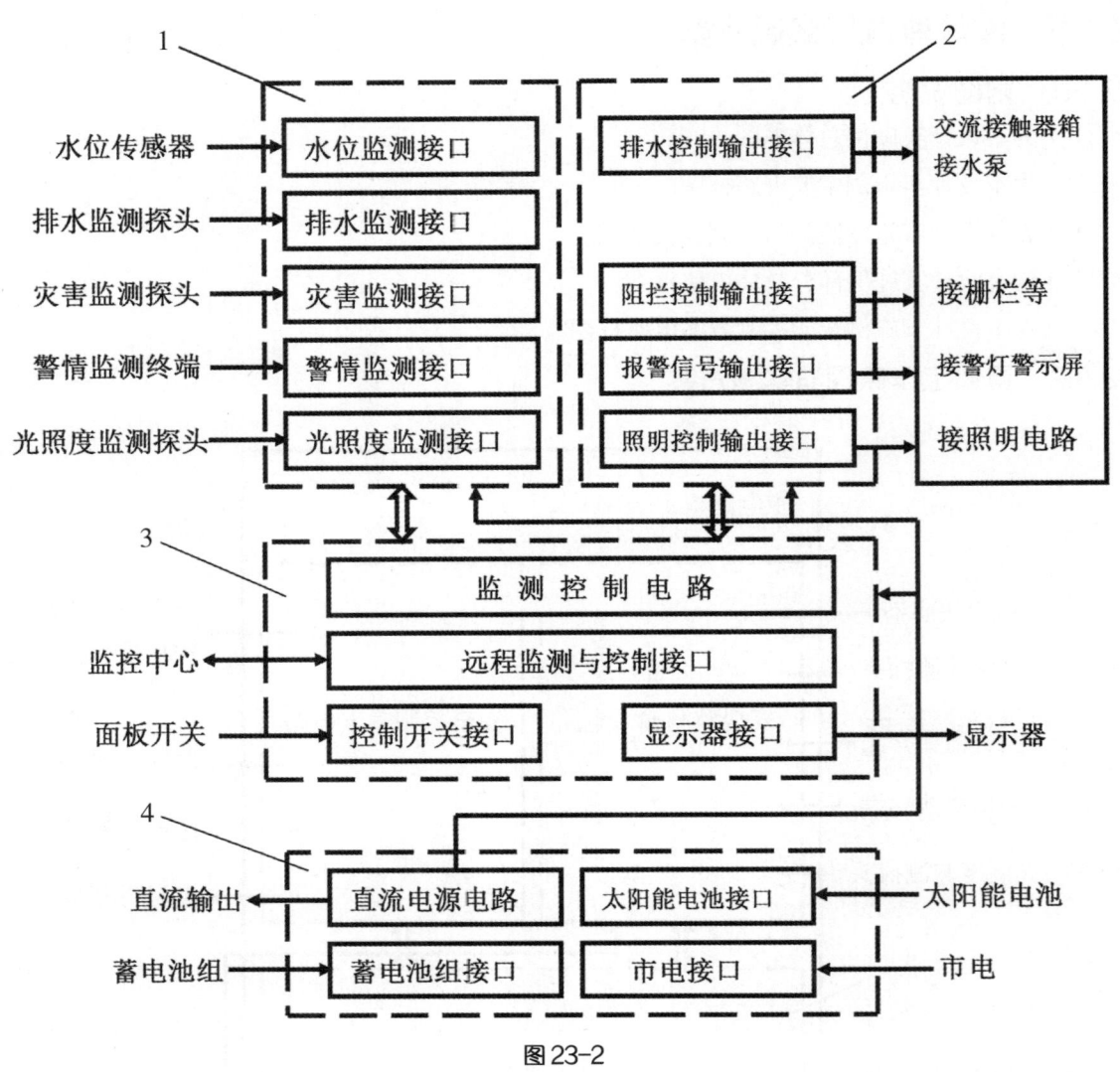

图 23-2

图23-2为本设计实施例主要电路框图。如图23-2所示，较详细地表达了安全监测输入电路（1）、安全控制输出电路（2）、主控制电路（3）、不间断电源电路（4）四大功能电路各包含的具体电路模块。

图23-3为本设计实施例监测与控制连接框图。如图23-3所示，标明了安全监测输入电路（1）外接监测电路、安全控制输出电路（2）外接接触器箱等电路的连接关系。其中水位监测接口可接入各种水位传感器，大型地下空间需多个传感器以监测不同部位水位；排水监测接口可接入排水管道水压等参数监测探头，或排水沟水位等，以监测水泵是否正常，排水是否通畅；灾害监测接口可接入如落物监测、位移监测等，可监测地下空间是否坍塌的探头，也可接入烟感或温感等火警探头；警情监测探头可接入防拆开关、探头开路监测、市电停电监测、水泵故障监测、报警按钮等；光照度监测接口可接入各种光照度传感器，以监测地下空间亮度。不同类型的监测探头需不同接口电路，实施中需具体匹配。安全控制输出电路（2）接出继电器触点，可驱动交流接触器，也输出电平信号或数字码流，用于与监控中心互动，也用于启动报警装置。

图23-4为本设计实施例部分具体电路框图。这是本设计最简单、最基本的实施例。安全监测输入电路可以采用阻容滤波（5）、缓冲器（6）；安全控制输出电路可以采用交流接触器（9），控制电路主要采用模拟集成电路为主。水位传感器输出信号经阻容滤波（5）电路滤除干扰信号，经缓冲器（6）接至

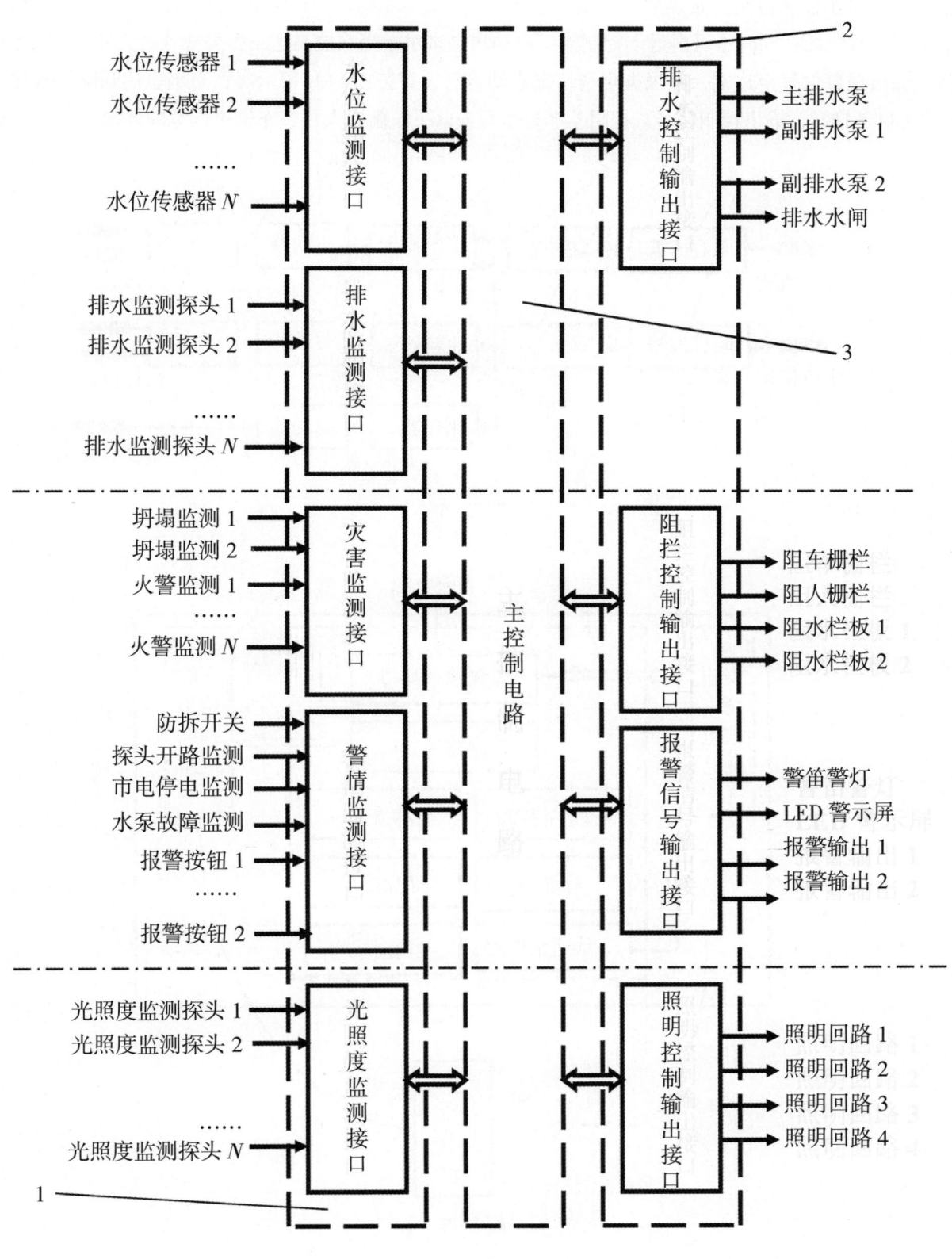

图 23-3

比较器（7），当水位传感器输出电压高于设定值，比较器1（7）翻转，驱动器（8）使接触器（9）闭合，水泵启动；排水监测电路经延迟后，输出信号维持水泵继续排水，当监测到无水排出，则关闭水泵，以保护水泵不致烧坏；同时也可由远端控制人工启动水泵排水；当水位高达报警警戒线时，比较器2（10）翻转，输出报警信号至远端，并根据现场情况启动警灯、警笛或LED警示屏；当水位达到阻拦水位时比较器3（11）翻转，输出控制信号，把阻拦栅栏张开或落下，阻止人员、车辆进入危险地带。

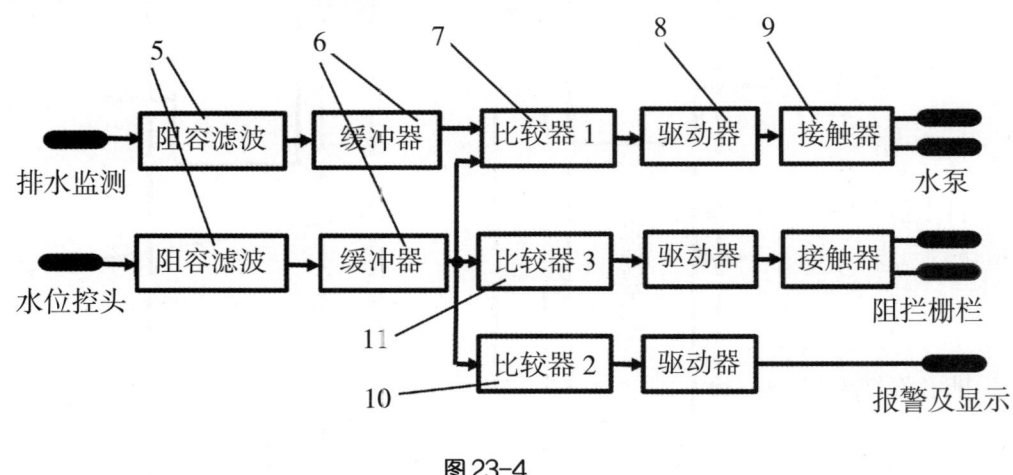

图 23-4

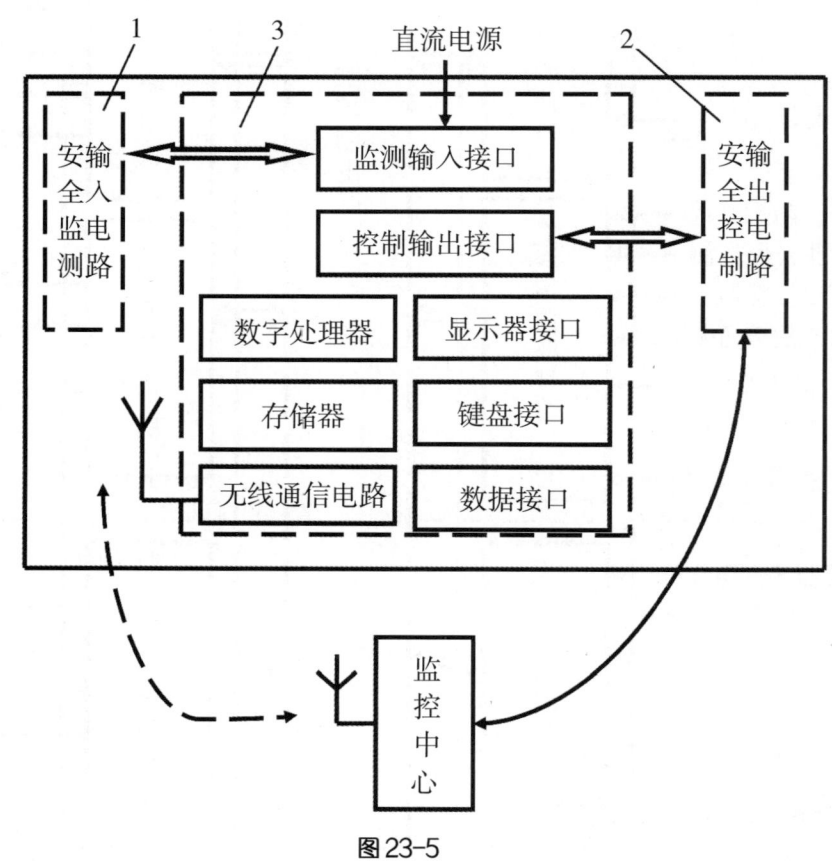

图 23-5

图 23-5 为本设计实施例智能控制方案电路框图。主控制电路（3）以数字处理器为核心，内有存储器及必要的接口，存储器存储了控制软件及数据。主控制电路（3）通过有线接口或无线通信电路实现与监控中心的数据通信，实现遥测遥控，与监控中心互动。

24 带智能电量表的蓄电池组

（实用新型专利号 ZL201320041031.2）

24.1 方案概述

一种带智能电量表的蓄电池组，可监测并显示电池组的剩余电量及实际放电量，以实际放电量作为销售的计费依据，可以用换电池方式取代充电，用购买电量模式取代购买电池。车主在充电站更换电池组购买电量，不需要泊车充电，方便快捷，免于等待充电影响快节奏生活。可避免过于快速充电影响电池寿命，可比较准确预测电池组还能运行的时间或车辆行驶的距离，可对蓄电池组进行故障定位分析，不需要因电池报废投大额资金重新购买，不会因自行处置废电池污染环境。其所带智能电量表与蓄电池组组合成一体，智能电量表包含电池监测集成电路、智能处理器等，包含保护开关，受智能处理器控制，可保护蓄电池组，避免过充电、过放电、过载等。

24.2 创造性特征（图24-1）

1. 一种带智能电量表的蓄电池组，由蓄电池组（1）、温度传感器（2）、电参数采集监测电路（3）、智能处理器（4）、显示器（5）、告警指示电路（6）、数据接口（7）等组成。其特征是：由温度传感器（2）、电参数采集监测电路（3）、智能处理器（4）、显示器（5）、告警指示电路（6）、数据接口（7）组成智能电量表，与蓄电池组（1）电连接，并与蓄电池组（1）组合成一体。

2. 根据创造性特征1所述的带智能电量表的蓄电池组，其特征是：电参数采集监测电路（3）包含电池电量监测集成电路，包含电流、电压大小及方向监测电路、温度监测电路，电压监测电路经电压取样电路、多路切换开关监测各个蓄电池单体电压。

3. 根据创造性特征2所述的带智能电量表的蓄电池组，其特征是：温度传感器（2）嵌入蓄电池组（1）体内，与温度监测电路电连接。

4. 根据创造性特征1所述的带智能电量表的蓄电池组，其特征是：包含保护开关（8），连接智能处理器（4）并受其控制，保护开关（8）连接蓄电池组（1），使蓄电池组（1）实现允许、不许和限制充电、放电，包含显示器（5）用于显示监测结果及指示故障部位，包含告警指示电路（6）报告监测结果及异常告警。

5. 根据创造性特征2或3或4所述的带智能电量表的蓄电池组，其特征是：智能电量表电源接口接入被监测的蓄电池组（1），由其提供电源。

24.3 技术现状及设计目的

24.3.1 技术领域

本设计涉及蓄电池组电量监测与保护技术领域。

24.3.2 技术现状

蓄电池组是较为可靠的化学电源。当前蓄电池组的主要用途之一是作为各种车辆的驱动能源，组成绿色能源车辆，其存在如下缺陷：

1. 需泊车充电，充电需要时间，影响运行，耽误时间；
2. 过于快速充电对电池寿命不利；
3. 难以避免过充电、过放电、过载，损害电池性能，缩短寿命；
4. 购买电池组需花费的资金占整车费用比例较大；
5. 无法较为准确地预测电池组还能运行的时间或车辆行驶的距离；
6. 无法对蓄电池组进行故障定位分析。

24.3.3　本设计目的

提供一种带智能电量表的蓄电池组，所带智能电量表监测并显示电池组可释放的电量即剩余电量，以及实际放电量，以实际放电量作为销售的计费结算依据。蓄电池组采用标准的外形和便捷的装卸更换装置，专业充电站作为电动车的"加油站"，备有足够的标准外形电池组，备有便捷拆卸安装电池组的机械，由专业人员操作，电动车就可像换煤气瓶一样更换电池组，车主像到加油站加油一样向充电站购买电量。同时智能电量表对蓄电池组起保护作用及故障定位分析作用。

24.4　总体方案及效果

24.4.1　本设计总体方案

给蓄电池组带上智能电量表，智能电量表的核心是由单片微型计算机组成的智能处理器，及电池电量监测专用集成电路组成的电参数采集监测电路，连续监测充电、放电过程蓄电池的端电压、电流大小和方向，以及温度等参数，对蓄电池组可释放的电量进行较为准确的预测；充放电电流、电压是动态变化的，充放效率也是动态变化的，智能处理器嵌入相应的软件和数学模型，不断地修正以保证监测准确度，以存储器保存各种电池在使用寿命期内修正充放电效率等参数的数据和计算公式；以相应电路对电压、电流、温度等参数进行采集处理，使之符合模数转换器的输入参数，进而转换成微计算机中央处理器（CPU）能进行计算的数据，计算的结果用液晶屏显示，或用语音报数，也可从数据接口输出，同时作为下次监测的基础数据。当计算机监测到电池出现过充电、过放电、过载的情况时立即用声音或光闪进行报警，必要时输出保护控制信号进行保护性控制，同时当蓄电池单体损坏时输出故障情况及部位的指示，用于引导检修，避免整体报废。

24.4.2　本设计效果

1. 以实际放电量作为销售的计费结算依据，车主在充电站更换电池组，向充电站购买电量，不需要泊车充电，方便快捷，免于因充电影响运行，耽误时间；
2. 由专业充电站充电，避免过于快速充电影响电池寿命；
3. 智能电量表的保护作用可避免过充电、过放电、过载，保护蓄电池，延长使用寿命；
4. 购买电动车可以是不含蓄电池组的"裸车"，节省资金；
5. 可较为准确地预测电池组还能运行的时间或车辆行驶的距离；
6. 智能电量表可对蓄电池组进行故障定位分析；
7. 不需要因电池报废投大额资金重新购买，不会因自行处置废电池污染环境。

24.5 设计原理与实施方案

24.5.1 附图说明

图24-1为本设计实施例电路框图。

图24-2为本设计实施例部分电路示意图。

24.5.2 具体工作原理与实施方案

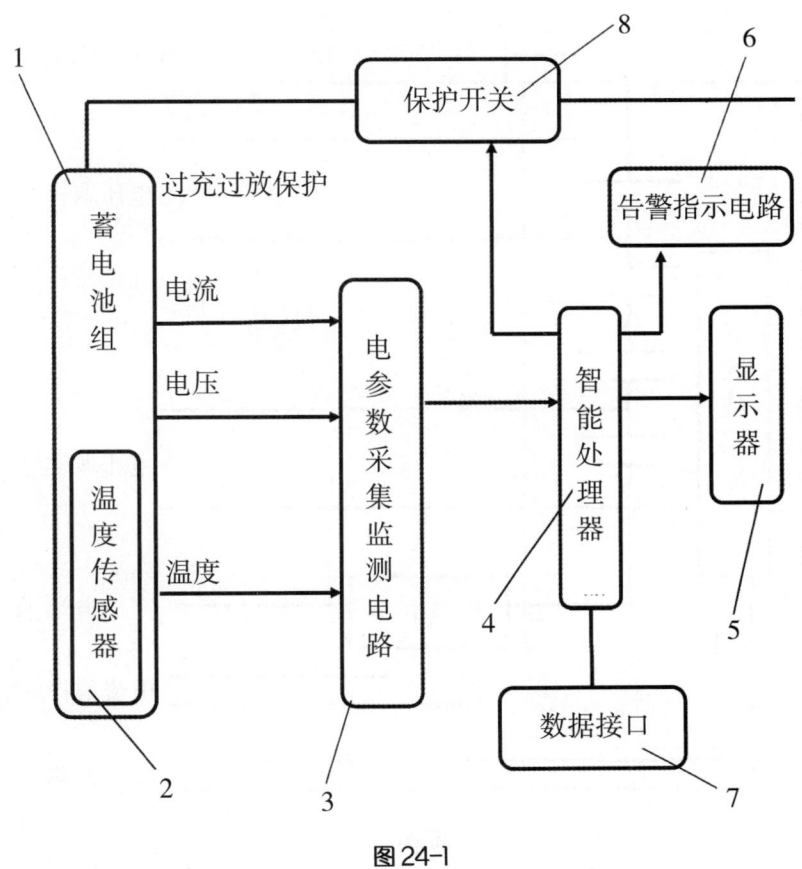

图24-1

图24-1为本设计实施例电路框图。 由温度传感器（2）、电参数采集监测电路（3）、智能处理器（4）、显示器（5）、告警指示电路（6）、数据接口（7）等组成智能电量表。其核心是由单片微型计算机组成的智能处理器（4），及电池电量监测专用集成电路组成的电参数采集监测电路（3）。市场上有专用电池电量监测集成电路产品出售。电参数采集监测电路（3）包含电流、电压大小及方向监测电路、温度监测电路等。

温度传感器（2）可以用热敏电阻、热电偶等，其嵌入蓄电池组（1）体内，与温度监测电路电连接。显示器（5）一般用液晶显示器，用于显示监测结果及指示故障部位。告警指示电路（6）可用语音报告监测结果及异常告警。数据接口（7）用标准接口，如485等，用于与外部进行数据交换，如外接显示器，输入设置数据等。

智能电量表单独密封，与蓄电池组（1）电连接，并与蓄电池组（1）组合成一体；蓄电池组（1）一般由多个蓄电池单体连接，电压监测电路经电压取样电路、多路切换开关等接至各个蓄电池单体极柱，对每一节电池进行监测。

智能处理器（4）连接保护开关（8），当智能处理器（4）从电流、电压、温度等参数中分析发现异常，如过充电、过放电、过载等，即输出控制信号到保护开关（8），使电池组（1）实现允许、不许和限制其充放电；智能处理器（4）分析发现蓄电池组任一节电池异常时，输出故障定位指示及告警，引导维修。智能电量表由被监测的蓄电池组（1）直接提供电源。

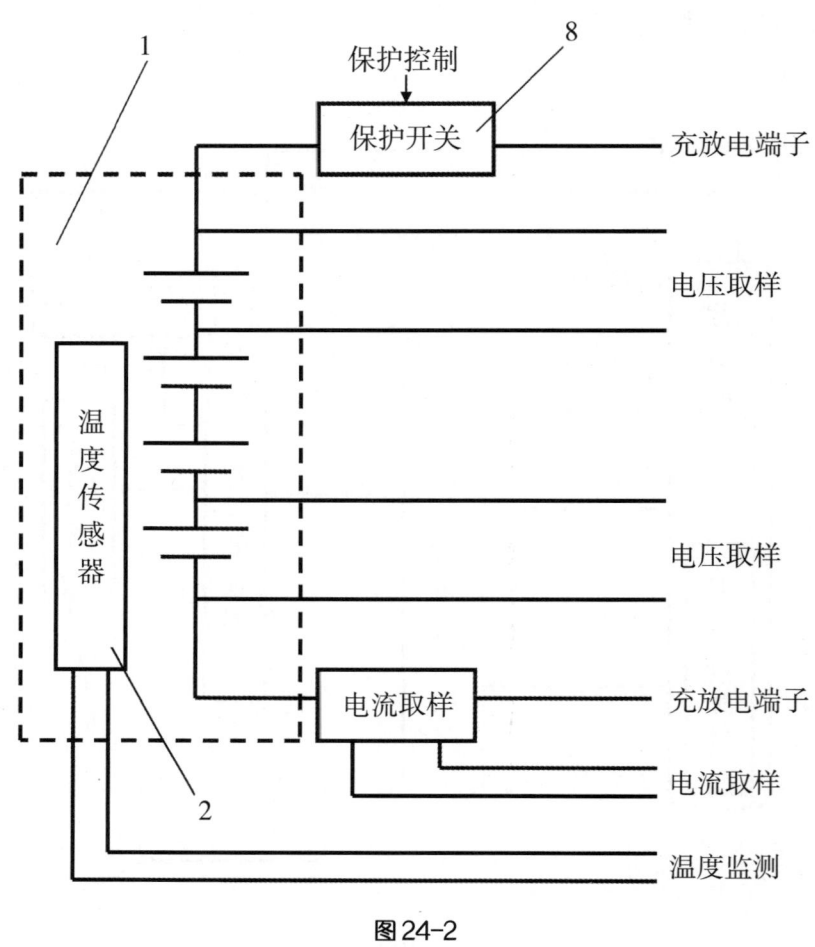

图 24-2

图 24-2 为本设计实施例部分电路示意图。温度传感器（2）嵌入到能测定电池组真实温度之处，如蓄电池内壁等位置，保护开关（8）、电流取样电路等一般与电池组充放电回路呈串联关系，电压取样电路一般并接在电池极柱引出。

剩余电量的监测方法有多种，有测开路电压法、测电池内阻法、测充放电电流积分法等。造成测量误差的因素有电池充放电循环历史、电池老化造成的性能离散性、环境温度、闲置期的自放电等。智能处理器的应用和电流、电压、温度、时间的全程监测，电池充放电历史的全程记录，充放电特性曲线的建立、修正，特定型号电池性能的建档，闲置期电池自放电的校正等，使预测剩余电量的准确度得到提高。实际放电量的监测为实时监测结果，相当于电度表，可以达到更高的精度，作为销售的计费结算依据完全可行。

25 消电毯
（实用新型专利号 ZL201320761213.7）

25.1 方案概述

一种消电毯，其将人脚与地面电隔离，又将危险电流导入地下，用于消除因家电机壳漏电损害人体健康的隐患，尤其适用于自来水的出水口，如浴室、洗手盆、洗菜盆等，及幼儿园等儿童聚集场所。特别是当电热水器漏电、室外水塔遭雷击、遭遇电力线脱落搭接时，危险电压因水的导电性经过绝缘水管（如PPR管）或防电墙的水路传导到水龙头，电流可经接电口、连接线、泄电毯流入地下；因水龙头、水、人脚踩的地面三者处于同一电位，人身上没有电压，就不会有电流通过；可以防止触电，保护使用者生命安全。其接电口及泄电毯接在连接线两端，泄电毯铺设于被接导体下方使用者着地的地面，接电口与被接导体电连接，使被接导体与地面处于等电位。

25.2 创造性特征（图 25-1~图 25-4）

1. 一种消电毯，包含连接线（1），其特征是：有接电口（2）及泄电毯（3）接在连接线（1）两端，泄电毯（3）铺设在被接导体（4）下方地面，接电口（2）连接被接导体（4），使被接导体（4）与地面处于等电位。

2. 根据创造性特征1所述的消电毯，其特征是：泄电毯（3）是由绝缘材料组成的柔性薄片，内夹导电材料网，与连接线（1）、接地端子（31）电连接。泄电毯（3）正面被绝缘材料完全覆盖，背面各处裸露凸出导体（32），泄电毯（3）铺覆时背面朝地并接触地面，正面供人脚踩。

3. 根据创造性特征1所述的消电毯，其特征是：接电口（2）包含抱箍、管夹、开口接线端子、鳄鱼夹等形式，与被接导体（4）充分电接触。

25.3 技术现状及设计目的

25.3.1 技术领域

本设计涉及防触电安全保护技术。

25.3.2 技术现状

用电环境无良好可靠的接地，在自建房、老旧房、农村私宅等是很常见的，常常是因为没有条件接，或用户安全意识淡薄没去接，或不懂电工技术不敢接。有些地方供电不稳，各种冲击很多，如电压超限波动、雷击等，使漏电保护器失效但用户全然不知的情况也较多。无良好可靠的接地时，很多家电，如电脑机壳用电笔测会亮，湿手触摸感到微麻，这就是漏电，但因漏电流不够30mA，漏电保护器不会动作，长期接触漏电有损身体健康。

电热管漏电是电热水器最常见也是最危险的安全隐患，室外水塔遭雷击，室外金属供水管道遇电力线脱落或因施工不规范遭搭接等意外也偶有发生。因各种离子的存在使水的导电性很强，当电热水器的漏电保护器失效，且无良好可靠的接地时，水中漏电将危及使用者生命。据《中国之声》报道：某品牌热水器2年来已夺5命！人命关天,所以增加防触电措施意义重大。业界已设计了一些有效方法,如防电墙,但还存在不足：

1. 防电墙靠加长绝缘管水路,用水的电阻降压来防触电,其水路长度,是在当水的电阻率为 $1300\Omega\cdot cm$ 的假设下计算出来的。实验表明水的电阻率随水中杂质的增多急剧下降,二次供水、农村自家水塔供水、井水、雨水、山泉水等均属于这种情况,所以防电墙并非万全之策。

2. 防电墙水路曲折,用户无法拆洗,管壁容易积聚污垢,积垢的导电性很强,严重时使防电墙失效。

3. 防电墙水路曲折,对水压衰减很大,为了增加水电阻加长水路,对水压衰减更大。

25.3.3　本设计目的

提供一种消电毯,当用电环境无良好可靠的接地时,消除因家电机壳漏电损害人体健康的隐患,尤其适用于自来水的出水口,如浴室、洗手盆、洗菜盆等及幼儿园等儿童聚集场所。特别是当电热水器漏电、室外水塔遭雷击、遭遇电力线脱落搭接时,危险电压因水的导电性经过绝缘水管（如PPR管）或防电墙的水路传导到水龙头。电流可经接电口、连接线、泄电毯流入地下,因水龙头、水、人脚踩的地面三者处于同一电位,人身上没有电压,就不会有电流通过；可以防止触电,保护使用者生命安全。

25.4　总体方案及效果

25.4.1　本设计总体方案

提供一种消电毯,既将人与地面电隔离,又将危险电流导入地下。毯内导体可以为金属丝编织网,也可以为金属片镂空筛网,边沿引出连接线,连接线另一头连接接电口,接在电器接近人的金属部位上。消电毯的内导体裹覆在绝缘材料里,做成如防滑塑料垫的外观,正面被绝缘材料完全覆盖,但在背面即靠地那一面,有多处尤其是边沿处导体凸出裸露,边沿还有接地引出端子。连接线用塑料皮柔性导线。

25.4.2　本设计效果

当用电环境无良好可靠的接地时,消除因家电机壳漏电损害人体健康的隐患,尤其适用于自来水的出水口,如浴室、洗手盆、洗菜盆等及幼儿园等儿童聚集场所。特别是当电热水器漏电、室外水塔遭雷击、遭遇电力线脱落搭接时,危险电压因水的导电性经过绝缘水管（如PPR管）或防电墙的水路传导到水龙头。电流可经接电口、连接线、泄电毯流入地下,因水龙头、水、人脚踩的地面三者处于同一电位,人身上没有电压,就不会有电流通过；可以防止触电,保护使用者生命安全。

25.5　设计原理与实施方案

25.5.1　附图说明

图25-1为本设计实施例整体示意图。

图25-2为本设计实施例防触电原理示意图。

图25-3为本设计实施例无接地时防触电原理示意图。

图25-4为本设计实施例电热水器示意图。

图25-5为本设计实施例接电口示意图。

25.5.2 具体工作原理与实施方案

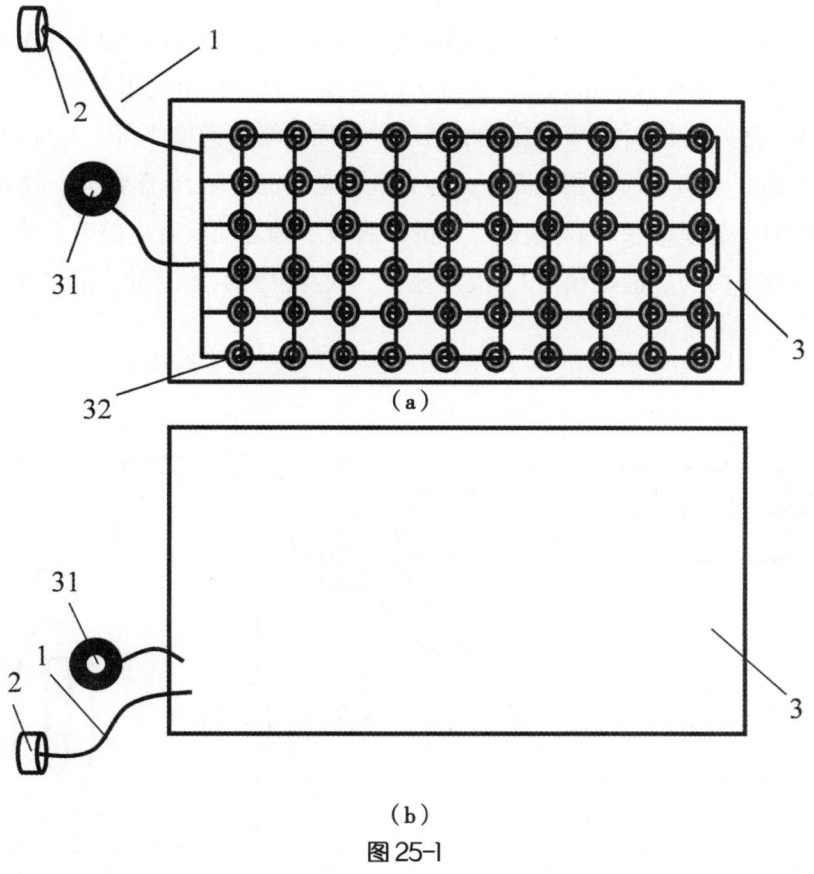

图 25-1

图 25-1 为本设计实施例整体示意图。图 25-1（a）为背面，泄电毯（3）有多处尤其是边沿处裸露凸出导体（32），均与连接线（1）电连接，同时接出接地端子（31），一旦接到接地桩，则图 25-3 中 $R_4=0$，最为安全，即使无接地桩，也具有防触电保护作用。图 25-1（b）为正面，被绝缘材料完全覆盖。泄电毯（3）用于浴室时应尽量布满地面，其除了接连接线（1）及接地端子（31）处以外的边沿均应允许裁剪，不影响内导体网联通。泄电毯既将人脚与地面电隔离，又将危险电流导入地下。

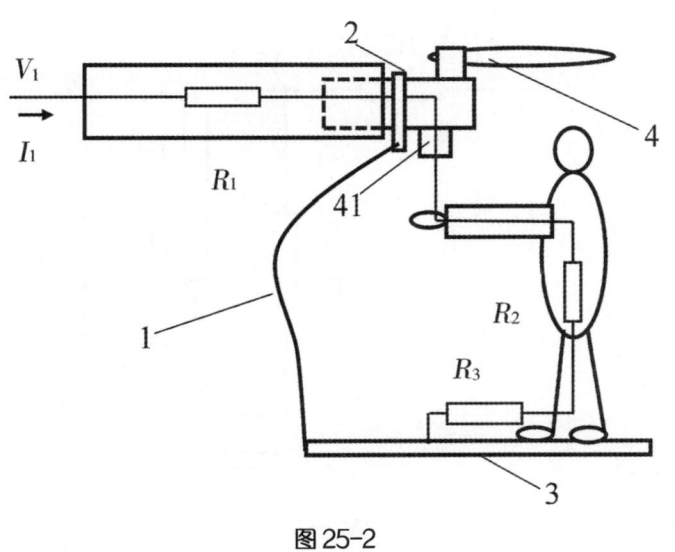

图 25-2

图25-2为本设计实施例防触电原理示意图。接电口(2)经连接线(1)接泄电毯(3),室内输水管道(如PPR管、铝塑管,金属管须严格接地且已经淘汰)或防电墙水路是绝缘的,危险电压经水传导到水龙头(41)。设水的电阻为R_1,人体电阻为R_2,再设R_1左端因电热水器的电热管破裂与市电火线短路,接入市电,即V_1为交流220V/50Hz。未接入消电毯时,$I_1=V_1/(R_1+R_2)$,R_1+R_2须大于22kΩ才能使流入人身R_2的电流I_1不大于10mA。而实际上R_1是不稳定的,随水中杂质的增多急剧下降,人身触电的危险依然存在。当接入消电毯时,人站立于消电毯非导电面上,与导电网之间的电阻R_3非常大,且R_2+R_3的串联体被接电口(2)、连接线(1)、泄电毯(3)短接,人的头脚或手脚之间没有电位差,原流经人身的电流改道经接电口(2)、连接线(1)、泄电毯(3)流入地下,人身没有电流流过,消除触电危险,保护使用者生命安全。

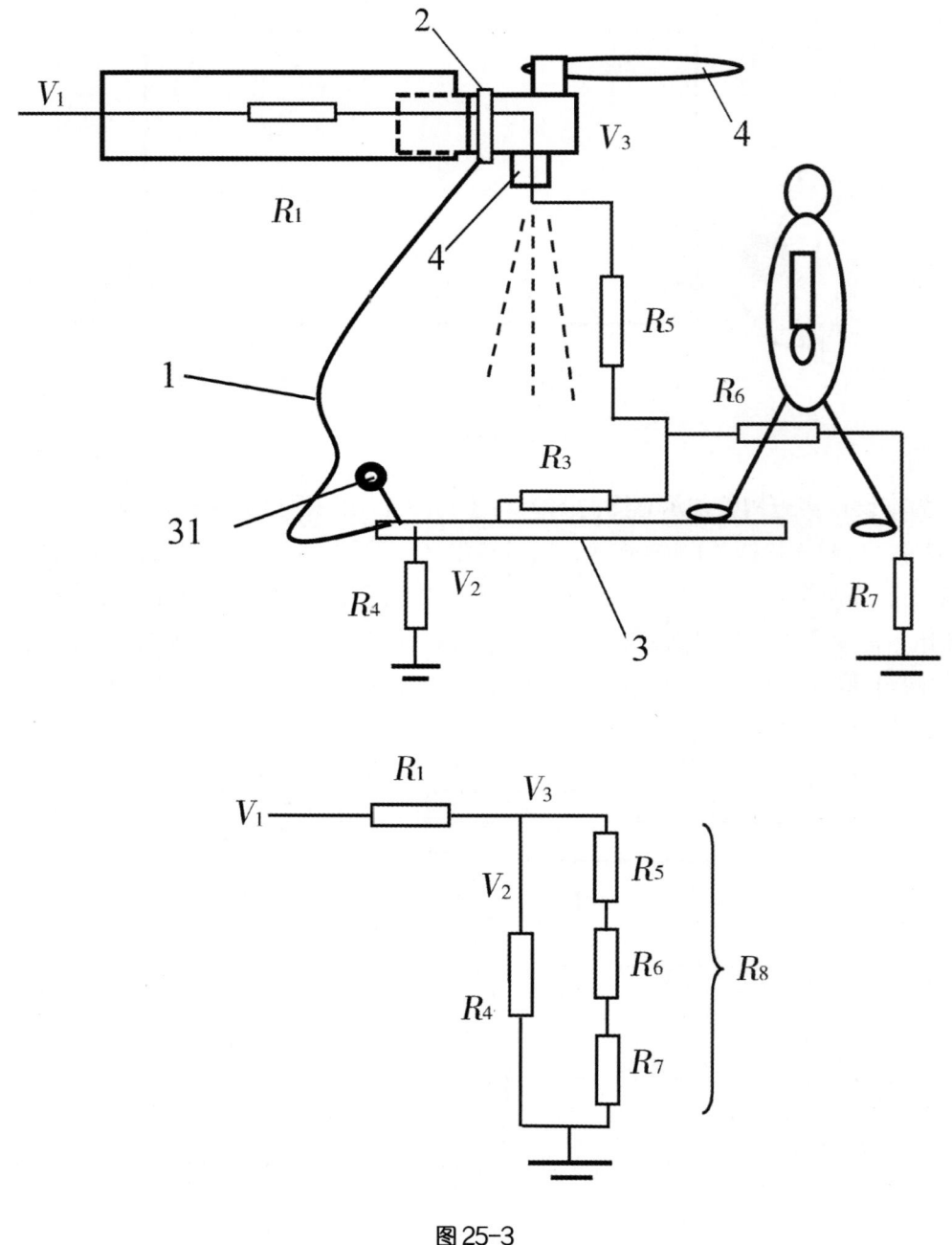

图25-3

图 25-3 为本设计实施例无接地时防触电原理示意图。 如图 25-3 所示,假设泄电毯(3)的接地端子(31)无可靠接地,而是仅依靠其背面裸露凸出导体(32)接地砖,存在接地电阻 R_4 的情况,人一脚踩入消电毯(3),手触不到水龙头,因泄电毯(3)正面不导电,R_3 非常大,人体跨步电阻 R_6 没有回路,无电流通过。

再假设上述情况加上人一脚踩入泄电毯(3)即接触水的极端情况,是最坏的假设,设出水口到人的脚之间的水电阻为 R_5,人体跨步电阻为 R_6,人脚(一般穿拖鞋)与地的电阻为 R_7,此时出水口的电压等于消电毯背面电压,即 $V_2=V_3=V_1 \times R_8/(R_1+R_8)=220 \times R_8/(R_1+R_8)$,$R_8=R_4/(R_5+R_6+R_7)$,$V_2$ 全部加在 R_4 上,同时加在 $R_5+R_6+R_7$ 上。同样与地砖接触形成电阻,R_4 是泄电毯(3)背面多处裸露凸出导体(32),R_7 是一只拖鞋底或脚掌,所以 R_7 远远大于 R_4,R_5 一般也较大,所以 $R_5+R_6+R_7$ 串联体远远大于 R_4,电流大部分经 R_4 流入地下,流入人体很少,人体一般没有感觉;一旦后脚离地就完全进入等电位体,人体没有电流。以上分析说明:使用者没有条件或没有意识接地,消电毯仍具有较强防触电保护作用。

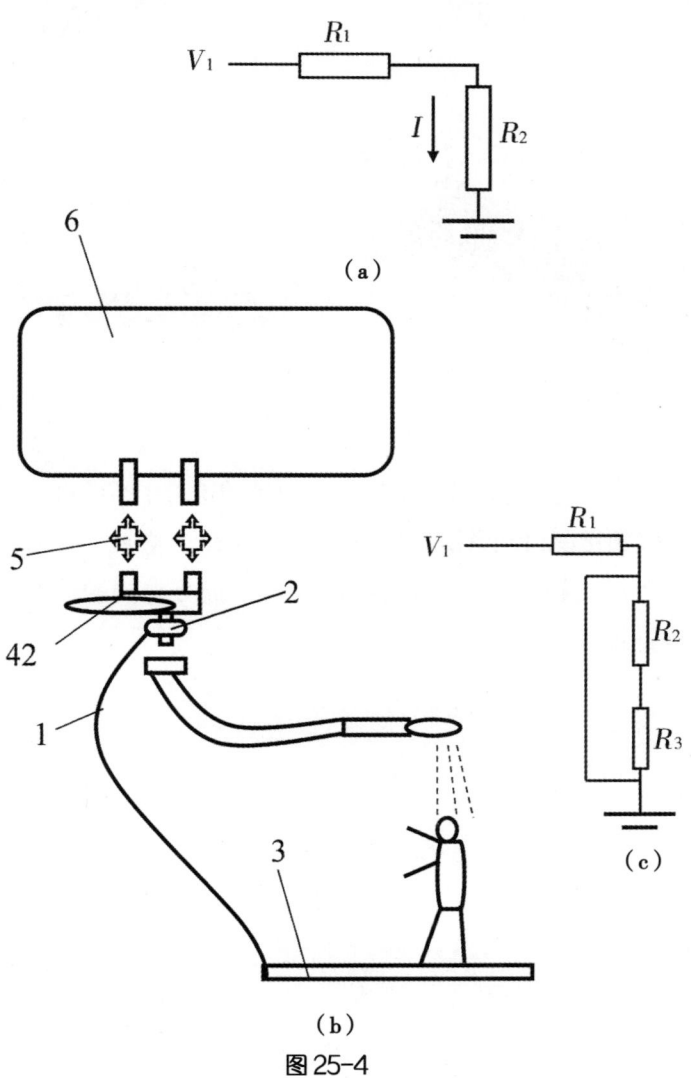

图 25-4

图 25-4 为本设计实施例电热水器示意图。 混水阀(42)经防电墙(5)接电热水器(6)。设电热水器的电热管破裂与市电火线短路,胆内水中接有交流 220V/50Hz 市电。未接入消电毯时,漏电经防电墙水路电阻 R_1 和人体电阻 R_2 形成回路流入地下,如图 25-4(a)所示;当接入消电毯时,如图 25-4(b)所示;接电口(2)夹牢混水阀(42)经连接线(1)及泄电毯(3)把 R_2+R_3 短接,使人身没有电流流过,

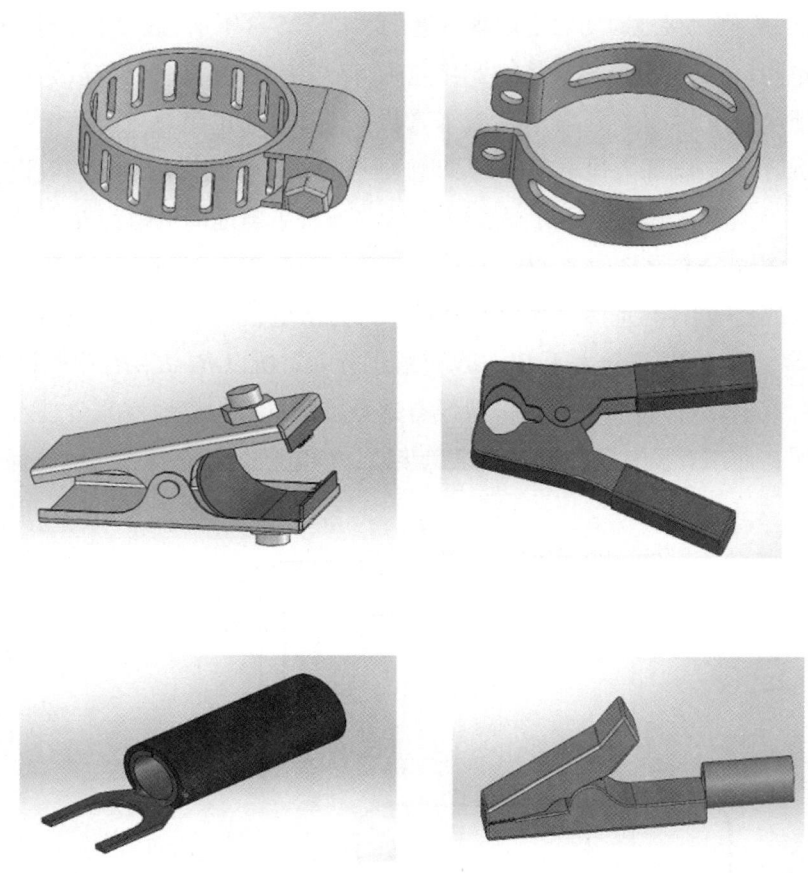

图 25-5

如图 25-4（c）所示。接入消电毯时，消除触电危险，保护使用者生命安全。

图 25-5 为本设计实施例接电口示意图。接电口（2）可以为抱箍、管夹、鳄鱼夹、开口接线端子等不同形式，其与连接线（1）电连接，必须与被接导体（4）充分电接触；也可以为磁吸盘，直接吸在铁磁性导体上，实现良好电连接。

26　绿色能源与室内安全管控器
（实用新型专利号 ZL201320541964.8）

26.1　方案概述

一种绿色能源与室内安全管控器，对风力发电、太阳能发电、人力发电等绿色能源进行接入管理与集中控制，不需要逆变，直接输出直流电源，供给室内所有直流供电设备，如发光二极管（LED）照明、安全防范监控系统、电动车、手机、照相机充电等，最大程度节省市电，提高效率，达到节能环保目的；风力发电、太阳能发电、人力发电富余部分用蓄电池组储存，还有富余时才将其逆变用于交流供电设备，再有富余时向电网输送出售，要是发电不足用市电补充，实现绿色能源与市电等高效互补。本设计包含室内安全监测控制器，接入各种安全监控终端，达到防入侵、防火、防水、防气泄漏等，并对警情进行紧急处置，如切断供水供气等。

26.2　创造性特征（图 26-1~图 26-4）

1. 一种绿色能源与室内安全管控器，由电路主板、结构件、机壳等组成。电路主板包含电源控制模块（1）、安全监控模块（2）、主控制模块（3）。其特征是：电源控制模块（1）及安全监控模块（2）与主控制模块（3）电连接，电源控制模块（1）包含风力发电机接入电路（4）、太阳能电池接入电路（5）、人力发电机接入电路（6）、蓄电池组接入电路（7）、直流电源电路（8）、逆变器电路（9）、供电切换电路（10）、直流电源输出接口电路（11），安全监控模块（2）包含安全监测控制电路（12）、报警驱动电路（13）。

2. 根据创造性特征1所述的绿色能源与室内安全管控器，其特征是：风力发电机接入电路（4）、太阳能电池接入电路（5）、人力发电机接入电路（6）包含防浪涌防雷电路（14）、整流滤波电路（15）、限流控制电路（16）、电子开关（17），限流控制电路（16）及电子开关（17）与主控制模块（3）连接。

3. 根据创造性特征1所述的绿色能源与室内安全管控器，其特征是：直流电源输出接口电路（11）包含直流照明供电接口电路、视频及安防系统供电接口电路、电动车辆充电电路、通用充电电路、USB接口充电电路。

4. 根据创造性特征1所述的绿色能源与室内安全管控器，其特征是：安全监测控制电路（12）包含直流电源供给电路、监测输入与控制输出电路、保护电路。

26.3　技术现状及设计目的

26.3.1　技术领域

本设计涉及多种电源接入管理与室内安全防范技术领域。

26.3.2　技术现状

风力发电与太阳能发电属新型绿色能源，未来将有大发展。发光二极管（LED）照明以其长寿命、高效率而发展迅速，必将取代白炽灯、荧光灯等其他光源。信息化时代需要直流供电的室内电子设备日益增多。现有安全防范报警主机一般是防入侵报警。其存在如下缺陷：

1. 风力发电厂的电能要传输到用户一般需经过很多设备、很长距离，造价高损耗大；

2. 太阳能发电厂的电能是直流的，要传输到用户需逆变才能并网，也增加了造价和损耗；

3. 目前家用风、光发电一般逆变为交流 220V 才用于家庭，而需要直流供电的室内电子设备全由市电经直流电源变换获得，效率较低；

4. 发光二极管（LED）使用的是低压直流电，要经过直流变换器才能接入市电，增加了造价和损耗，直流变换器本身的故障也使 LED 长寿命、高可靠的特点打折；

5. 风力及太阳能发电实时使用及蓄电池组储存所富余的部分一般被浪费；

6. 现有安全防范报警主机一般只监测安全情况并报告警情，无法对室内水、电、气、温度等数据进行读取监控，无法对相关警情进行自动处置，如对室内漏水漏气进行监测并切断供水供气等处置。

26.3.3 本设计目的

提供一种绿色能源与室内安全管控器，可对风力发电与太阳能发电、人力发电等绿色能源进行集中控制，用户可在空地、屋顶、阳台等地自行安装微型风力发电机，在可以见到阳光的任何地方安装太阳能电池，不需要逆变，直接输出直流电源，供给室内所有直流供电设备，如发光二极管（LED）照明、安全防范监控系统、电动车、手机、照相机充电等，最大程度节省市电，提高效率，达到节能环保目的。风力发电与太阳能发电、人力发电等其他发电富余部分用蓄电池组储存，再有富余向电网输送出售，要是不足用市电补充，实现风能太阳能等高效互补。本设计也作为室内报警监控中心，提供环形总线，接入各种安全监控终端，达到防入侵、防火、防水、防气泄漏并对警情进行紧急处置，如切断供水供气等。

26.4 总体方案及效果

26.4.1 本设计总体方案

设计一种绿色能源与室内安全管控器，包含电源控制模块、安全监控模块、主控制模块等。主控制模块以数字逻辑电路、可编程控制器或数字处理器为核心，电源控制模块及安全监控模块在主控制模块控制下实现所设计的功能。电源控制模块可接入风力发电机、太阳能电池、人力发电机、蓄电池组等，并包含直流电源电路、逆变器电路、供电切换电路、直流电源输出接口电路等；风力发电机、太阳能电池、人力发电机等接入电路包含防浪涌防雷、整流滤波、限流控制、电子开关等，限流控制及电子开关受主控制模块控制，整流滤波电路使接入电路适应交、直流发电机，且不需要分辨极性；直流电源输出接口电路可提供直流照明供电、视频及安防系统供电、电动车辆充电、通用充电、USB 接口充电等。安全监控模块包含安全监测控制电路、报警驱动电路。安全监测控制电路包含直流电源供给、监测输入与控制输出电路、保护电路，可接入各种安全监控终端。主控制模块包含数字逻辑电路、时序逻辑电路、模数转换器及比较器等。当使用可编程控制器时，一般带有显示屏及编程接口；使用数字处理器时可带显示屏、键盘等各种外设接口、无线通信模块等，所带无线通信模块可用于接收、转发无线监控终端的数据，如老人脉搏、血压监控终端等。

26.4.2 本设计效果

1. 用户可在就近安装微小型风力发电机，产生的电能直接接入绿色能源与室内安全管控器，不需要长距离传输，节省设备，造价低、损耗小；

2. 用户可在就近墙壁或屋顶安装太阳能电池，产生的电能直接接入绿色能源与室内安全管控器，不需要逆变，节省了造价，降低了损耗；

3. 风、光、人力发电不需逆变为交流 220V，直接用于室内，而直流供电的室内电子设备不需要由市电经直流电源变换获得电能，提高了效率；

4.发光二极管（LED）照明直接使用绿色能源与室内安全管控器的低压直流电，不需要经过直流变换器，减少了造价和损耗，避免了接市电的直流变换器本身的故障使 LED 长寿命、高可靠的特点打折；

5.风力及太阳能发电使用、储存富余部分可输送到电网，出售给供电局，目前已获国家许可；

6.可对室内安全进行全面监控，对水、电、气、温度等数据进行读取监控，实现在不需要使用时对室内自动切断供水供气，可对漏水漏气进行监测并根据监测结果进行相关处置。

26.5 设计原理与实施方案

26.5.1 附图说明

图 26-1 为本设计实施例总体框图。

图 26-2 为本设计实施例电源控制模块电路框图。

图 26-3 为本设计实施例安全监控模块电路框图。

图 26-4 为本设计实施例风力发电机接入电路等示意图。

26.5.2 具体工作原理与实施方案

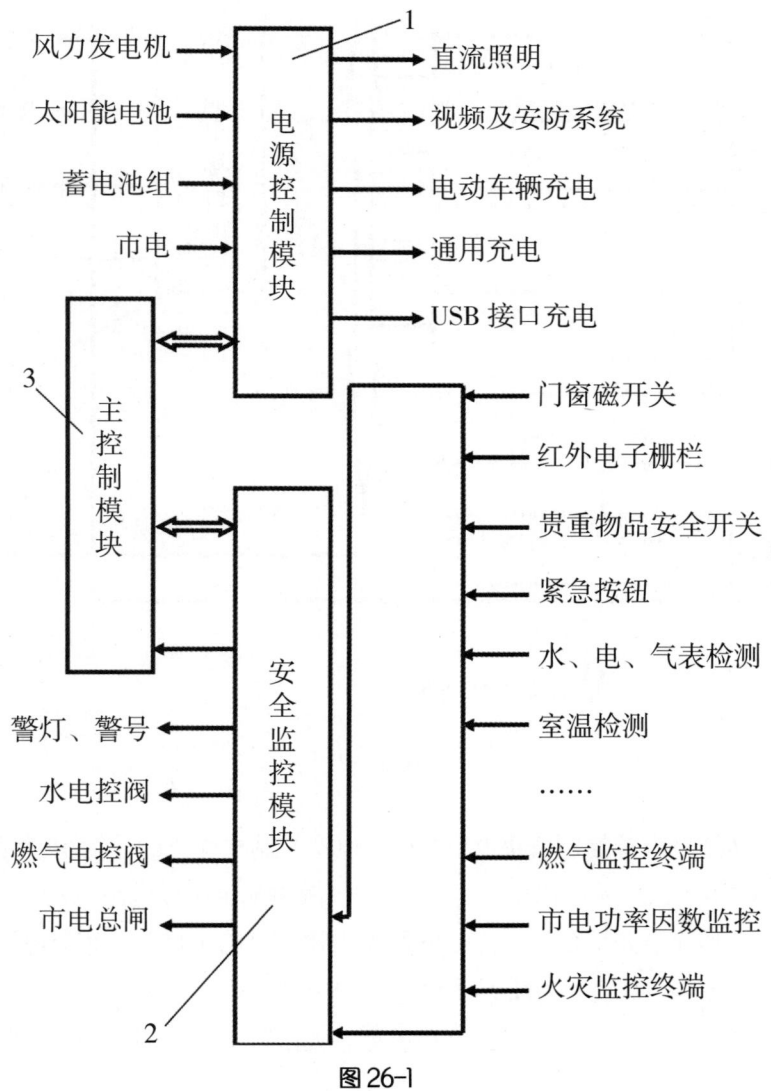

图 26-1

图26-1为本设计实施例总体框图。整机由电路主板、结构件、机壳等组成。电路主板主要包含电源控制模块（1）、安全监控模块（2）、主控制模块（3）三大模块，电源控制模块（1）及安全监控模块（2）在主控制模块（3）控制下工作。主控制模块（3）可以由数字逻辑电路组成，也可以由可编程控制器或数字处理器组成，使用传统逻辑电路可使本设计工作稳定性、可靠性增高，使用数字处理器可使本设计功能更强、更智能化，带上键盘和显示器可以方便设置和操作。电源控制模块（1）把风力发电机、太阳能电池、人力发电机接入并稳压，直接用于室内直流供电，发电量富余时将电能储存于蓄电池组，或经逆变器变为交流220V用于必须市电供电的电器，再有富余可反向输送市电，出售给供电局；发电量不够时用市电补充。当今室内需要直流供电的情况日益增多，自家绿色能源实现不需要由市电经直流电源变换获得。

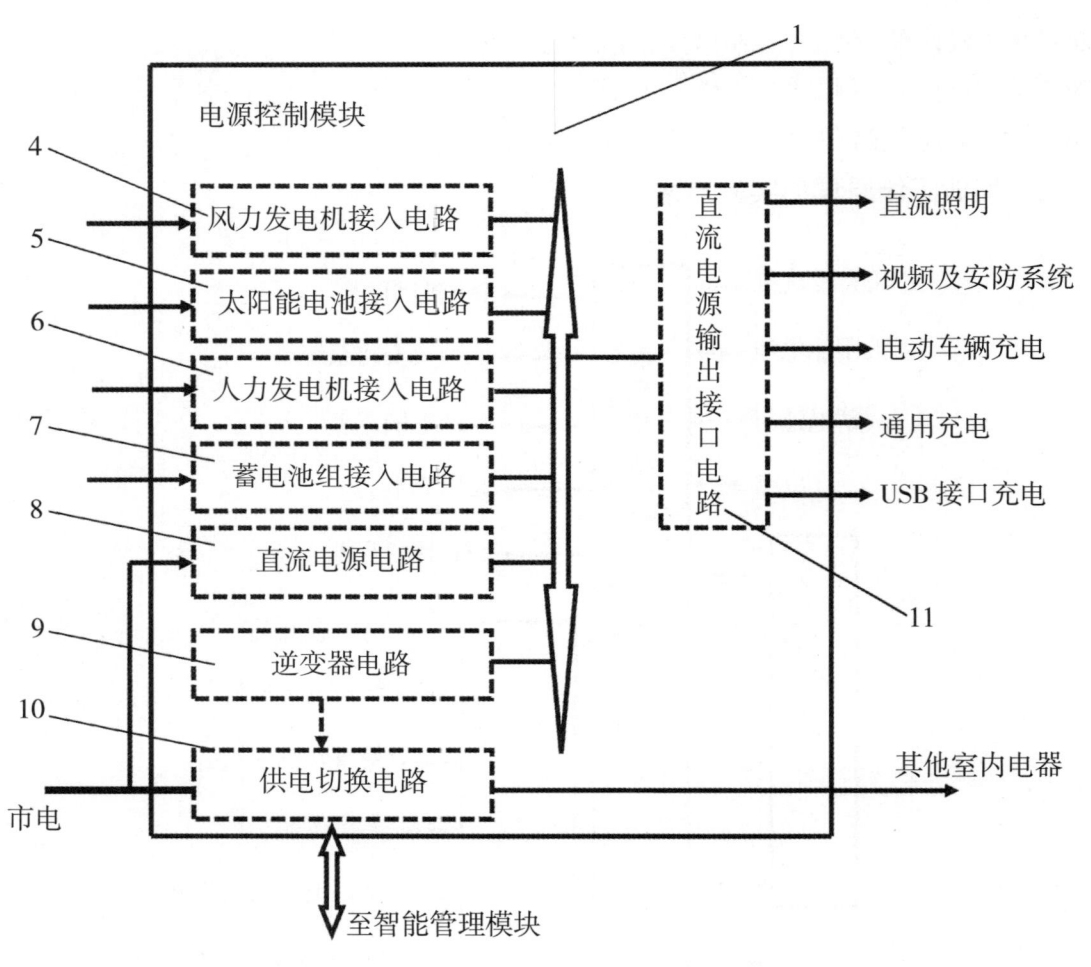

图 26-2

图26-2为本设计实施例电源控制模块电路框图。电源控制模块（1）包含风力发电机接入电路（4）、太阳能电池接入电路（5）、人力发电机接入电路（6）、蓄电池组接入电路（7）、直流电源电路（8）、逆变器电路（9）、供电切换电路（10）、直流电源输出接口电路（11）。直流电源输出接口电路（11）包含直流照明供电接口电路、视频及安防系统供电接口电路、电动车辆充电电路、通用充电电路、USB接口充电电路。蓄电池组接入电路（7）用于储存风力、太阳能、人力等发电被实时使用后的富余部分，

并具有稳压的作用；直流电源电路（8）用于自家发电不足时，用市电补充给直流设备；逆变器电路（9）在发电富余时将其逆变用于交流供电设备，还有富余时向电网输送出售；供电切换电路（10）在主控制模块的控制下，控制交流供电设备使用市电或发电，或发电向电网输送出售。

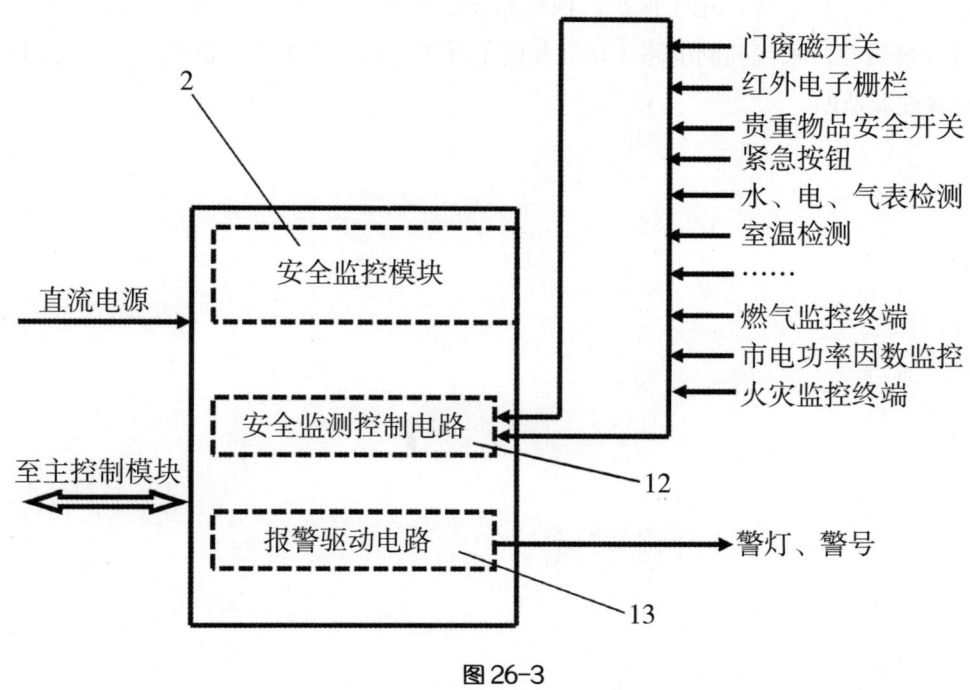

图 26-3

图 26-3 为本设计实施例安全监控模块电路框图。安全监控模块（2）包含安全监测控制电路（12）、报警驱动电路（13）。安全监测控制电路（12）包含直流电源供给电路、监测输入与控制输出电路、保护电路。提供监测输入与控制输出电路，接入各种安全监控终端，达到防入侵、防火、防水、防气泄漏及对警情进行紧急处置，如切断供水供气等。如煤气监控终端，当抽油烟机未启动时煤气阀打不开；又如人员远离处于一级布防时，煤气表、水表有走判断为泄漏，切断总阀；又如烟感探头和室温监测可共同判断火灾，保护电路使安全监测控制电路（12）在短路或断路时即输出相应报警。

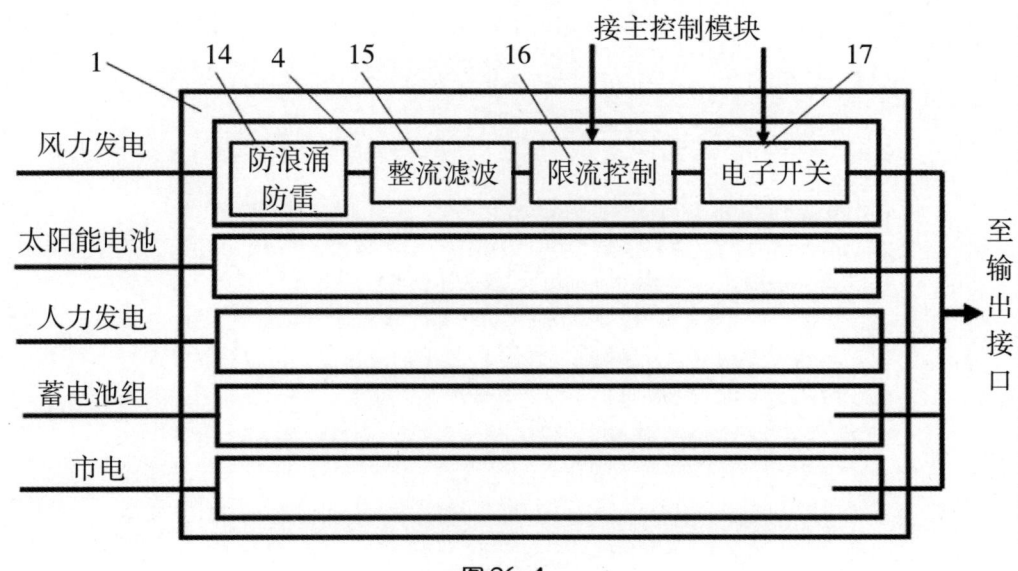

图 26-4

图 26-4 为本设计实施例风力发电机接入电路等示意图。风力发电机接入电路（4）、太阳能电池接入电路（5）、人力发电机接入电路（6）包含防浪涌防雷电路（14）、整流滤波电路（15）、限流控制电路（16）、电子开关（17）。室外设备最易引入雷电等电冲击浪涌，防浪涌防雷电路（14）一般为压敏电阻、放电管、专用避雷器等，用于保护后面电路安全；整流滤波电路（15）使接入电路适应交、直流发电机，且需分辨极性；限流控制电路（16）及电子开关（17）由电源控制模块（1）控制，根据需求及工况决定限流额度及通断。

27 地质灾害监控装置

（实用新型专利号 ZL201420512996.X）

27.1 方案概述

一种地质灾害监控装置，能通过监测危险山体、边坡的微小位移、变形、倾斜、晃动，监测土壤渗透水位或排水沟积水水位、所在地降雨量等，来判断发生滑坡、崩塌等地质灾害的风险程度，并在灾害危险性达到一定程度时启动电子语音广播，提醒人们注意预防或避开，启动警示光显示预警信息。当灾害危险性达到更高时启动阻拦网幕或栅栏阻止行人和车辆进入危险地带。同时将监测情况传输到监控远端，也接受监控远端的相关控制，即遥测遥控。其由监控主机、灾害监测探头群、控制执行装置、太阳能电池等组成，灾害监测探头、控制执行装置、太阳能电池分别与监控主机电连接。灾害监测探头为输入端，控制执行装置为执行端，监控主机为判断控制中枢，同时与监控远端经有线或无线电连接，接受遥测遥控。灾害监测探头包含变形监测器、位移监测器、倾斜与震动监测器、水位监测器、雨量监测器等。太阳能电池辅助市电组成不间断电源，在市电停电时承担供电任务，在市电不能到达的点位承担全部供电。

27.2 创造性特征（图27-1～图27-9）

1. 一种地质灾害监控装置，包含监控主机（1）、灾害监测探头群（2）、控制执行装置（3）、太阳能电池（4）。其特征是：灾害监测探头群（2）、控制执行装置（3）、太阳能电池（4）分别与监控主机（1）电连接。灾害监测探头群（2）包含变形监测器（5）、位移监测器（6）、倾斜与震动监测器（7）、水位监测器（8）、雨量监测器（9），控制执行装置（3）包含警示广播（31）、警示光显（32）、阻拦网幕（33）、阻拦栅栏（34）。

2. 根据创造性特征1所述的地质灾害监控装置，其特征是：至少1根伸缩监测线（51）穿过沿着被测坡体轮廓线布设的滑动环（52），两端接稳定的固定点（53），组成变形监测器（5）。至少1根伸缩监测线（51）一端接稳定的固定点（53），另一端接监测点（61）组成位移监测器（6）。非弹性线（511）穿过监测轮（512）接弹性段（513）组成伸缩监测线（51），监测轮（512）随非弹性线（511）抽动而转动。监测轮沿有凸出点（514），支架上有至少2个监测开关（515），在凸出点（514）经过瞬间接通。弹性段（513）保障伸缩监测线（51）能够伸缩。

3. 根据创造性特征1所述的地质灾害监控装置，其特征是：至少1根绷紧的导线（54）箍住被测山体，两端接稳定的固定点（53）组成变形监测器（5）。至少1根绷紧的导线（54）一端接稳定的固定点（53），另一端接监测点（61）组成位移监测器（6）。

4. 根据创造性特征1所述的地质灾害监控装置，其特征是：埋地式直管探头（55）组成变形监测器（5），直管探头（55）内有至少1根裸导线（551）沿轴向拉直，至少一端接弹力段（552），两端经绝缘端头（553）固定在管口，一端接探头引出线（554）。直管可以是金属波纹管（555），也可以是柔性材料管（556），管内嵌入若干互相连接的导电环（557）。

5. 根据创造性特征1所述的地质灾害监控装置，其特征是：红外电子栅栏（56）组成变形监测器（5），超声测距探头(62)组成移位监测器(6),北斗/GPS/GLONASS卫星定位模块(63)也可组成移位监测器(6)。

6. 根据创造性特征1所述的地质灾害监控装置,其特征是:智能网络摄像机(64)组成变形监测器(5)及移位监测器(6),其安装于稳定的固定点(53),并固定取景范围,记录图像上的轮廓及参照物特征,被测山体变形、位移超限则报警。

7. 根据创造性特征1所述的地质灾害监控装置,其特征是:倾斜与震动监测器(7)包含锥筒(71),筒壁各向分布竖条导体(72),竖臂(73)经绝缘筒盖(74)从锥筒(71)的轴线插入,插入长度(L_1)可调。下挂摆锤(75),和倾斜与震动监测引线(76)电连接,摆长(L_2)可调。

8. 根据创造性特征1所述的地质灾害监控装置,其特征是:水位监测器(8)包含外渗漏管(81)、滤芯(82)、内渗漏管(83)同轴嵌套,并可拆卸清洗。内渗漏管壁分布有水位探针(84)接水位监测引线(85)。

9. 根据创造性特征1所述的地质灾害监控装置,其特征是:雨量监测器(9)包含漏斗(91)、量杯(92),量杯壁分布有雨量探针(93),下端有电磁阀(94)、雨量监测引线(95)。

10. 根据创造性特征1所述的地质灾害监控装置,其特征是:监控主机(1)设有至少8个开关量输入口(11)、8个模拟量输入口(12)、8个控制驱动输出口(13),设有至少1个遥测遥控接口(14)通过连接线与监控远端(15)电连接,也可通过无线通信模块(16)与监控远端(15)电连接。监控主机(1)还包含控制键盘(17)、显示器(18),包含蓄电池组(19),组成不间断电源。

11. 根据创造性特征10所述的地质灾害监控装置,其特征是:监控主机(1)包含传统的数字组合逻辑电路、时序逻辑电路、常规模拟电子电路。

12. 根据创造性特征10所述的地质灾害监控装置,其特征是:监控主机(1)包含数字处理器、存储器、常规模拟电子电路,还包含数字量接口(10)。

27.3 技术现状及设计目的

27.3.1 技术领域

本设计涉及地质灾害电子监测与灾害防范控制技术领域。

27.3.2 技术现状

地质状况监测常使用各种传感器和仪器,如地表变形包括水平位移和沉降的监测、坡体变形蠕动等,采用固定式测斜仪、静力水准仪、多点位移计、倾角计、MEMS加速度计等;挡土墙受力监测,包括挡土墙的应变、锚杆应力等,采用表面应变计、混凝土埋入式应变计、钢筋计、锚杆计等;土压力和孔隙水压力监测,采用渗压计、土压力计等。地质监测仪器常用振弦式,或嵌入压力传感器等,配以专用读数仪,也利用电子技术监测山体的变形和位移,如无线电干涉测量、雷达测量,光纤传感器、三维磁传感器等。以上监测方案监测灵敏度高、测量准确,但是精密仪器很娇贵,使用技术要求高,安装调试要求苛刻,价格昂贵,常用于工程,如大坝、桥梁、隧道等,难以应用于山区、乡村,尤其是偏远山区、贫困地区等。上述地区目前大都没条件建设地质灾害监控系统装置,滑坡、崩塌、泥石流等地质灾害仍频繁地严重威胁人民的生命财产安全。因此,安装简易、廉价的地质灾害监控装置,使地质灾害在发展和形成初期得到及时预警防控,可防止或降低灾害造成的损失。

27.3.3 本设计目的

提供一种地质灾害监控装置,其部分监测探头可以自制,或就地取材,即使用廉价实用的探头、专用的监控主机，通过监测危险山体、边坡的微小位移、变形、倾斜、摇晃，监测土壤渗透水位或排水沟积水水位、所在地降雨量等，来判断发生滑坡、崩塌、泥石流等地质灾害的前兆和风险程度，并在灾害危险性达到一定程度时启动电子语音广播，提醒人们注意预防、避开或撤离，启动警示光显显示预警信息。当灾害危险性达到更高时启动阻拦网幕或栅栏阻止行人和车辆进入危险地带。同时将监测情况传输到监控远端，也接受监控远端的相关控制，即遥测遥控。

27.4 总体方案及效果

27.4.1 本设计总体方案

提供一种地质灾害监控装置，包含监控主机（1）、灾害监测探头群（2）、控制执行装置（3）、太阳能电池（4），其灾害监测探头群（2）、控制执行装置（3）、太阳能电池（4）分别与监控主机（1）电连接。灾害监测探头群（2）包含变形监测器（5）、位移监测器（6）、倾斜与震动监测器（7）、水位监测器（8）、雨量监测器（9）；控制执行装置（3）包含警示广播（31）、警示光显（32）、阻拦网幕（33）、阻拦栅栏（34）。

至少1根伸缩监测线（51）穿过沿着被测坡体轮廓线布设的滑动环（52），两端接稳定的固定点（53），即可组成变形监测器（5）。至少1根伸缩监测线（51）一端接稳定的固定点（53），另一端接监测点（61）即可组成位移监测器（6）。非弹性线（511）穿过监测轮（512）接弹性段（513）即可组成伸缩监测线（51），监测轮（512）随非弹性线（511）抽动而转动。监测轮沿有凸出点（514），支架上有至少2个监测开关（515），在凸出点（514）经过瞬间接通。弹性段（513）保障伸缩监测线（51）能够伸缩。

至少1根绷紧的导线（54）箍住被测山体，两端接稳定的固定点（53）即可组成变形监测器（5）。至少1根绷紧的导线（54）一端接稳定的固定点（53），另一端接监测点（61）即可组成位移监测器（6）。

埋地式直管探头（55）可以组成变形监测器（5），直管探头（55）内有至少1根裸导线（551）沿轴向拉直，至少一端接弹力段（552），两端经绝缘端头（553）固定在管口，一端接探头引出线（554）。直管可以是金属波纹管（555），也可以是柔性材料管（556），管内嵌入若干互相连接的导电环（557）。

红外电子栅栏（56）可以组成变形监测器（5），超声测距探头（62）可以组成移位监测器（6），北斗/GPS/GLONASS卫星定位模块（63）也可以组成移位监测器（6）。智能网络摄像机（64）也可以组成变形监测器（5）及移位监测器（6），其安装于稳定的固定点（53），并固定取景范围，记录图像上的轮廓及参照物特征，被测山体变形、位移超限则报警。

倾斜与震动监测器（7）包含锥筒（71），筒壁各向分布竖条导体（72），竖臂（73）经绝缘筒盖（74）从锥筒（71）的轴线插入，插入长度（L_1）可调。下挂摆锤（75），和倾斜与震动监测引线（76）电连接，摆长（L_2）可调。水位监测器（8）包含外渗漏管（81）、滤芯（82）、内渗漏管（83）同轴嵌套，并可拆卸清洗。内渗漏管壁分布有水位探针（84）、水位监测引线（85）。雨量监测器（9）包含漏斗（91）、量杯（92），量杯壁分布有雨量探针（93），下端有电磁阀（94）、雨量监测引线（95）。

监控主机（1）设有至少8个开关量输入口（11）、8个模拟量输入口（12）、8个控制驱动输出口（13），设有至少1个遥测遥控接口（14）通过连接线与监控远端（15）电连接，也可通过无线通信模块（16）与监控远端（15）电连接。监控主机（1）还包含控制键盘（17）、显示器（18），包含蓄电池组（19），与太阳能电池（4）及市电组成不间断电源。

监控主机（1）的主控制电路如以传统的数字组合逻辑电路、时序逻辑电路、常规模拟电子电路为主，则组成本设计的基本型；监控主机（1）的主控制电路如以数字处理器、存储器、常规模拟电子电路为主，还包含数字量接口（10），则组成本设计的智能型。

27.4.2 本设计效果

能通过监测危险山体、边坡的微小位移、变形、倾斜、晃动，监测土壤渗透水位或排水沟积水水位、所在地降雨量等，来监测滑坡、崩塌、泥石流等地质灾害的前兆，并判断发生灾害的风险程度。在灾害危险性达到一定程度时启动电子语音广播，提醒人们注意预防、避开或撤离，启动警示光显显示预警信息；当灾害危险性达到更高或已经发生时启动阻拦网幕或栅栏阻止行人和车辆进入危险地带。同时将监测情况传输到监控远端，也接受监控远端的相关控制，即遥测遥控。

27.5 设计原理与实施方案

27.5.1 附图说明

图 27-1 为本设计实施例总体框图。

图 27-2 为本设计实施例伸缩监测线组成的监测器示意图。

图 27-3 为本设计实施例导线组成的监测器示意图。

图 27-4 为本设计实施例埋地式直管探头示意图。

图 27-5 为本设计实施例红外电子栅栏等组成的监测器示意图。

图 27-6 为本设计实施例倾斜与震动监测器示意图。

图 27-7 为本设计实施例水位监测器示意图。

图 27-8 为本设计实施例雨量监测器示意图。

图 27-9 为本设计实施例智能型监控主机电路框图。

27.5.2 具体工作原理与实施方案

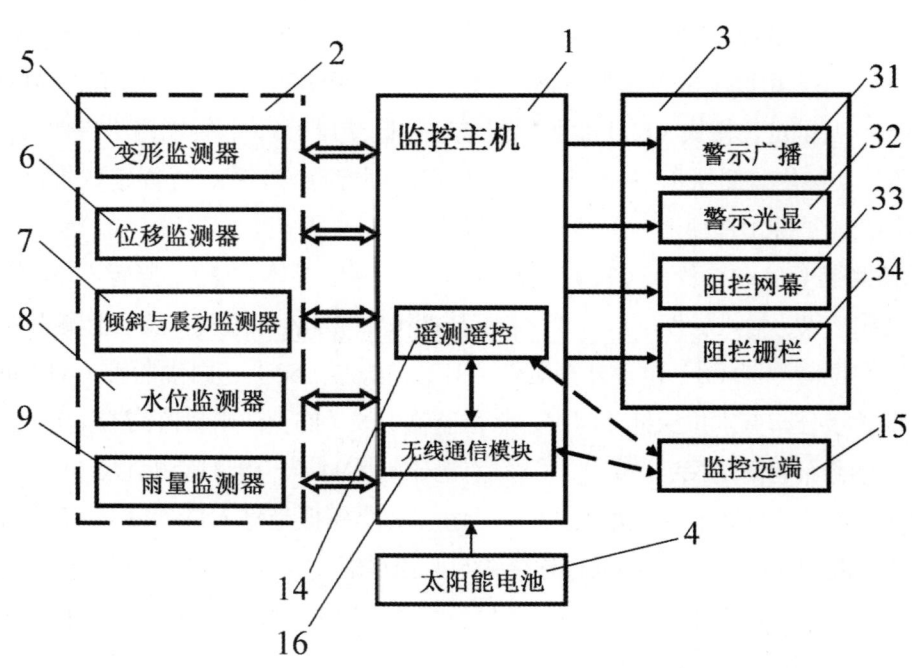

图 27-1

图 27-1 为本设计实施例总体框图。本设计主要由监控主机（1）、灾害监测探头群（2）、控制执行装置（3）、太阳能电池（4）等组成。灾害监测探头群（2）、控制执行装置（3）、太阳能电池（4）分别与监控主机（1）电连接。灾害监测探头群（2）为输入端，控制执行装置（3）为执行端，监控主机（1）为判断控制中枢，同时与监控远端（15）电连接，接受遥测遥控，可以是有线连接，也可以是无线连接。灾害监测探头群（2）主要包含变形监测器（5）、位移监测器（6）、倾斜与震动监测器（7）、水位监测器（8）、雨量监测器（9）等，控制执行装置（3）包含警示广播（31）、警示光显（32）、阻拦网幕（33）、阻拦栅栏（34）等。

本设计的工作流程为：根据监测的山体、边坡的规模及地质条件，在现场布置一些主要包含变形监测器（5）、位移监测器（6）、倾斜与震动监测器（7）、水位监测器（8）、雨量监测器（9）等可反映灾害风险程度的灾害监测探头群（2），接入监控主机（1）。监控主机（1）根据监测情况，判断灾害风险程度，并在灾害危险性达到一定程度时分别启动警示广播（31）、警示光显（32）、阻拦网幕（33）、阻拦栅栏（34）等。同时遥测遥控接口（14）通过连接线或无线通信模块（16）与监控远端（15）电连接，将监测情况传输到监控远端（15），也接受监控远端（15）的相关控制，即遥测遥控。太阳能电池（4）与市电共同组成不间断电源，在市电停电时承担供电任务，在市电不能到达的点位也承担主要供电。

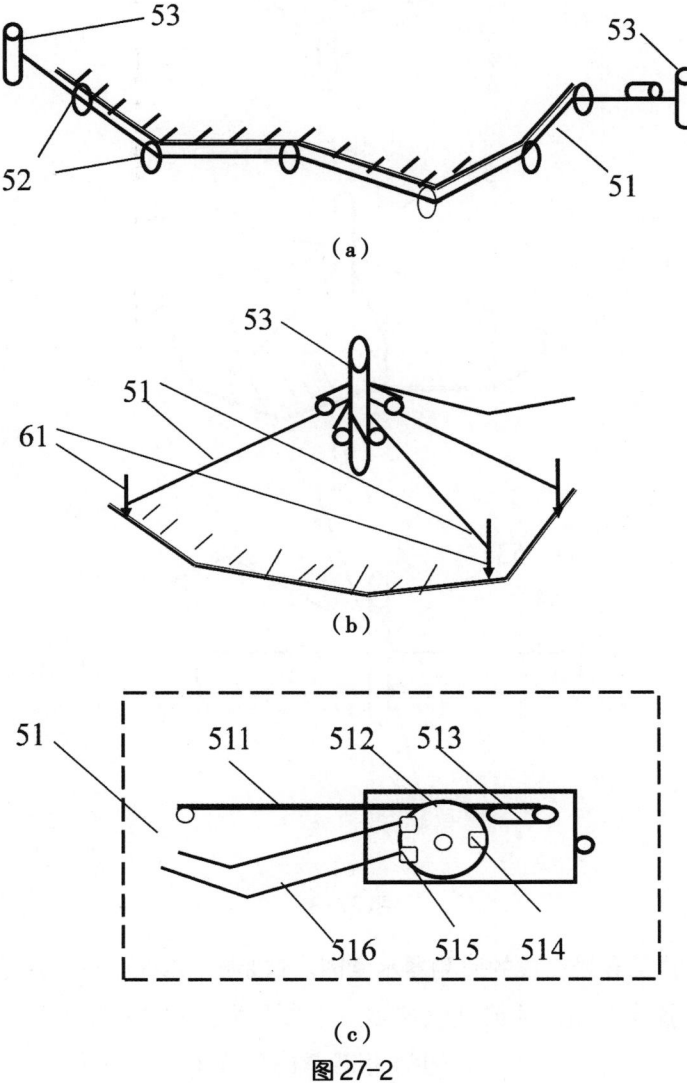

图 27-2

图 27-2 为本设计实施例伸缩监测线组成的监测器示意图。 变形监测器（5）、位移监测器（6）用于监测地壳的稳定性，有多种布置方案：如图 27-2（a）所示，至少 1 根伸缩监测线（51）穿过沿着被测坡体轮廓线布设的可以穿线又不限制线抽动的若干滑动环（52），两端固定在树木、磐石等稳定的固定点（53），监测引线（516）接主机（1），即可组成变形监测器（5）。如果山体变形或沉降，伸缩监测线（51）随之伸缩，监控主机（1）即可监测到。同理如图 27-2（b）所示，至少 1 根伸缩监测线（51）一端接稳定的固定点（53），另一端接监测点（61）组成位移监测器（6）。如图 27-2（c）所示，伸缩监测线（51）由非弹性线（511）穿过监测轮（512）接弹性段（513）组成，监测轮（512）随非弹性线（511）抽动而转动。监测轮沿有凸出点（514），支架上有至少 2 个监测开关（515），在凸出点经过瞬间接通。弹性段（513）可由弹簧、弹性筋或发条组成，可随外拉力变化收或放监测线，保障伸缩监测线（51）能够伸缩；可根据 2 个监测开关（515）的接通顺序判断伸缩监测线（51）是伸还是缩。

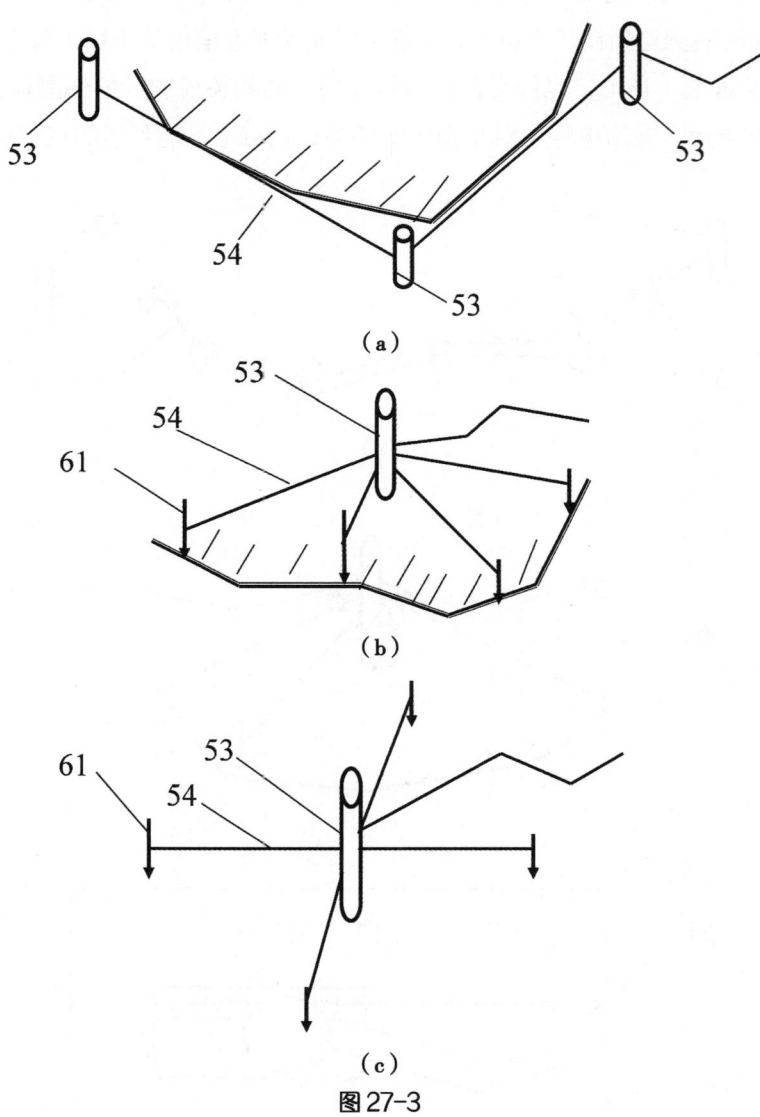

图 27-3

图 27-3 为本设计实施例导线组成的监测器示意图。 这是更加简单的方案：如图 27-3（a）所示，至少 1 根绷紧的导线（54）箍住被测山体或缠绕被测山体参照物，两端接稳定的固定点（53）组成变形监测器（5）。如图 27-3（b）、（c）所示，至少 1 根绷紧的导线（54）一端接稳定的固定点（53），另一

端接监测点（61）组成位移监测器（6），因为变形或位移均导致导线绷断，主机（1）可监测到导体开路；绷紧的导线（54）只能监测单向位移与变形，故安装应用时要考虑此因素，如稳定的固定点（53）应处于被测山体上方。

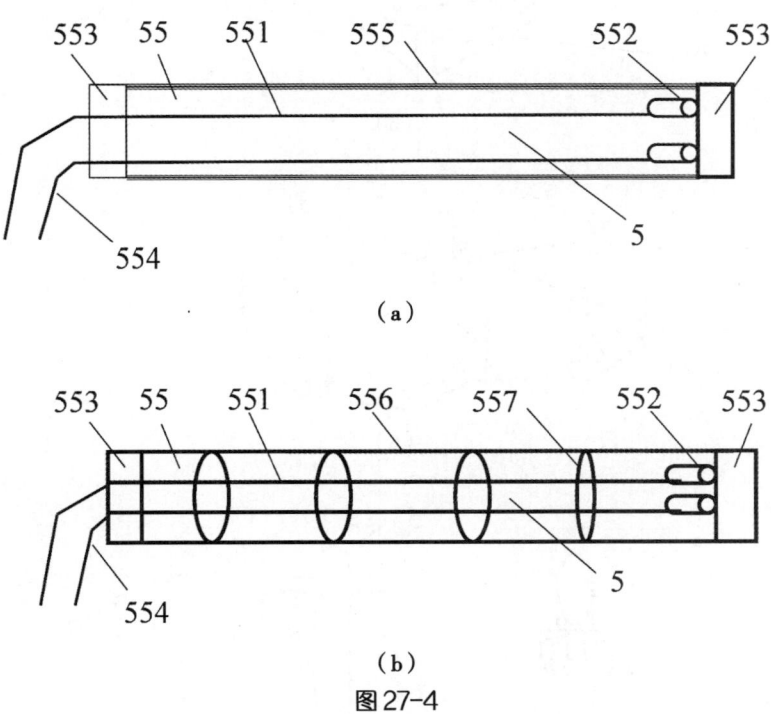

图 27-4

图 27-4 为本设计实施例埋地式直管探头示意图。变形监测器（5）可由埋地式直管探头（55）组成，直管内有至少 1 根裸导线（551）沿轴向拉直，至少一端接弹力段（552），以保证管内裸导线绷直。两端经绝缘端头（553）固定在管口，以保证不碰触管壁。直管探头（55）埋在被监测山体地下，一旦山体变形，直管被折弯，裸导线（551）必碰触管壁，监控主机（1）即可监测到短路，并由此判断山体变形。埋地式直管探头（55）之直管可以是金属波纹管（555），如图 27-4（a）所示，也可以是柔性材料管（556），管内嵌入若干互相连接的导电环（557），如图 27-4（b）所示。

图 27-5 为本设计实施例红外电子栅栏等组成的监测器示意图。图 27-5（a）中，红外电子栅栏（56）组成变形监测器（5），如果山体变形，红外线被遮挡即可监测到。图 27-5（b）中，超声测距探头（62）组成移位监测器（6），如果山体位移，超声波返回距离变化，即可监测到。

图 27-5（c）中，北斗/GPS/GLONASS 卫星定位模块（63）也可组成移位监测器（6），其连续监测模块的三维空间位置，数次监测数据进行互相校准，一旦变化超限并确认后，表明灾害风险大增，监控主机（1）即可监测到。智能网络摄像机（64）可以同时或分别充当变形监测器（5）、移位监测器（6），智能网络摄像机（64）安装于稳定的固定点（53），并固定取景范围，通过对智能网络摄像机（64）进行设置，对图像上的参照物划警戒线，被测山体变形、位移，参照物超警戒线则输出报警信号。还可以利用图像分析软件模块，对参照物的位移、变形进行分析，从而实现灾害预警。

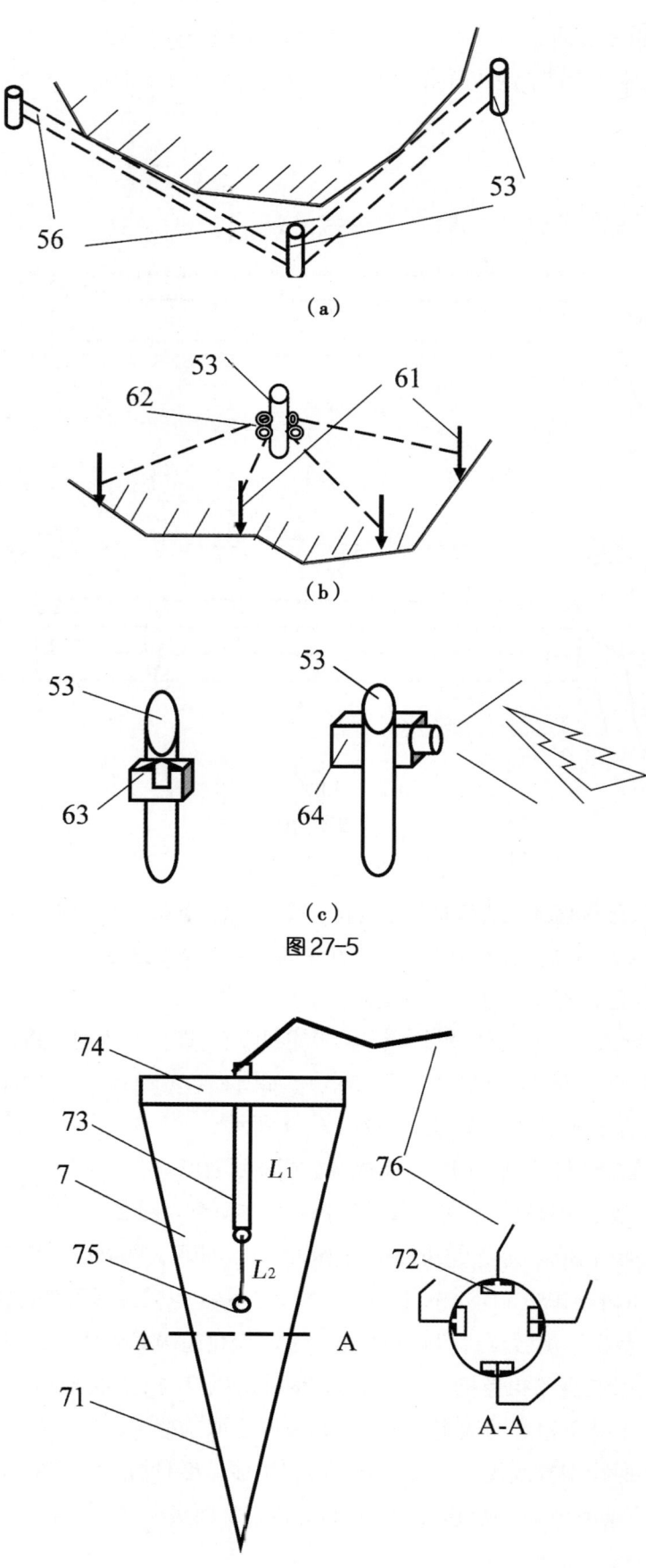

图 27-5

图 27-6

图 27-6 为本设计实施例倾斜与震动监测器示意图。倾斜与震动监测器（7）包含锥筒（71），筒壁各向分布竖条导体（72），有 1 根刚性竖臂（73）经绝缘筒盖（74）从轴线插入，插入长度（L_1）可调。下挂摆锤（75），和倾斜与震动监测引线（76）电连接，摆长（L_2）可调。如果被测山体震动，摆锤（75）会摇摆，反复碰触锥筒壁竖条导体（72）。如果被测山体倾斜，摆锤（75）与锥筒竖条导体（72）接通，插入长度（L_1）越长，摆锤（75）越接近锥尖端，监测越敏感，反之则越不敏感。摆长（L_2）越短，监测的震动频率越高，反之则越低。

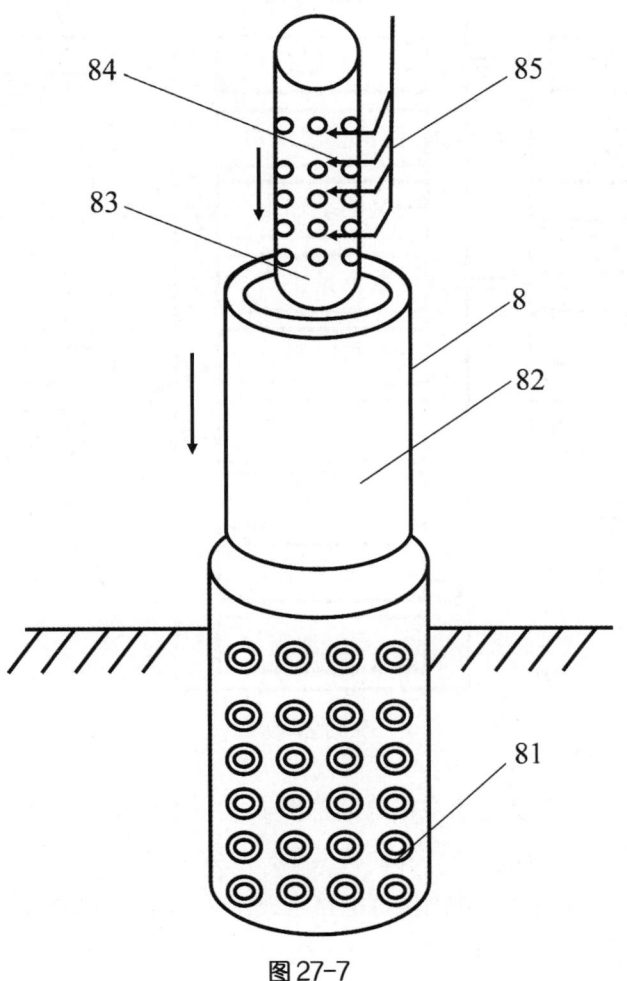

图 27-7

图 27-7 为本设计实施例水位监测器示意图。水位监测器（8）包含外渗漏管（81）、滤芯（82）、内渗漏管（83），三者同轴嵌套，并可拆卸清洗。内渗漏管壁分布有水位探针（84）接水位监测引线（85），水中各种离子使水具有导电性，当水位没过水位探针（84）时监控主机（1）可监测到。水位监测器（8）可埋入土壤中监测孔隙水位，获知土壤吸水饱和程度，也可安装于排水沟等处监测积水、淹水情况。

图 27-8 为本设计实施例雨量监测器示意图。雨量监测器（9）包含漏斗（91）、量杯（92），量杯壁分

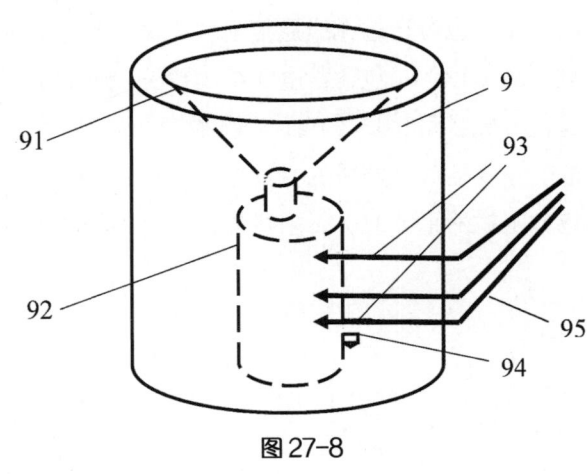

图 27-8

布有雨量探针（93）接雨量监测引线（94），下端有电磁阀（95），均接主机（1），雨水中各种离子使之具有导电性，监测雨水没过量杯（92）上下雨量探针（93）所用时间，即可监测单位时间降雨量，监测量杯（92）总进水量即可获总降雨量。当量杯（92）水满，电磁阀（95）启动排水，保障雨量监测器（9）能持续监测。雨量探针（93）越多越密，监测分辨率越高，反之越低。

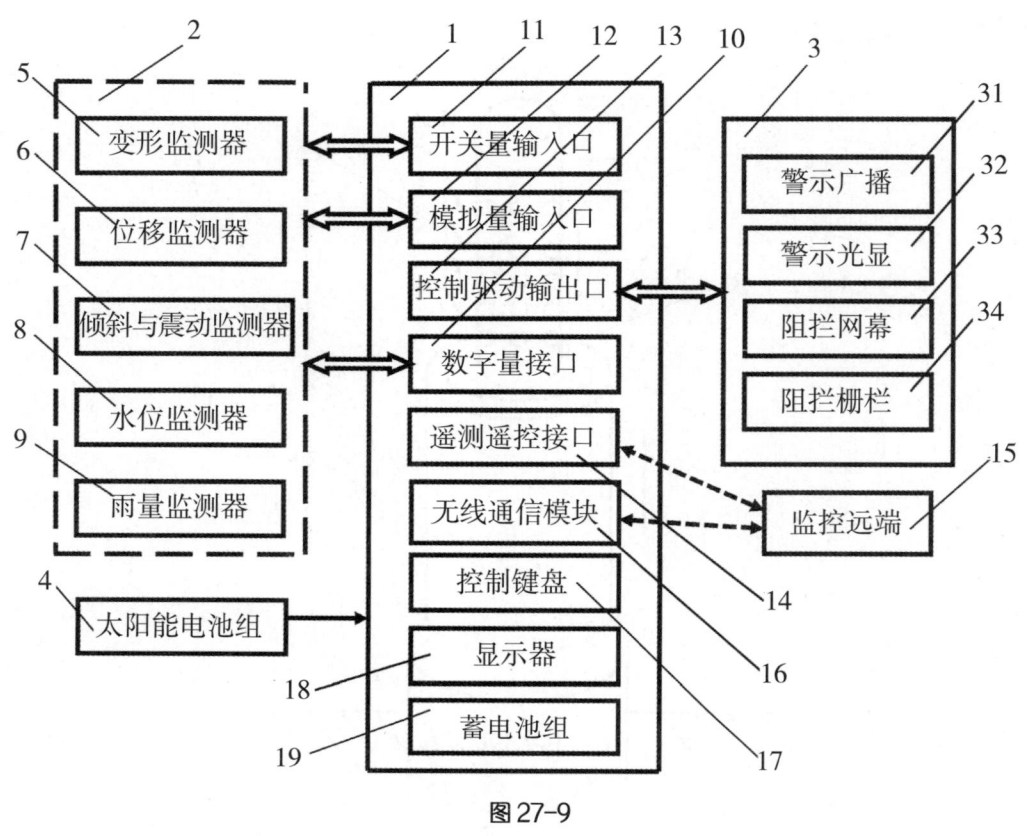

图 27-9

图 27-9 为本设计实施例智能型监控主机电路框图。 监控主机（1）可以由传统的模拟电子电路包括滤波器、缓冲放大器、比较器、光隔离器、A/D 转换器，及数字组合逻辑电路、时序逻辑电路等组成。也可以利用市售的可编程控制器（PLA）外加接口电路组成。专门开发的以数字处理器为核心组成的智能控制器作为监控主机（1）能获得更强的功能。监控主机（1）设有至少 8 个开关量输入口（11）、8 个模拟量输入口（12）、8 个控制驱动输出口（13），没有至少 1 个遥测遥控接口（14）通过连接线与监控远端（15）电连接，也可通过无线通信模块（16）与监控远端（15）电连接。监控主机（1）还包含控制键盘（17）、显示器（18），包含蓄电池组（19），组成不间断电源，与太阳能电池（4）连接。智能型监控主机（1）还包含数字量接口（10）。控制执行装置（3）包含电子语音警示广播（31），根据不同危险部位和不同危险程度播放不同段的警示录音，包含灯箱、LED 显示屏等警示光显（32）显示警告文字、危险地带图形等；包含阻拦网幕（33）、阻拦栅栏（34）等，可以用各种不同形式。

28 自动燃气炊具

28.1 方案概述

一种自动燃气炊具，内装控制器，实现用电控气阀调节灶具火焰大小，用电控风门调节燃气与空气一次混合配比，用摄像头摄取灶具的火焰图像，用温度传感器监测锅具底部温度，用重力传感器监测锅具及食物总重量，并根据监测情况进行分析、判断、控制。灶具与抽油烟机、燃气入室联控，自动控制抽油烟机、入室供气、点火熄火的顺序流程；用轻触键盘操作，用语音提醒，用显示器显示烹饪状态；能检测室内漏气，并自动报警、关闭灶火、切断厨房供气；能用手机通过应用软件（APP）监看灶具相关情况并控制灶具；能控制自动炒锅，实现下料、翻炒、摊平、掀盖、摆锅匀热、翻锅倒菜等操作，自动炒锅呈橄榄形，翻炒臂与摊平臂呈弧形带折弯的片状。

28.2 创造性特征（图28-1~图28-4）

1. 一种自动燃气炊具，包含台面（11）、炉头（12）、锅架（13）、锅具（14）、控制器（2）。其特征是：用电控气阀（3）作为控火阀门；用电控风门（4）调节燃气与空气一次混合配比；台面（11）上至少有1个摄像头（5），其镜头对准灶具火焰；锅架（13）端部至少有1个温度传感器（6）与锅具（14）接触；锅架（13）底部至少有1个重力传感器（7）承载。前述电控气阀（3）控制端、电控风门（4）控制端、摄像头（5）、温度传感器（6）、重力传感器（7）均接控制器（2）。

有抽油烟机供电插座（81）经继电器（82）接市电，有燃气入室电磁阀（83）串接于入室燃气管（84）。前述继电器（82）、电磁阀（83）控制端均接控制器（2）。

台面（11）上有控制键盘（21）、指示灯（22）、显示器（23）、自动炒锅驱动端口（24），均接控制器（2）；台面（11）下有语音模块（25）、蜂鸣器（26）、扬声器（27），均接控制器（2）；有漏气探测器（28）、无线通信模块（29），均接控制器（2）；有手机应用软件（APP）通过手机（15）与控制器（2）建立通信，接收图像及状态信号，发射控制指令。

自动炒锅驱动端口（24）包含下料驱动端（241）、翻炒驱动端（242）、掀盖驱动端（243）、摆锅驱动端（244）。

自动炒锅（141）为卧姿橄榄形，二端部（142）经轴承铰链与锅座（143）连接，受摆锅电机（144）驱动，实现锅体摇摆，能摆至底朝天倒菜；锅盖（145）在锅顶开口处，经铰链与锅壁连接，掀盖推杆（146）两头均有铰链，分别连接锅盖（145）与锅壁；翻炒臂（147）与摊平臂（148）呈弧形带折弯的片状，二者两端相接，经轴承铰链与锅座（143）连接，与炒锅（141）同轴，受翻炒电机（149）驱动。

2. 根据创造性特征1所述的自动燃气炊具，其特征是：内外火圈燃气喷嘴（31）共用一个电控气阀（3），或者分别独立用一个电控气阀（3）。共用时电控气阀（3）在燃气分配三通（32）之前，先控后分；独立时燃气分配三通（32）在电控气阀（3）之前，先分后控。内外火圈电控风门（4）联动，或者分别独立控制；电控风门（4）可以用电动机通过传动驱动风门调节片，也可以用电动推杆驱动风门调节片。

3. 根据创造性特征1所述的自动燃气炊具，其特征是：摄像头（5）为彩色数字型并嵌入图像分析模块，其镜头为全密封型；控制键盘（21）为全密封轻触键盘。

28.3 技术现状及设计目的

28.3.1 技术领域
本设计涉及厨房燃气炊具，尤其涉及一种自动燃气炊具的设计制造等技术领域。

28.3.2 技术现状
长期以来，为使燃气炊具更加安全、节能、环保，使用更加方便，提升炊事烹饪效果，人们对燃气炊具进行了一系列改进，设计了许多具有创新性的燃气炊具。但是目前相关设计存在如下缺陷：

1. 不能在烹饪过程中根据需求不断自动调节燃气流量强度，从而调节灶具火焰大小；不能自动调节燃气及氧气一次混合配比，从而使燃气燃烧效率最佳。

2. 不具备对灶具的火焰图像直接摄取，从而进行分析、判断、监测，并根据检测情况对灶具进行控制的功能。

3. 不具备对锅具底部的温度变化情况，及锅具和食物整体重量的变化情况进行监测，并根据监测结果对灶具进行控制的功能。

4. 不能对抽油烟机及燃气入室电磁阀进行启闭控制，并自动控制抽油烟机、入室供气、点火熄火的顺序流程。

5. 不能轻触操作灶具，并直观显示灶具工作状态；不能预设各种不同炊事烹饪加热流程，并根据不同炊事烹饪需求，自动调整加热时长及不同时间段火力强度和形态。

6. 不具备用语音提示操作或用蜂鸣器报警功能；不能自动监测厨房漏气，并自动报警、关闭灶火、切断厨房供气等；不能用手机监看灶具相关情况并控制灶具。

7. 不能对自动炒锅进行控制，实现加料、翻炒、摊平、掀盖、摆锅匀热、翻锅倒菜等动作。

28.3.3 本设计目的
提供一种自动燃气炊具，克服上述缺陷，解决所述问题。

28.4 总体方案及效果

28.4.1 本设计总体方案
提供一种自动燃气炊具，包含台面（11）、炉头（12）、锅架（13）、锅具（14）、控制器（2）。其用电控气阀（3）作为控火阀门；用电控风门（4）调节燃气与空气一次混合配比；台面（11）上至少有1个摄像头（5），其镜头对准灶具火焰；锅架（13）端部至少有1个温度传感器（6）与锅具（14）接触；锅架（13）底部至少有1个重力传感器（7）承载锅架（13）、锅具（14）及食物。前述控火电控气阀（3）控制端、电控风门（4）控制端、摄像头（5）、温度传感器（6）、重力传感器（7）均接控制器（2）。温度传感器可以是热电偶等测温器件，其下有弹性件以贴紧锅具；重力传感器（7）用1—2个，控制器（2）会自动扣除食物以外的重量。

有抽油烟机供电插座（81）经继电器（82）接市电，有燃气入室电磁阀（83）串接于入室燃气管（84），前述继电器（82）、电磁阀（83）控制端均接控制器（2）。烹饪开始时先开抽油烟机，再开入室燃气，最后开燃气灶，烹饪结束时顺序相反。

台面（11）上有控制键盘（21）、指示灯（22）、显示器（23）、自动炒锅驱动端口（24），均接控制器（2）；台面（11）下有语音模块（25）、蜂鸣器（26）、扬声器（27），均接控制器（2）；有漏气探测器（28）、无线通信模块（29），均接控制器（2）；有手机应用软件（APP）通过手机（15）与控制器（2）建立通信，接收图像及状态信号，发射控制指令。漏气探测器（28）可以外接，以防误报；无线通信模块（29）应有天线露在金属机壳之外。

自动炒锅驱动端口（24）包含下料驱动端（241）、翻炒驱动端（242）、掀盖驱动端（243）、摆锅驱动端（244），下料驱动端（241）驱动下料闸阀，翻炒驱动端（242）驱动翻炒臂（147）与摊平臂（148）。

自动炒锅（141）是专用于炒菜模式的锅具（14）之一，为卧姿橄榄形，其二端部（142）经轴承铰链与锅座（143）连接，受摆锅电机（144）驱动，实现锅体摇摆，能摆至底朝天倒菜或倒刷锅水；锅盖（145）在锅顶开口处，经铰链与锅壁连接，掀盖推杆（146）两头均有铰链，分别连接锅盖（145）与锅壁；翻炒臂（147）与摊平臂（148）呈弧形带折弯的片状，二者两端相接，经轴承铰链与锅座（143）连接，与炒锅（141）同轴，受翻炒电机（149）驱动；翻炒臂（147）是条形片状，中段向后弯，前沿与炒锅底吻合，后沿上斜，摊平臂（148）中段向前弯，前沿与炒锅底平行，后沿下斜。翻炒是为防止菜品过热烧焦，摊平是为菜品充分接触锅底加热均匀，掀盖是为散发蒸汽、加料或倒菜。锅盖朝上下料时全掀开，锅盖朝下倒菜时半掀开，作为落菜导槽。炒锅口宜椭圆形。

内外火圈燃气喷嘴（31）共用一个控火电控气阀（3），或者分别独立用一个控火电控气阀（3）。共用时电控气阀（3）在燃气分配三通（32）之前，先控后分；独立时燃气分配三通（32）在电控气阀（3）之前，先分后控。内外火圈电控风门（4）联动，或者分别独立控制；电控风门（4）可以用电动机通过齿轮或皮带驱动风门调节片，也可以用电动推杆驱动风门调节片。电控气阀（3）优先选用电动阀门。

摄像头（5）为彩色数字型并嵌入图像分析模块，其镜头为全密封型；当灶具使用红外辐射栅板提高燃烧效率时，无蓝色火焰，而是呈现大红色，摄像镜头用红外滤色片，监测热功率。控制键盘（21）为全密封轻触键盘。

一般燃气灶所配备的电子脉冲点火电路、熄火监测保护热电偶等，都接控制器（2）。

28.4.2 本设计效果

1. 能在烹饪过程中根据需求不断自动调节燃气流量强度，从而调节灶具火焰大小；能自动调节燃气及氧气一次混合配比，使燃气燃烧效率最佳。

2. 具备对灶具的火焰图像直接摄取，从而进行分析、判断、监测，并根据监测情况对灶具进行控制的功能。

3. 具备对锅具底部的温度变化情况进行接触性监测，并对锅具和食物整体重量的变化情况进行精准监测，并根据监测结果对灶具进行控制的功能。

4. 能对抽油烟机及燃气入室电磁阀进行启闭控制，并自动控制抽油烟机、入室供气、点火熄火的顺序流程。

5. 能轻触操作灶具，并直观显示灶具工作状态；能预设各种不同炊事烹饪加热流程，并根据不同炊事烹饪需求，自动调整加热时长及不同时间段火力强度和形态。

6. 具备用语音提示操作或用蜂鸣器报警功能；能自动监测厨房漏气，并自动报警、关闭灶火、切断厨房供气等；能用手机监看灶具相关情况并控制灶具。

7. 能对自动炒锅进行控制，实现加料、翻炒、摊平、掀盖、摆锅匀热、翻锅倒菜等动作。

28.5 设计原理与实施方案

28.5.1 附图说明

图 28-1 为本设计实施例结构示意图。

图 28-2 为本设计实施例台面示意图。

图 28-3 为本设计实施例自动炒锅示意图。

图 28-4 为本设计实施例控制电路方框示意图。

28.5.2 具体工作原理与实施方案

下面结合实施例，对本设计作进一步说明。

图 28-1 为本设计实施例结构示意图。

其用电控气阀（3）作为控火阀门，能在烹饪过程中根据需求不断自动调节燃气流量强度，从而调节灶具火焰大小；用电控风门（4）自动调节燃气与空气一次混合配比，使燃气燃烧效率最佳；台面（11）上至少有一个摄像头（5），其镜头对准灶具火焰，能对灶具的火焰图像直接摄取，进行分析、判断、监测，并根据监测情况对灶具进行控制。

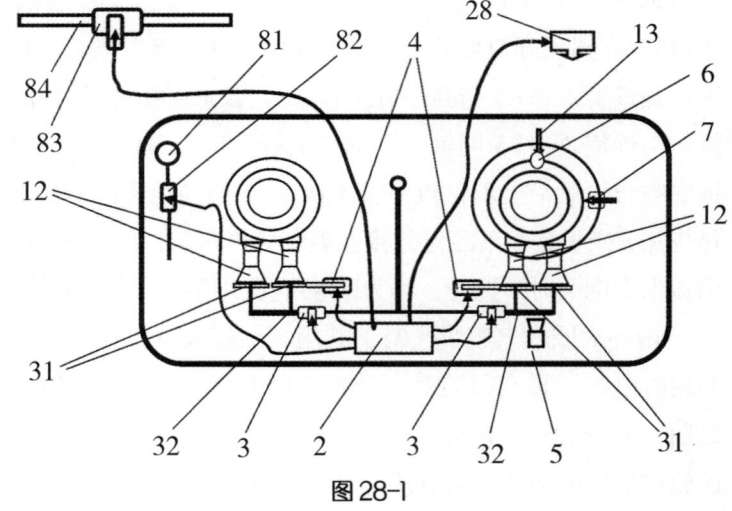

图 28-1

锅架（13）端部至少有 1 个温度传感器（6）与锅具（14）接触；锅架（13）底部至少有 1 个重力传感器（7）承载锅架（13）、锅具（14）及食物，能对锅具底部的温度变化情况，及锅具和食物整体重量的变化情况进行监测，并根据监测结果对灶具进行控制。控火电控气阀（3）控制端、控制燃气与空气混合的电控风门（4）控制端、摄像头（5）、温度传感器（6）、重力传感器（7）均接控制器（2）。温度传感器可以是热电偶等测温器件，其下有弹性件以贴紧锅具；重力传感器（7）用 1—2 个，控制器（2）会自动扣除食物以外的重量，并根据食物重量变化情况判断烹饪进展情况。

有抽油烟机供电插座（81）经继电器（82）接市电，有燃气入室电磁阀（83）串接于入室燃气管（84），前述继电器（82）、电磁阀（83）控制端均接控制器（2）。能对抽油烟机及燃气入室电磁阀进行启闭控制，并自动控制抽油烟机、入室供气、点火熄火的顺序流程。烹饪开始时先开抽油烟机，再开入室燃气，最后开燃气灶，烹饪结束时顺序相反。

台面（11）上有控制键盘（21）、指示灯（22）、显示器（23）、自动炒锅驱动端口（24），均接控制器（2），能轻触操作灶具，并直观显示灶具工作状态；能预设各种不同炊事烹饪加热流程，并根据不同炊事烹饪需求，自动调整加热时长及不同时间段火力强度和形态。台面（11）下有语音模块（25）、蜂鸣器（26）、扬声器（27），均接控制器（2）。有漏气探测器（28）、无线通信模块（29），均接控制器（2）。有手机应用软件（APP）通过手机（15）与控制器（2）建立通信，接收图像及状态信号，发射控制指令。漏气探测器（28）可以外接，以防误报；无线通信模块（29）应有天线露在金属机壳之外。以上实现了用语音提示操作或用蜂鸣器报警；能自动监测厨房漏气，并自动报警、关闭灶火、切断厨房供气等；能用手机监看灶具相关情况并控制灶具。

自动炒锅驱动端口（24）包含下料驱动端（241）、翻炒驱动端（242）、掀盖驱动端（243）、摆锅驱动端（244），下料驱动端（241）驱动下料闸阀，翻炒驱动端（242）驱动翻炒臂（147）与摊平臂（148）。能对自动炒锅进行控制，实现加料、翻炒、摊平、掀盖、摆锅匀热、翻锅倒菜等动作。

自动炒锅（141）是专用于炒菜模式的锅具（14）之一，为卧姿橄榄形，其二端部（142）经轴承铰链与锅座（143）连接，受摆锅电机（144）驱动，实现锅体摇摆，能摆至底朝天倒菜或倒刷锅水；锅盖（145）在锅顶开口处，经铰链与锅壁连接，掀盖推杆（146）两头均有铰链，分别连接锅盖（145）与锅壁；翻炒臂（147）与摊平臂（148）呈弧形带折弯的片状，二者两端相接，经轴承铰链与锅座（143）连接，与炒锅（141）同轴，受翻炒电机（149）驱动；翻炒臂（147）是条形片状，中段向后弯，以将食物向锅心赶，前沿与炒锅底吻合，以防食物粘底烧焦，后沿上斜，以助食物翻覆；摊平臂（148）中段向前弯，与翻炒臂相反，以将食物向两头赶，前沿与炒锅底平行，让食物摊平，后沿下斜，以压实食物，使其与锅底充分接触。翻炒是为防止菜品过热烧焦，摊平是为菜品充分接触锅底加热均匀，掀盖是为散发蒸汽、加料或倒菜、锅盖朝上下料时被全掀开，锅盖朝下倒菜时被半掀开，作为落菜导槽。炒锅口宜椭圆形。

内外火圈燃气喷嘴（31）共用一个控火电控气阀（3），或者分别独立用一个控火电控气阀（3）。共用时电控气阀（3）在燃气分配三通（32）之前，先控后分；独立时燃气分配三通（32）在电控气阀（3）之前，先分后控。内外火圈电控风门（4）联动，或者分别独立控制；电控风门（4）可以用电动机通过齿轮或皮带驱动风门调节片，也可以用电动推杆驱动风门调节片。电控气阀（3）优先选用电动阀门。

摄像头（5）为彩色数字型并嵌入图像分析模块，其镜头为全密封型；当灶具使用红外辐射栅板提高燃烧效率时，无蓝色火焰，而是呈现大红色，摄像镜头用红外滤色片，监测热功率。控制键盘（21）为全密封轻触键盘。

一般燃气灶所配备的电子脉冲点火电路，以热电偶为主的熄火监测电路等，都接到控制器（2）。

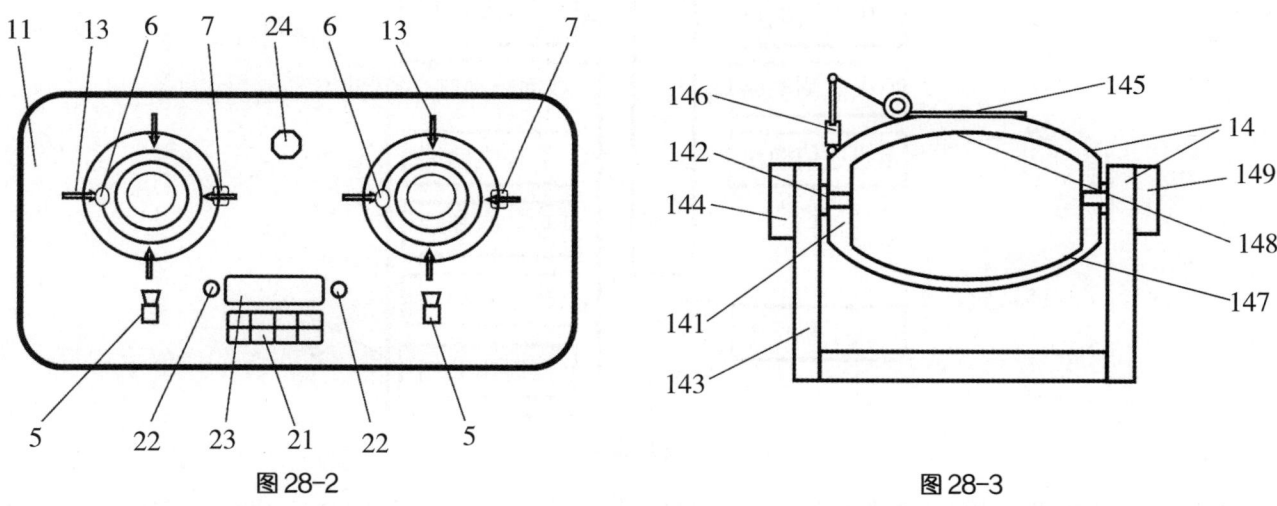

图 28-2　　　　　　　　　　　　　图 28-3

图 28-2 为本设计实施例台面示意图。台面（11）上至少有 1 个摄像头（5），其镜头对准灶具火焰；可以每个灶 1 个摄像头（5），也可以 2 个。锅架（13）端部至少有 1 个温度传感器（6）与锅具（14）接触；锅架（13）底部至少有 1 个重力传感器（7）承载锅架（13）、锅具（14）及食物。台面（11）上有控制键盘（21）、指示灯（22）、显示器（23）、自动炒锅驱动端口（24），均接控制器（2）。

图 28-3 为本设计实施例自动炒锅示意图。自动炒锅（141）是专用于炒菜模式的锅具（14）之一，为卧姿橄榄形，其二端部（142）经轴承铰链与锅座（143）连接，受摆锅电机（144）驱动，实现锅体摇摆，能摆至底朝天倒菜或倒刷锅水；锅盖（145）在锅顶开口处，经铰链与锅壁连接，掀盖推杆（146）两头

均有铰链，分别连接锅盖（145）与锅壁；翻炒臂（147）与摊平臂（148）呈弧形带折弯的片状，二者两端相接，保持固定的相对角度并匀速转动，翻炒在前，摊平在后，翻炒臂（147）与摊平臂（148）经轴承铰链与锅座（143）连接，与炒锅（141）同轴，受翻炒电机（149）驱动；翻炒臂（147）是条形片状，中段向后弯，前沿与炒锅底吻合，后沿上斜，摊平臂（148）中段向前弯，前沿与炒锅底平行，后沿下斜。翻炒是为防止菜品过热烧焦，摊平是为菜品充分接触锅底加热均匀，掀盖是为散发蒸汽、加料或倒菜；锅盖朝上下料时被全掀开，锅盖朝下倒菜时被自动或手动半掀开，作为落菜导槽，倒菜时应关闭炉火并移开炒锅。炒锅口宜椭圆形。当本设计用于炒菜时，其锅具（14）用自动炒锅（141），锅座（143）架于锅架（13）之上，与相应槽位吻合，但无固定连接，随时可以移除更换，或移走进行其他操作；其他烹饪需求时使用其他锅具。自动炒锅适用于学校、机关、公司、酒店等单位厨房。

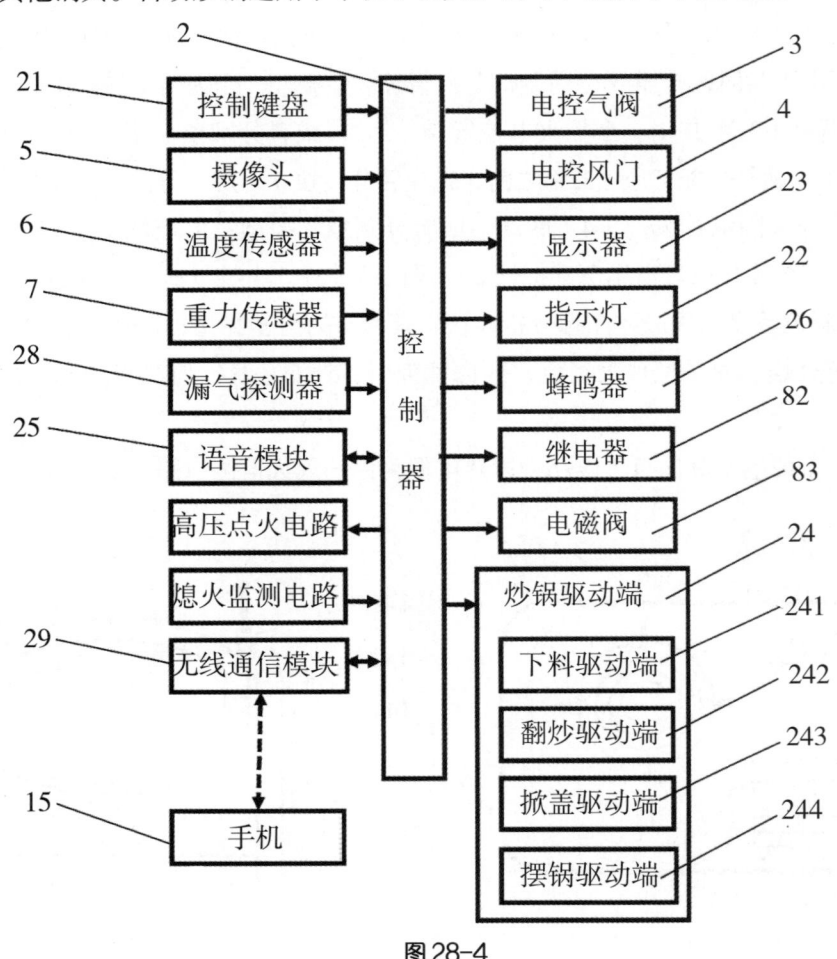

图 28-4

图 28-4 为本设计实施例控制电路方框示意图。控制器（2）是本设计的核心中枢，对所有电子、电气电路进行控制，图 28-4 中表示的是它们的连接控制关系。控制器一般由数字处理器及相关电路或者单片计算机及相关电路组成。控制器（2）实际上是一个工控模块，具有多个模拟量、开关量的采集输入口，及多个模拟量、开关量的控制输出接口，还具有数字通信接口、显示驱动接口等，其硬件可以自行应用现有技术开发，或者定制，或者直接购买工控模块、可编程控制器（PLA）等。本设计采用定制模式，其控制方法和控制参数由软件设定，不属于本设计的特征内容。此处举例说明通过食物的重量变化来判断和控制烹饪过程的方法，如同样煮米饭，来客时 8 分满锅和平常 2 分满锅重量明显不同，所需火力和烹饪时间也不同；又如隔水炖煮，当重量比开始时低很多并快速降低时需警惕水烧干了，此时应报警甚至停火。

29 智能垃圾分类系统

29.1 方案概述

一种智能垃圾分类系统,用于家庭垃圾分类、公共垃圾分类及城市垃圾分类管理。其控制通信模块通过电控推杆或电控锁扣控制垃圾桶盖的开闭,触摸手机应用软件显示的垃圾类型、名称或图例,或者对手机说出垃圾名称,系统软件根据语音识别判断垃圾类型,自动开启相应类型垃圾桶。垃圾桶与垃圾袋的二维码使二者一一对应,并使垃圾袋与手机机主绑定,实现投放人可追溯。垃圾桶上有拾音器、摄像头,使系统软件根据语音识别、图像识别可判断垃圾类型,并可监督记录用户的垃圾分类入桶行为;垃圾桶上有扬声器可播放语音或音乐。控制系统可用太阳能供电。系统软件平台分别与手机应用软件、社会管理基础数据平台建立通信,实现数据共享。

29.2 创造性特征(图 29-1)

1.一种智能垃圾分类系统,包含垃圾桶(1)、垃圾袋,垃圾桶(1)包含桶体(11)、桶盖(12),桶盖(12)经铰链(13)与桶体(11)连接。其特征是:有电控推杆(14)连接在桶体(11)与桶盖(12)之间,或者桶盖铰链(13)有弹开弹簧(15),掀盖端有电控锁扣(16);桶体内有控制通信模块(21),与电控推杆(14)或电控锁扣(16)电连接;垃圾桶及垃圾袋外表面有二维码。

有手机(31)应用软件通过公共移动通信网络或其他通信方式(WiFi、蓝牙)实现垃圾桶的控制通信模块(21)与手机(31)通信,进而实现手机(31)应用软件对垃圾桶开盖动作的控制。手机(31)应用软件显示界面上有各个垃圾类型按钮,有各种垃圾名称及图例页面,触摸垃圾名称或图例,自动开启相应类型垃圾桶(1);用户对手机(31)说出垃圾名称,系统软件根据语音识别判断垃圾类型,自动开启相应类型垃圾桶(1)。

垃圾桶(1)与垃圾袋通过主色及二维码区分不同垃圾类型,分别扫二维码控制垃圾桶开启,使垃圾桶与垃圾袋一一对应,实现不同垃圾投放不同垃圾桶(1),并使垃圾袋与手机机主绑定,实现垃圾分类入桶情况可以追溯到投放人。

2.根据创造性特征1所述的智能垃圾分类系统,其特征是:垃圾桶(1)外表面有光伏太阳能电池(17),与控制通信模块(21)电连接。

3.根据创造性特征1所述的智能垃圾分类系统,其特征是:垃圾桶(1)上有拾音器(41)与控制通信模块(21)电连接,用户对拾音器(41)说出垃圾名称,系统软件根据语音数据判断垃圾类型,自动开启相应类型垃圾桶(1)。

4.根据创造性特征1所述的智能垃圾分类系统,其特征是:垃圾桶(1)上有摄像头(51)与控制通信模块(21)电连接,其可抓拍具体垃圾图像,系统软件根据图像数据判断垃圾类型,也可抓拍用户的垃圾袋二维码判断垃圾类型,自动开启相应类型垃圾桶,并可抓拍人脸及垃圾投放过程,监督记录用户的垃圾分类入桶行为。

5. 根据创造性特征1所述的智能垃圾分类系统，其特征是：垃圾桶（1）上有扬声器（61），与控制通信模块（21）电连接，可播放语音或音乐。

6. 根据创造性特征1或2或3或4或5所述的智能垃圾分类系统，其特征是：有智能垃圾分类系统软件平台（71）与手机（31）应用软件无线电连接，建立通信，与社会管理基础数据平台（81）电连接，建立通信。

7. 根据创造性特征6所述的智能垃圾分类系统，其特征是：控制通信模块（21）包含数字处理器（211）、通信模块（212）、卫星定位模块（213）。

29.3 技术现状及设计目的

29.3.1 技术领域

本设计涉及垃圾分类投放管理，尤其涉及一种智能垃圾分类系统的设计、制造、应用、处理等技术领域。

29.3.2 技术现状

近两年，我国各级政府十分重视垃圾分类投放处理，把垃圾分类作为政府的一件大事来抓，大力宣传垃圾分类投放管理的重要意义及紧迫性，并投入了大量的人力、物力，为群众提供了大量的垃圾桶、垃圾袋等。但是目前的管理方法比较原始，缺乏技术含量，主要依赖群众的自觉性及督导员的工作，费力费财，收效较低，垃圾分类不准确、不彻底，影响后续垃圾处理工作效率。

29.3.3 本设计目的

提供一种智能垃圾分类系统，提升垃圾分类处理的技术含量和智能化水平，准确彻底地分类垃圾，节省人力、财力，提高工作效率，达到保护环境、利国利民的目的。

29.4 总体方案及效果

29.4.1 本设计总体方案

提供一种智能垃圾分类系统，包含垃圾桶（1）、垃圾袋。垃圾桶（1）包括家用垃圾桶、公共垃圾桶。垃圾桶（1）包含桶体（11）、桶盖（12），桶盖（12）经铰链（13）与桶体（11）连接，有电控推杆（14）连接在桶体（11）与桶盖（13）之间，或者桶盖铰链（13）有弹开弹簧（15），掀盖端有电控锁扣（16）。桶体内有控制通信模块（21），与电控推杆（14）或电控锁扣（16）电连接，垃圾桶及垃圾袋外表面有二维码。

有手机（31）应用软件通过公共移动通信网络或其他通信方式实现垃圾桶的控制通信模块（21）与手机（31）通信，进而实现手机（31）应用软件通过控制电控推杆（14）或电控锁扣（16）对垃圾桶开盖动作的控制。手机（31）应用软件显示界面上有各个垃圾类型按钮，对于不熟悉手上垃圾属于哪一类的情况，手机显示各种垃圾名称及图例页面，触摸垃圾名称及图例，自动开启相应类型垃圾桶（1）；用户对手机（31）说出垃圾名称，系统软件根据语音数据判断垃圾类型，自动开启相应类型垃圾桶（1）。图例和声音识别适用于不识字的人或眼睛不好的老人。

垃圾桶（1）与垃圾袋通过主色及二维码区分不同垃圾类型，分别扫二维码控制垃圾桶开启，使垃圾桶与垃圾袋一一对应，实现不同垃圾投放不同垃圾桶（1），并使垃圾袋与手机机主绑定，实现垃圾分类入桶情况可以追溯到投放人。

垃圾桶（1）外表面有光伏太阳能电池（17），与控制通信模块（21）电连接，垃圾桶（1）的电路可以接市电供电，或者用充电电池供电，或者用光伏太阳能电池（17）与充电电池配合供电。

垃圾桶（1）上有拾音器（41）与控制通信模块（21）电连接。用户对拾音器（41）说出垃圾名称，系统软件根据语音数据判断垃圾类型，自动开启相应类型垃圾桶（1），适用于没有手机应用软件的人。

垃圾桶（1）上有摄像头（51）与控制通信模块（21）电连接，其可抓拍具体垃圾图像，系统软件根据图像数据判断垃圾类型，也可抓拍用户的垃圾袋二维码判断垃圾类型，自动开启相应类型垃圾桶，并可抓拍人脸及垃圾投放过程，监督记录用户的垃圾分类入桶行为。摄像头及图像识别的应用，进一步提升系统的智能化水平。

垃圾桶（1）上有扬声器（61），与控制通信模块（21）电连接，可播放语音或音乐，用于播放对规范投放人的夸赞，对不文明行为的劝导，也可以播放疏导宣传内容。

有智能垃圾分类系统软件平台（71）与手机（31）应用软件无线电连接，建立通信；与社会管理基础数据平台（81）电连接，建立通信。智能垃圾分类系统软件平台（71）可以部署在城市环卫部门或街道社区居委会等相关机构，社会管理基础数据平台（81）可以是社区网格化管理平台等。

控制通信模块（21）包含数字处理器（211）、通信模块（212）、卫星定位模块（213），当然还有存储器、供电电源及外围附属元器件等。卫星定位模块（213）可以是北斗系统或者GPS，或者双模，可以协助对较大型垃圾桶进行追踪调度。

29.4.2 本设计效果

1. 在家时对着垃圾桶说出垃圾名称，或者点击手机应用软件上显示的垃圾类型、名称或图例，对应类型的垃圾桶自动弹开，实现垃圾精准分类；

2. 在公共垃圾投放点，使用上述方法，或者分别扫描垃圾袋及垃圾桶的二维码，或者把垃圾、垃圾袋对准摄像头，对应类型垃圾桶自动开启接纳垃圾，同时系统记录下每一袋垃圾的投放人，不按要求分类的垃圾可以查出投放人；

3. 垃圾分类系统的数据与其他社会管理数据对接，实现数据共享。

29.5 设计具体工作原理与实施方案

下面结合实施例，对本设计作进一步说明。

图29-1为本设计实施例总体结构示意图。这种智能垃圾分类系统，包含垃圾桶（1）、垃圾袋。垃圾桶（1）包括家用垃圾桶、公共垃圾桶。垃圾桶（1）包含桶体（11）、桶盖（12），桶盖（12）经铰链（13）与桶体（11）连接，有电控推杆（14）连接在桶体（11）与桶盖（13）之间，或者桶盖铰链（13）有弹开弹簧（15），掀盖端有电控锁扣（16）。电控推杆（14）与弹开弹簧（15）加电控锁扣（16）的方式是两种各有特色的方式，视垃圾桶的用途和用户的财力、使用爱好选用。桶体内有控制通信模块（21），与电控推杆（14）或电控锁扣（16）电连接，电控推杆（14）或电控锁扣（16）受控于控制通信模块（21）。垃圾桶及垃圾袋外表面有二维码，各个垃圾桶及垃圾袋的二维码唯一，方便系统记录跟踪。

有手机（31）应用软件通过公共移动通信网络或其他通信方式实现垃圾桶的控制通信模块（21）与手机（31）通信，进而实现手机（31）应用软件通过控制电控推杆（14）或电控锁扣（16）控制垃圾桶开盖动作。通过公共移动通信网络需购买物联网卡及流量，所以系统支持WiFi、蓝牙等通信方式。手机（31）应用软件显示界面上有各个垃圾类型按钮，对于不熟悉手上垃圾属于哪一类的情况，手机显示各种垃圾名称及图例页面，触摸垃圾名称及图例，自动开启相应类型垃圾桶（1）；用户对手机（31）说出垃圾名称，系统软件根据语音数据判断垃圾类型，自动开启相应类型垃圾桶（1）。图例和声音识别适用于不识字的人或眼睛

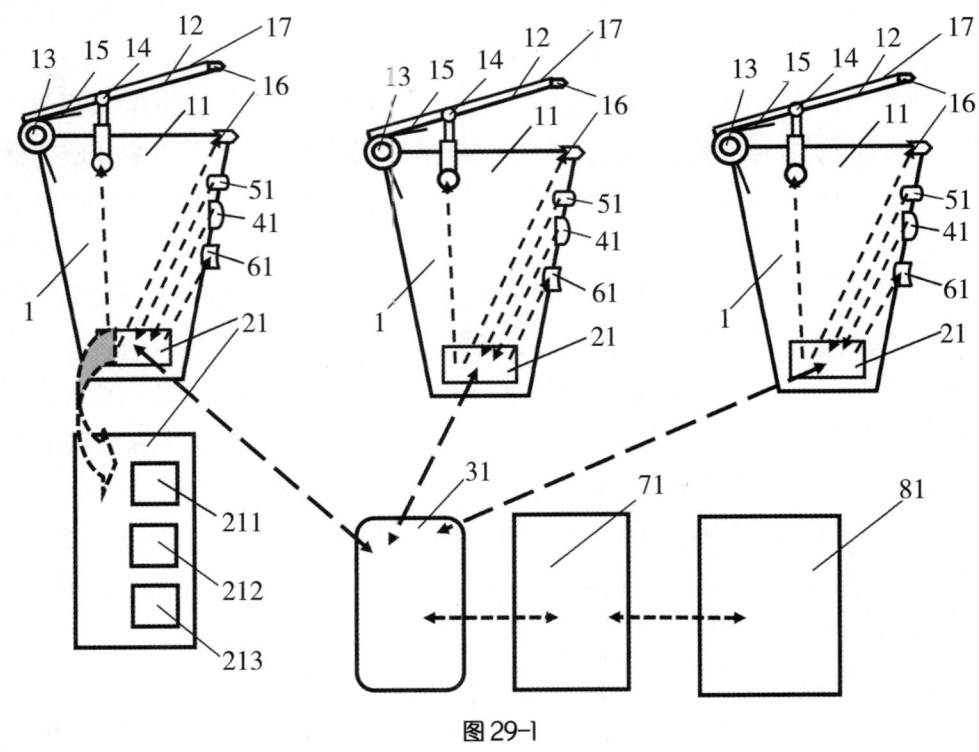

图 29-1

不好的老人。

垃圾桶（1）与垃圾袋通过主色及二维码区分不同垃圾类型，分别扫二维码控制垃圾桶开启，使垃圾桶与垃圾袋一一对应，实现不同垃圾投放不同垃圾桶（1），并使垃圾袋与手机机主绑定，实现垃圾分类入桶情况可以追溯到投放人。

垃圾桶（1）外表面有光伏太阳能电池（17），与控制通信模块（21）电连接，垃圾桶（1）的电路可以接市电供电，或者用充电电池供电，或者用光伏太阳能电池（17）与充电电池配合供电。

垃圾桶（1）上有拾音器（41）与控制通信模块（21）电连接。用户对拾音器（41）说出垃圾名称，系统软件根据语音数据判断垃圾类型，自动开启相应类型垃圾桶（1），适用于没有手机应用软件的人。

垃圾桶（1）上有摄像头（51）与控制通信模块（21）电连接，其可抓拍具体垃圾图像，系统软件根据图像数据判断垃圾类型，也可抓拍用户的垃圾袋二维码判断垃圾类型，自动开启相应类型垃圾桶，并可抓拍人脸及垃圾投放过程，监督记录用户的垃圾分类入桶行为。摄像头及图像识别的应用，进一步提升系统的智能化水平。

如垃圾桶控制通信模块（21）嵌入语音识别或图像识别软件模块，则垃圾桶能实现离线识别、离线工作。

垃圾桶（1）上有扬声器（61），与控制通信模块（21）电连接，可播放语音或音乐，用于播放对规范投放人的夸赞，对不文明行为的劝导，也可以播放疏导宣传内容。

有智能垃圾分类系统软件平台（71）与手机（31）应用软件无线电连接，建立通信；与社会管理基础数据平台（81）电连接，建立通信。智能垃圾分类系统软件平台（71）可以部署在城市环卫部门或街道社区居委会等相关机构，社会管理基础数据平台（81）可以是社区网格化管理平台等。

控制通信模块（21）包含数字处理器（211）、通信模块（212）、卫星定位模块（213），当然还有存储器、供电电源及外围附属元器件等。卫星定位模块（213）可以是北斗系统或者GPS，或者双模，可以协助对较大型垃圾桶进行追踪调度。控制通信模块（21）可以利用现有技术自行开发生产配套，也可以向相关厂商定制。

30 监护手表

30.1 方案概述

一种监护手表，用于老人或病人的监护，其具备带卫星定位的移动电话的一般功能，还具有血压、心率、参考体温、血糖测试功能。其安装安卓等智能操作系统及各个功能软件模块，经移动电话模块与监护中心建立通信，成为监护中心软件平台的客户端，使监护中心能随时监测记录用户的位置、血压、心率、参考体温等，并可在用户配合下进行血糖测试记录；测试结果均可在本机记录存储，也存储在监护中心用于查询并分析用户健康状况。其支持消费电子支付，支持离身监测、紧急报警、电池电量低报警，支持休眠节电，支持用语音及震动提醒用户充电及病人吃药等，可无线接入耳机话筒。

30.2 创造性特征（图30-1~图30-4）

1. 一种监护手表，包含表体（1）及腕带（2）。表体（1）由内置电池供电，在表体（1）内有智能主控模块（3）连接并控制移动电话模块（4），有北斗/GPS/GLONASS卫星定位模块（5）、蓝牙模块（6）、WiFi模块（7）、摄像头（8）、USB接口（9）、触摸显示屏（10）。其特征是：智能主控模块（3）连接温度传感器（11）、压力传感器（12）、报警按钮（13）、离身监测开关（14）、血糖试纸插口（15），还连接NFC近场通信模块（16），智能主控模块（3）经移动电话模块（4）与监护中心无线连接进行数据互传。

2. 根据创造性特征1所述的监护手表，其特征是：报警按钮（13）及血糖试纸插口（15）分布在表体（1）表面，温度传感器（11）、压力传感器（12）及离身监测开关（14）分布在表体（1）及腕带（2）背面与手腕接触处。

3. 根据创造性特征2所述的监护手表，其特征是：有血压测量模块（17）与智能主控模块（3）连接，并可拔插拆卸；有血压测量充气带（18）附着在腕带（2）背面与手腕接触处，并可拆卸，气路接入血压测量模块（17）。

4. 根据创造性特征3所述的监护手表，其特征是：移动电话模块（4）、北斗/GPS/GLONASS卫星定位模块（5）、蓝牙模块（6）、WiFi通信模块（7）、摄像头（8）、触摸显示屏（10）、NFC近场通信模块（16）、血压测量模块（17）的供电端接智能主控模块（3）实现分别变换工作、休眠、关闭状态，表体（1）表面有LED灯及独立开关（19）。

30.3 技术现状及设计目的

30.3.1 技术领域

本设计涉及身体参数电子监测及通信技术领域。

30.3.2 技术现状

现有腕戴式移动电话可以通信和定位，但不支持离身监测，未设报警按钮；腕式血压计不能远程无线读取测量数据，不支持参考体温、血糖测试；血糖仪也不支持远程无线读数。以上设备均不支持节电休眠模式；未作为健康监护软件平台的客户端，接受监护中心的监护。

30.3.3 本设计目的

提供一种监护手表，用于老人或病人的监护，其具备带卫星定位的移动电话的一般功能，还具有血压、心率、参考体温、血糖测试功能。其安装安卓等智能操作系统及各个功能软件模块，经移动电话模块与监护中心建立通信，成为监护中心软件平台的客户端，使监护中心能随时监测记录用户的位置、血压、心率、参考体温等，并可在用户配合下进行血糖测试记录；测试结果均可在本机记录存储，也存储在监护中心用于查询并分析用户健康状况。其支持消费电子支付等；支持在不测血压时也可用压力传感器测量心率；支持离身监测、紧急报警、电池电量低报警等；支持离身关闭血压、心率、参考体温监测功能；支持未读取监测数据时关闭相应功能模块，即间歇工作休眠节电功能；支持用语音及震动提醒用户充电及病人吃药；其蓝牙模块可无线接入耳机话筒用于通话，也可无线接入心音、呼吸音拾音终端，当用户或护理人员将心音、呼吸音拾音终端紧贴用户胸口时，监护中心可监听记录用户心音、呼吸音；摄像头可拍摄或监视用户所处场景；支持在运营商配合下用移动电话蜂窝网定位，用于卫星定位盲区的辅助定位。血压测量模块及其充气带可以拆卸以给监护手表瘦身。

30.4 总体方案及效果

30.4.1 本设计总体方案

提供一种监护手表，包含表体及腕带。在表体内，有智能主控模块连接并控制移动电话模块，有北斗/GPS/GLONASS卫星定位模块、蓝牙模块、WiFi模块、摄像头、NFC近场通信模块、触摸显示屏，智能主控模块经移动电话模块与监护中心无线连接进行数据互传并接受监护中心控制。智能主控模块还连接USB接口、温度传感器、压力传感器、报警按钮、离身监测开关、血糖试纸插口。USB接口、报警按钮及血糖试纸插口分布在表体表面，温度传感器、压力传感器及离身监测开关分布在表体及腕带背面与手腕接触处。有血压测量模块连接智能主控模块，血压测量充气带附着在腕带背面与手腕接触处，气路接入血压测量模块。蓝牙模块可与无线终端互发数据，实现监测的无线延伸，NFC可用于电子支付等。表体由内置电池供电，移动电话模块、北斗/GPS/GLONASS卫星定位模块、蓝牙模块、WiFi模块、摄像头、NFC通信近场模块、触摸显示屏、血压测量模块的供电受智能主控模块控制分别变换工作、休眠、关闭状态。智能主控模块安装安卓等智能操作系统及各个功能软件模块，成为监护中心软件平台的客户端，各个功能软件模块控制相应功能硬件，实现相应测试功能，并实现与监护中心的数据通信。

30.4.2 本设计效果

老人或病人佩戴这种监护手表，其具备带卫星定位的移动电话的一般功能，还具有血压、心率、参考体温、血糖测试功能，监护中心能随时监测记录用户的位置、血压、心率、参考体温等，并可在用户配合下进行血糖测试记录；测试结果均可在本机记录存储，也存储在监护中心用于查询并分析用户健康状况。其支持消费电子支付等；支持在不测血压时也可用压力传感器测量心率；支持离身监测、紧急报警、电池电量低报警等；支持离身关闭血压、心率、参考体温监测功能；支持未读取监测数据时关闭相应功能模块，即间歇工作休眠节电功能；支持用语音及震动提醒用户充电及病人吃药；其蓝牙模块可无线接入耳机话筒用于通话，也可无线接入心音、呼吸音拾音终端，当用户或护理人员将心音、呼吸音拾音终端紧贴用户胸口时，监护中心可监听记录用户心音、呼吸音；摄像头可拍摄或监视用户所处场景；支持在运营商配合下用移动电话蜂窝网定位，用于卫星定位盲区的辅助定位。血压测量模块及其充气带可以拆卸以给监护表体瘦身。

30.5 设计原理与实施方案

30.5.1 附图说明

图 30-1 为本设计实施例外观示意图。

图 30-2 为本设计实施例各功能模块框图。

图 30-3 为本设计实施例传感器布置示意图。

图 30-4 为本设计实施例监护系统拓扑示意图。

30.5.2 具体工作原理与实施方案

下面结合附图和实施例，对本设计作进一步说明。

图 30-1 为本设计实施例外观示意图。 用户戴上本设计产品，可作为移动电话使用，也可作为健康监护系统的监测终端，监测血压、心率、参考体温、血糖等。

图 30-1

图 30-2 为本设计实施例各功能模块框图。 智能主控模块（3）的核心是功能强大的数字处理芯片及存储芯片，具有模拟量采集量化接口，安装有安卓等智能操作系统及各个功能软件模块，成为监护中心软件平台的客户端。各个功能软件模块控制相应功能硬件，实现相应测试功能，并实现与监护中心的数据通信。

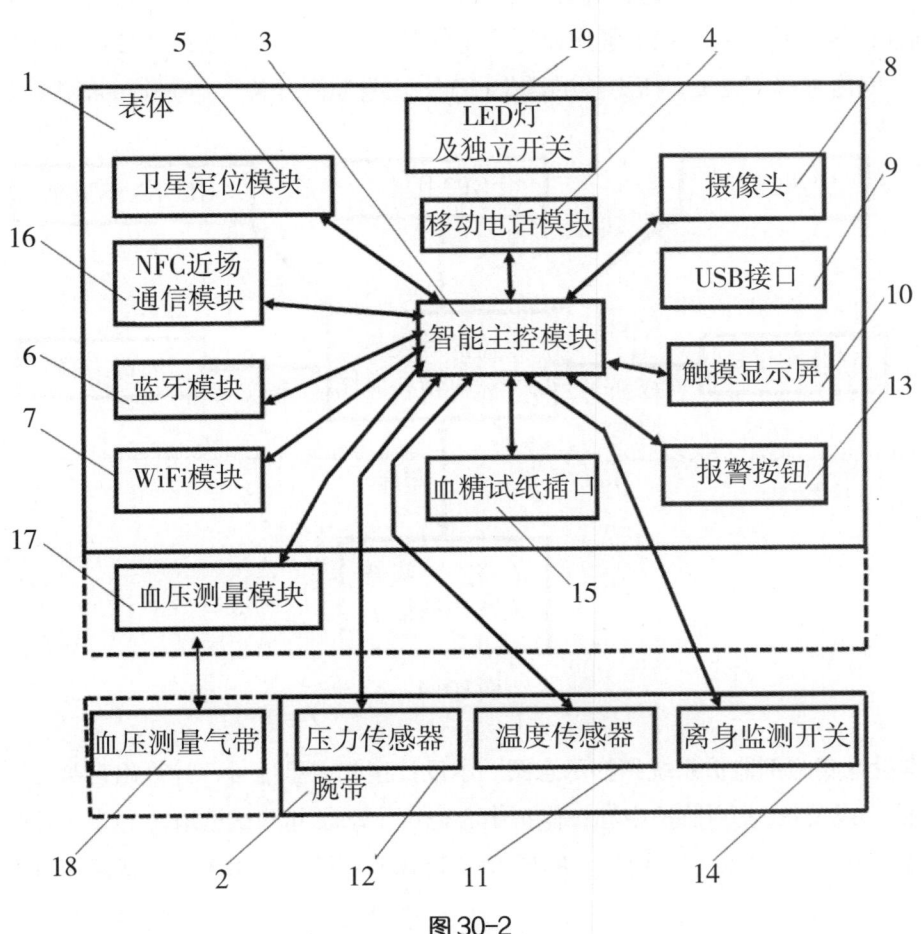

图 30-2

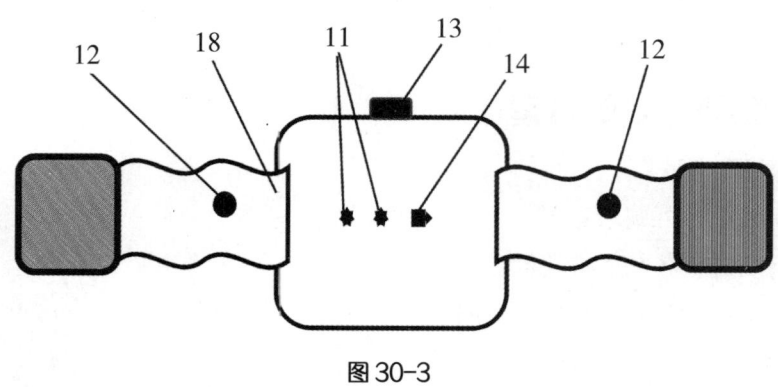

图 30-3

表体（1）包含了智能移动电话的硬件，还接入了温度传感器（11）、压力传感器（12）、报警按钮（13）、离身监测开关（14）、血糖试纸插口（15）等。当血糖试纸插口（15）插入试纸时，操作系统调用血糖测试软件模块，测试并计算记录所采血的血糖值；用户遇到紧急情况时，按压报警按钮（13）向监护中心报警；温度传感器（11）分布于表体（1）或腕带（2）的背后紧贴手腕处，对人体手腕温度进行监测，作为监护参考；压力传感器（12）尽量布置在接近手腕脉搏处，未测试血压时可感知脉搏跳动，用于测心率；血压测量模块（17）主要是微型气泵，血压测量气带（18）由非弹性柔韧气密薄片组成，测量血压时气泵充气，气带短时阻断动脉，压力传感器（12）监测压力柯氏波，即可计算收缩压及舒张压；当表体（1）及腕带（2）贴紧手腕时，离身监测开关（14）断开，相反则接通。

图 30-3 为本设计实施例传感器布置示意图。温度传感器（11）、压力传感器（12）可以分别接2个或以上，以提高检测准确性；压力传感器（12）紧贴血压测量气带（18）；报警按钮（13）的位置需考虑方便报警又不易误报；温度传感器（11）、压力传感器（12）、离身监测开关（14）都要布置在紧贴手腕处。

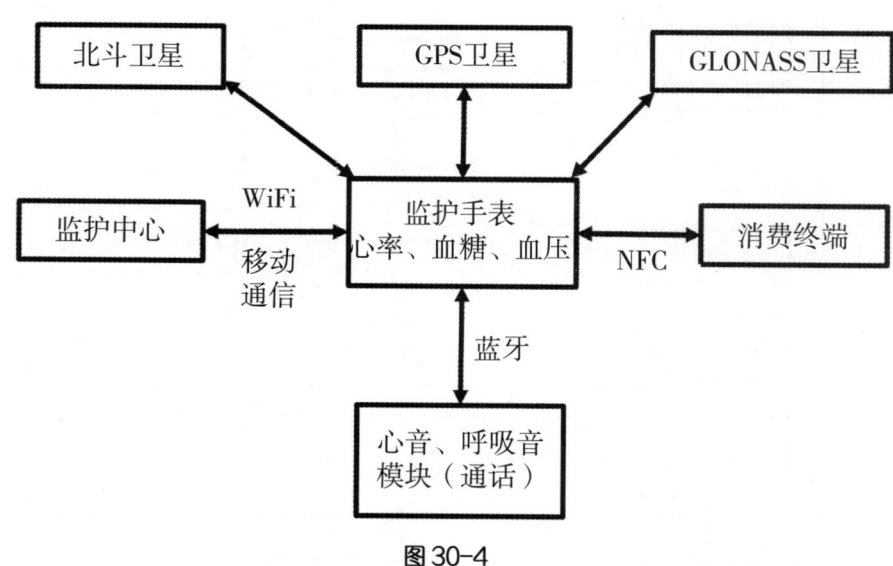

图 30-4

图 30-4 为本设计实施例监护系统拓扑示意图。本设计接收卫星信号，计算出自身位置后，与其他监测数据经移动通信网或 WiFi 发到监护中心，监护中心也可主动发起测试读取。心音、呼吸音拾音终端或通话耳机可通过蓝牙模块（6）发到本设计。所带 NFC 近场通信模块可用于食堂或商店刷卡消费。

31 隐形鼻塞

31.1 方案概述

一种隐形鼻塞，用于在某些场合替代或配合口罩，提高人体呼吸空气过滤效果，阻挡粉尘损害人体健康，阻挡病毒、病菌从空气中进入呼吸道传播，降低体力劳动者如环卫工人佩戴防尘用具的不适感，提高佩戴率，增加医生从鼻孔给药时的治疗途径，提高治疗效果。可作为火场逃生时，或下井、进入毒气环境救援时应急防毒用具，也可减少像口罩那样对佩戴人脸面的遮挡，及对警容形象的影响。其两个具有弹性的过滤体塞入双鼻口，与鼻孔吻合，从吸入的空气中滤除粉尘、病毒、病菌，过滤体可浸染或涂抹药物用于预防或治疗疾病。左右过滤体用细带连接以防止被吸入气管，外端部可带不干胶薄片用于防止脱落，过滤体的细孔用于应急下井、进入毒气环境救援时插细管，细管和气囊与隐形鼻塞配套。

31.2 创造性特征（图 31-1~图 31-2）

1. 一种隐形鼻塞，包含过滤体（1），其特征是：过滤体（1）具有弹性，置入人体鼻孔时，外形与鼻孔吻合。左右鼻过滤体（1）经柔性细带（2）连接。
2. 根据创造性特征1所述的隐形鼻塞，其特征是：过滤体（1）涂抹、浸染了药物。
3. 根据创造性特征1所述的隐形鼻塞，其特征是：过滤体（1）外端部有不干胶薄片（3），或者过滤体（1）外端部有夹卡（4）。
4. 根据创造性特征1所述的隐形鼻塞，其特征是：过滤体（1）有纵向细孔（5）并标识细孔（5）位置，细管（6）可以插入细孔（5），未插细管（6）时细孔（5）自然封闭。
5. 根据创造性特征4所述的隐形鼻塞，其特征是：有柔性细管（6）、气囊（7）与过滤体（1）配套。
6. 根据创造性特征1或2或3或4或5所述的隐形鼻塞，其特征是：过滤体（1）外端部为黑暗色，柔性细带（2）、不干胶薄片（3）、细管（6）为浅黄色，与人体肤色接近。

31.3 技术现状及设计目的

31.3.1 技术领域

本设计涉及劳保、防疫、环卫、消防、医疗领域。

31.3.2 技术现状

防尘及防疫通常使用口罩，但使用口罩存在以下缺陷：

1. 在粉尘较大的环境里工作的人一摘下口罩，鼻子四周及鼻孔内仍可清理出不少粉尘，说明口罩防尘效果不够理想，也说明口罩对阻挡病毒、病菌从空气中进入呼吸道传播的效果不够理想；
2. 医生从鼻孔给药时，一般用滴、喷、雾化；
3. 火场逃生时，一般使用湿布或口罩防烟毒，效果不佳；

4. 下井、下管廊等存在毒气风险的环境救援时需要专用防毒面具及氧气瓶，常错失救援机会；

5. 执法人员，如交警、城管等穿着制服人员外出执法时，戴口罩对警容形象有所影响，被执法人员不能看到执法者的脸部全貌，对信任度有所影响；

6. 体力劳动者夏天戴口罩太热、太闷，常常因此放弃防护，损害健康。

31.3.3 本设计目的

针对以上问题，提供较好的解决方案，使人体呼吸的空气更加彻底地滤除粉尘、病毒、病菌，让粉尘环境工作人员更加卫生，让医生增加从鼻孔给药的方式，让火场逃生时防毒效果更佳，到毒气环境救援时应急取代专用设备，抢救生命。减少像口罩那样对人脸的遮挡，减小对执法人员形象的影响，让体力劳动者佩戴防尘用具的不适感大大降低。

31.4 总体方案及效果

31.4.1 本设计总体方案

提供一种隐形鼻塞，其过滤体（1）具有弹性，置入人体鼻孔口时，外形与鼻孔吻合，使鼻孔不会进入未加过滤的空气。左右鼻过滤体（1）经柔性细带（2）或细线连接，使过滤体（1）不会被误吸入人体气管。过滤体（1）外端部有不干胶薄片（3），贴在鼻孔周边，或过滤体（1）外端部有夹卡，利用材料黏性或自然弹性使过滤体（1）不易脱落，同时增加过滤体（1）与鼻孔的吻合紧密性；过滤体（1）的材料可涂抹、浸染药物，增加了医生从鼻孔给药时的治疗途径，提高治疗效果；过滤体（1）有纵向细孔（5）并标识了位置，细管（6）可以插入细孔（5），未插细管（6）时细孔（5）因自身材料的弹性自然封闭。柔性细管（6）、气囊（7）与过滤体（1）配套，用于火场逃生时提高防毒效果，及毒气环境救援时应急使用，抢救生命。过滤体（1）外端部为黑暗色，柔性细带（2）、不干胶薄片（3）、细管（6）为浅黄色，与人体肤色接近。

31.4.2 本设计效果

使人体呼吸的空气更加彻底地滤除粉尘、病毒、病菌，让粉尘环境工作人员更加卫生，让医生增加从鼻孔给药的方式，让火场逃生时防毒效果更佳，到毒气环境救援时应急取代专用设备，抢救生命。减少像口罩那样对人脸的遮挡，减小对执法人员形象的影响，让体力劳动者佩戴防尘用具的不适感大大降低。

31.5 设计原理与实施方案

31.5.1 附图说明

图31-1为本设计实施例主体示意图。

图31-2为本设计实施例细管及气囊示意图。

31.5.2 具体工作原理与实施方案

下面结合附图及实施例，对本设计进行进一步说明。

图31-1为本设计实施例主体示意图。过滤体（1）由类似香烟过滤嘴的纤维或PP棉或活性炭等材料组成，呈圆柱体或有适当锥度的柱体。其直径根据人体鼻孔大小设大小号，其长度根据材料透气性确定。应确保过滤体（1）有弹性，使之能与鼻孔吻合，并保障佩戴舒适性，既保证透气性，又保证滤除效果，二者兼顾，使人体呼吸的空气更加彻底地滤除粉尘、病毒、病菌。

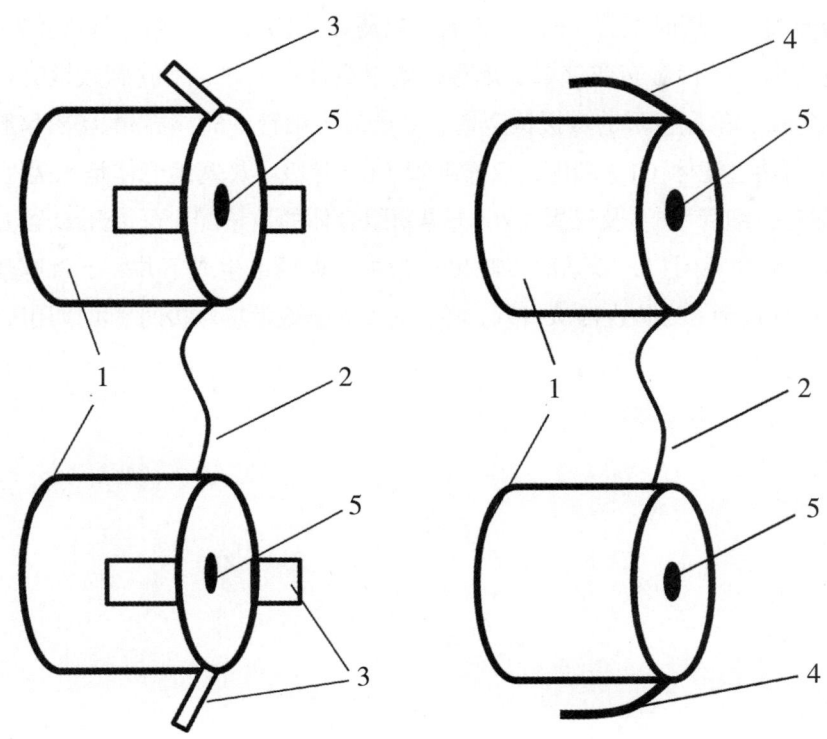

图 31-1

过滤体（1）可以浸染或涂抹药物，佩戴后空气流经过滤体（1）时挥发，或者药物接触鼻子内腔而发挥药物的治疗或预防作用。

柔性细带（2）为片状或线状，接近人体肤色，连接左右 2 个过滤体（1），使之不会被误吸入气管；不干胶薄片（3）尽量薄，尽量小，尽量有透气性，以减小黏贴处的不适，应根据黏性大小确定其大小，以不脱落为限。如过滤体（1）弹性足够，不干胶薄片（3）可以免除。

夹卡（4）尽量薄，尽量小，只需利用材料的自身弹性夹住鼻腔壁，弹力不得过大，以不脱落为限。在过滤体（1）弹性足够的情况下，夹卡（4）可以免除。

这种隐形鼻塞，可以像香烟那样盒状包装，也可以像药品那样用铝箔、塑料片独立包装。

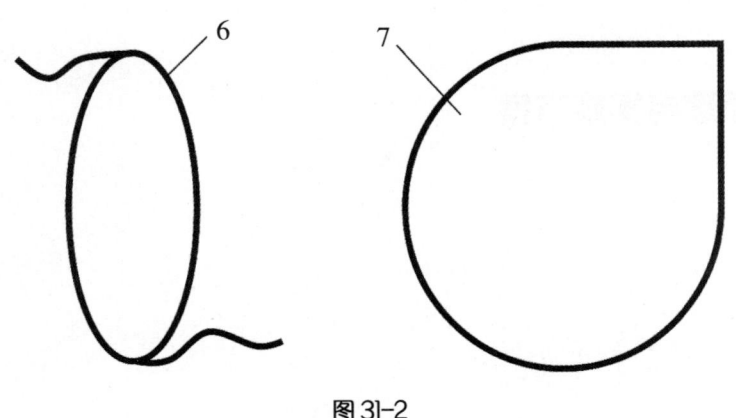

图 31-2

图 31-2 为本设计实施例细管及气囊示意图。纵向细孔（5）用于与细管（6）、气囊（7）配套。细管（6）可以是一般胶管，或覆金属软管；气囊（7）可以是专用胶质气囊、氧气袋，也可以是矿泉水桶等可以容

纳氧气、空气的密闭容器。使用时细管（6）一头插入过滤体（1），一头插入气囊（7），吸取气囊内的氧气或空气。火场逃生时，替代湿布或口罩防烟毒，效果更佳；下井、下管廊救援时替代专用防毒面具及氧气瓶，应急抢救生命，争取宝贵的救援黄金期。必要时，细管（6）端部配备封堵胶片，在细管插入过滤体（1）的同时，封堵过滤体（1）端面，仅靠细管（6）呼吸。鼻塞组合体是一次性耗材，细管（6）及气囊（7）是备用配套，细管（6）及气囊（7）与鼻塞组合体的数量配比可以几十至几百倍。

人在粉尘环境中一般注意闭口，讲话时以呼出气为主，火场逃生或下井、下管廊救人更不敢开口，所以口的防护不在本设计范围。为防止毒从口入，必要时（火场或毒场救援时）可以用胶布把口暂时贴住，仅依靠鼻孔呼吸。

32　限行车道路面警示灯

32.1　方案概述

一种限行车道路面警示灯，用一定间隔的点状或线状光源（LED）布在路面，以红灯或黄灯形式划出限行车道，未限行时灯灭，与其他车道没有区别，限行时间段亮红灯或黄灯；或在路面用长亮或闪烁符号、文字的形式警示道路限行时间段、限行车型等内容。其控制器可经物联网通信模块接交通指挥中心，实现智能自控或遥控，保障了车道顺畅和交通安全，充分利用道路交通资源，缓解拥堵压力，也减轻驾驶员判断可否通行的精神压力。本设计可扩展到一般交叉路口的红绿灯，减少城市路面立杆和横臂，节约建设投资，使路面更加整洁，交通设施更加抗灾。

32.2　创造性特征（图32-1）

1. 一种限行车道路面警示灯，包含点状或线状光源（1），其特征是：在限行车道边界线地面，嵌入光源（1）组成线状标识（2），用红灯或黄灯警示限制跨越；在限行车道路面嵌入光源（1）组成的符号（3）或文字（4）标识，用长亮或闪烁灯警示限行车种、限行时间。

2. 如创造性特征1所述的限行车道路面警示灯，其特征是：光源（1）经埋地电缆（5）与控制器（6）电连接，控制器（6）与控制中心（7）电连接。

3. 如创造性特征2所述的限行车道路面警示灯，其特征是：控制器（6）经无线通信模块（8）实现与控制中心（7）无线电连接。

4. 如创造性特征3所述的限行车道路面警示灯，其特征是：有光照度传感器（9）、光伏电池（10）接入控制器（6）。

5. 如创造性特征4所述的限行车道路面警示灯，其特征是：光源（1）是LED节能光源，或者光源（1）带聚光功能。

6. 如创造性特征5所述的限行车道路面警示灯，其特征是：点状或线状光源（1）嵌入城市交叉路口地面，取代常规红绿灯，减少城市路面立杆和横臂，节约建设投资，使路面更加整洁，交通设施更加抗灾。

32.3　技术现状及设计目的

32.3.1　技术领域

本设计涉及交通管理和智能化技术领域。

32.3.2　技术现状

随着社会经济发展，城市车辆密度暴增，道路交通资源日趋紧张，发展公共交通是重要的缓解措施，其对人流消化能力强，管理部门相继出台了公交优先政策，划出公交专用道。同时为了交通顺畅和安全，或因特殊需求，出台了各项分时段限行或临时限行措施。但当前限行车道存在如下问题：

1. 一般城市公交专用道或货车限行道是有特指时间段的，专用车道边界线用黄虚线标识，驾驶员若未及时知晓限行要求并及时驶离，影响公交通行效率，还会因违章被处罚；

2. 车道限行，往往在早晚高峰期四个时间点，并随着季节变化限行时间段也变化，驾驶员记不住或未看清限行时间，在限行时间以外也不敢进入，或在限行车道旁踌躇，影响车道顺畅，浪费交通资源；

3. 交叉路段，公交专用道标识难以完全连续封闭，驾驶员不好判别可不可以通行，因此对驾驶员造成心理影响，进而影响通行效率和交通安全；

4. 高峰时间段随着季节变化，路面文字标识不好更改，全部标明显得太复杂，等驾驶员看清楚，违章已经发生；

5. 每逢重要节假日、旅游高峰期，会在繁华街区采取限行措施，限行路段、限行车号往往用公告形式发布，驾驶员没有见到公告或记不住限行路段等，容易违章，限行车号往往与日期相关，都要搞清楚，给驾驶员带来负担；

6. 城市大型活动或警卫车队需要，往往采用封路的形式，对交通流影响很大，给群众带来不便；

7. 空中各种标识、广告很杂，又往往绿树成荫，而路面只有交通标志内容，所以对驾驶员而言空中警示牌不如路面警示醒目；

8. 限行内容相对固定，不好临时改变，如遇自然灾害临时放开通行等；

9. 城市交叉路口的红绿灯一般用立杆加横臂支撑，加之监控等其他立杆，使路面立杆林立，还常被超限车或事故撞坏，或被台风刮坏。

32.3.3 本设计目的

设计一种嵌入路面的限行警示灯，尽量化解以上问题，充分利用交通资源，提高通行效率，保障交通安全。

32.4 总体方案及效果

32.4.1 本设计总体方案

在限行车道边界线地面，嵌入光源（1）组成线状标识（2）光栅，在限行时间段，用红灯或黄灯警示限制跨越；在限行路面嵌入光源（1）组成的符号（3）或文字（4）标识，用长亮或闪烁灯警示限行车种、限行时间，在限行时间段以外，标识灯、警示灯灭，与别的车道没有区别。光源（1）经埋地电缆（5）接控制器（6），控制器（6）与控制中心（7）通过光纤或无线通信模块（8）（物联网通信模块）实现电连接，用于实现遥控、智能控制、分段控制等灵活需求；可以用光照度传感器（9）感知环境亮度，以调整亮灯功率，既节能，又保障警示效果，用光伏电池（10）为本设计提供电能补充。光源（1）一般使用 LED，节能且发光效率高，当本设计用在阳光直射且点亮时间较长的情形，宜使用带聚光功能的光源，其在发光点背部有抛物面反射，使发光集中在所需方向，调整这种光源使聚光照射方向在来车方向，可提升烈日下警示效果。点状或线状光源（1），嵌入城市交叉路口地面，取代常规红绿灯，减少城市路面立杆和横臂，节约建设投资，使路面更加整洁，交通设施更加抗灾。

32.4.2 本设计效果

1. 城市公交专用道或货车限行道在限行时间段内，专用车道边界线路面用红灯或黄灯标识，或者闪烁灯警示，清楚明了，驾驶员不易误闯而影响公交通行效率或城市交通安全，不因此违章被处罚；

2. 车道限行时路面有红灯或黄灯标识，驾驶员不需要记住或看清限行时间段四个时间点，在限行时间以外只要警示灯不亮，与其他车道没有区别，可以放心驶入，保障了车道顺畅，充分利用交通资源；

3. 交叉路段，驾驶员以路面警示灯判别可不可以通行，放心驾驶，提升通行效率，保障交通安全；

4. 高峰时间段随着季节变化，只需指挥中心输入限行时间段或智能自控，不需更改路面标识，线状标识或警示点亮时间段自动改变；

5. 每逢重要节假日、旅游高峰期，繁华街区临时限行措施，不需要查阅公告，记住限行日期、路段、车号，按照路面警示放心行驶；

6. 城市大型活动或警卫车队需要，可以把封路改为封车道的形式，降低对交通流影响，避免给群众带来不便；

7. 空中各种标识、广告很杂，常常绿树成荫，在路面亮灯警示，更加单纯、醒目，驾驶员容易看到、看清楚；

8. 限行内容可以遥控，如遇自然灾害放开通行等状况，可以临时取消限行，有利于降低灾害损失；

9. 点状或线状光源嵌入城市交叉路口地面，取代常规红绿灯，减少城市路面立杆和横臂，节约建设投资，使路面更加整洁，交通设施更加抗灾。

32.5 设计原理与实施方案

32.5.1 附图说明

图 32-1 为本设计实施例原理示意图。

图 32-2 为限行车道现状对照图。

32.5.2 具体工作原理与实施方案

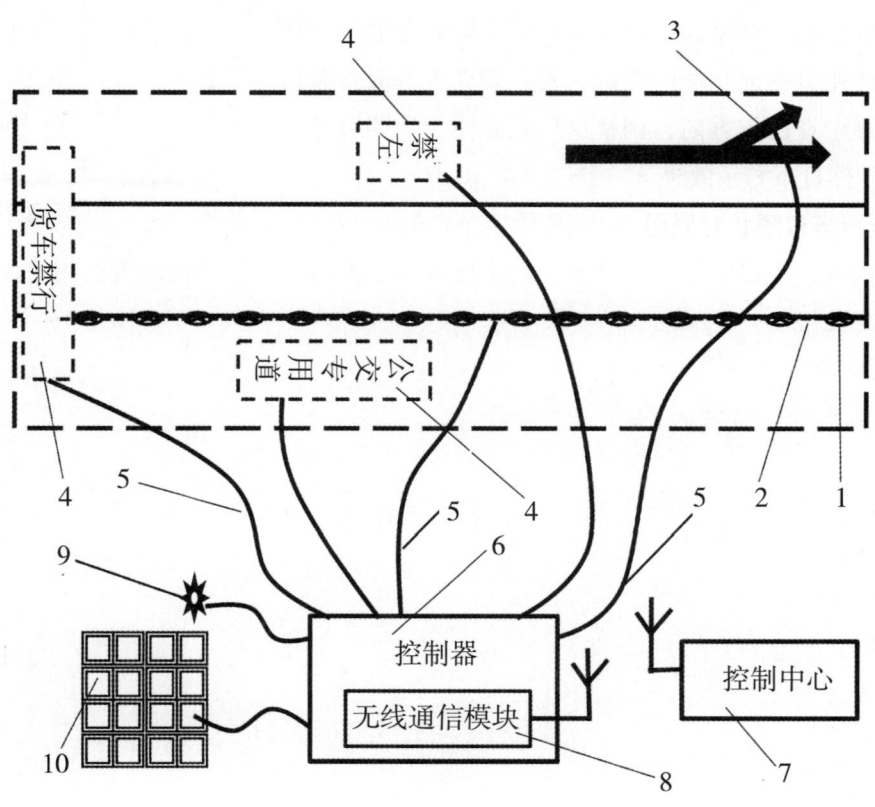

图 32-1

图 32-1 为本设计实施例原理示意图。图中点状或线状光源（1）可以用红色 LED 列，嵌入限行车道边界线地面，光源（1）都是防水抗压封装，为减少成本，可以根据路况曲直、车速快慢路段，采用不同间隔、不同功率的光源，以标明限行界限为准。限行时亮红灯警示限制跨越，刚刚开亮时可以采用渐渐亮，或先黄后红等缓冲措施，给驾驶员避让时间；不限行时不必亮绿灯，使车道和别的车道没有区别，以消除驾驶员心理影响，提升通行效率。在限行车道路面嵌入光源（1）组成的符号（3）或文字标识（4），用红灯或闪烁灯警示限行车种、限行时间，一般闪烁灯用于最严格限制。

光源（1）分段串接，经埋地电缆（5）接入控制器（6）电连接，由其供电和控制。控制器（6）与控制中心（7）的信息连接，可以使用光纤，或与其他交通信号灯共享通信线路，或使用无线通信模块（8）实现无线通信。

光照度传感器（9）用于测量环境亮度，作为自动调整路面限行标识的发光功率，满足设计技术要求。光伏电池（10）接入控制器（6），用于补充限行标识系统的能源，在取电不便的路段，承担全部供电任务。

需考虑地面日照对限行车道地面标识的影响，限行车道一般处在城市繁华路段，路边高楼林立、绿树成荫，限行时间段一般在早晚高峰期，太阳已经斜照，阴影占据路面，或太阳已经下山，这些都是有利因素。此外，路面颜色可以加以配合，为最大限度降低路面日照、路灯对路面红灯标识影响创造条件。光源（1）一般使用 LED，节能且发光效率高，当本设计用在阳光直射且日常点亮的情形，宜使用带聚光功能的光源，其在发光点背部有抛物面反射，使发光集中在所需方向，调整这种光源使聚光照射方向在来车方向，提升烈日下警示效果。

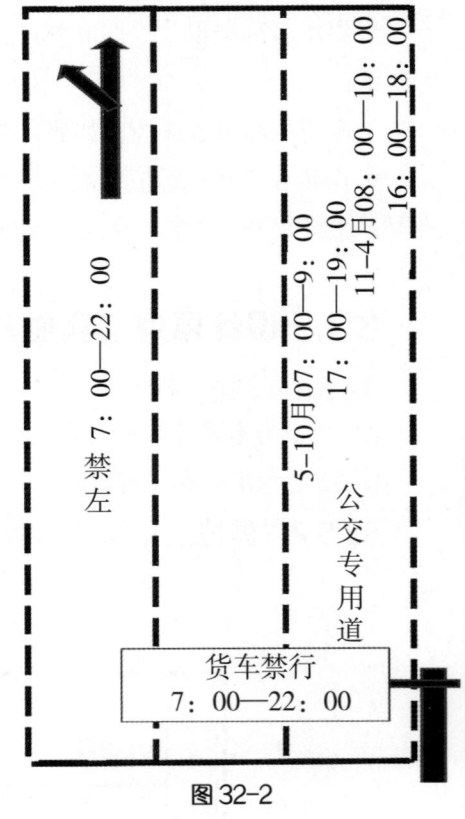

图 32-2

图 32-2 为限行车道现状对照图。一般用涂刷黄色的线、符号、文字来提醒限行内容，或设立限行警示牌，在主城区容易被遮挡，容易被漏看。相比之下，本设计确有明显的改进提升效果。

33 制冷系统热量回收器

33.1 方案概述

一种制冷系统热量回收器，其换热器浸没在水箱中，并接入制冷系统冷媒循环回路，使高温高压冷媒在进入冷凝器之前，经过热交换，使热量留在水箱水中，实现热量回收、提升制冷系统工作效率的目的，有时甚至可以完全取代冷凝器。在水路上串接增压泵、水流开关及一般逻辑控制组成提升型；相关部位配备水位传感器、温度传感器、旁通管、电控混水阀、智能控制器等组成智能型。使热量回收效率提升，使用更加方便，实现节能减排，符合当前碳达峰、碳中和的政策走向。在大型实施例中，可把水箱水换成导热剂，其在循环泵驱动下闭合循环，在需求端再次热交换，将制冷系统的热量移至需求端，二次换热实现热量回收。

33.2 创造性特征（图33-1~图33-2）

1. 一种制冷系统热量回收器，包含水箱（1）、换热器（2）。其特征是：换热器（2）浸没在水箱（1）内；水箱（1）入水口（11）接水源，出水口（12）接用水端，输出回收热量后的水，换热器（2）入口（21）、出口（22）分别接入冷媒循环回路。

2. 如创造性特征1所述的制冷系统热量回收器，其特征是：水路上串接有增压泵（3）、水流传感器（4），均接控制器（5）。

3. 如创造性特征2所述的制冷系统热量回收器，其特征是：入水管经三通接旁通管（6），出水管与旁通管（6）尾端接电控混水阀（7），电控混水阀（7）控制端接控制器（5）。

4. 如创造性特征3所述的制冷系统热量回收器，其特征是：水箱体装有水位传感器（13），水箱入水口（11）、出水口（12）、混水阀出水口（71）分别装有温度传感器（8），水位传感器（13）、温度传感器（8）均接控制器（5）。

33.3 技术现况及设计目的

33.3.1 技术领域

本设计涉及智能化建筑和节能环保领域。

33.3.2 技术现状

信息中心、公司企业、工业厂房、机关学校、银行、医院、宾馆酒店、家庭等均需要制冷系统，有些制冷系统需要全天候24时工作，而且制冷量很大。制冷系统基本原理是用冷媒的热循环，把热量"搬"到冷却空间之外，然后将这些热量散发到公共空间。制冷系统需要散热，这些热量都浪费了，同时给公共空间带来热岛效应，进一步增加制冷需求，这是一种恶性循环，增加了碳排放，不符合当前碳达峰、碳中和的社会政策走向；

同时，上述单位大都有制热需求，淋浴房、洗脸盆、厨房洗菜、游泳池等均需要温水，大部分用电热获得。

33.3.3 本设计目的

最大限度地回收制冷系统散发的热量，同时提升制冷系统制冷效率，降低碳排放，实现节能减排，符合当前碳达峰、碳中和的政策走向。

33.4 总体方案及效果

33.4.1 本设计总体方案

提供一种制冷系统热量回收器，包含水箱（1）、换热器（2），换热器（2）浸没在水箱（1）内就组成基本型。水箱（1）入水口（11）接水源，出水口（12）接用水端，输出回收热量后的水。换热器（2）入口（21）、出口（22）分别接入冷媒循环回路，串接在制冷系统压缩机与冷凝器之间的冷媒回路，使高温高压冷媒在进入冷凝器之前，经过热交换，使热量留在水箱水中，实现热量回收、提升制冷系统工作效率的目的，某些情况下直接取代冷凝器。

水路上串接有增压泵（3）、水流传感器（4），均接控制器（5），这样则组成提升型。增压泵（3）用于保障水压和流速，水流传感器（4）感知用水需求，控制器（5）可以用简单的逻辑控制器。

入水管经三通接旁通管（6），出水管与旁通管（6）尾端接电控混水阀（7），电控混水阀（7）控制端接控制器（5），以控制水箱与旁通管出水比例，调节出水温度。水箱体装有水位传感器（13），水箱入水口（11）、混水阀出水口（71）分别装有温度传感器（8），水位传感器（13）、温度传感器（8）均接控制器（5），这样就组成了智能型。水位传感器（13）、温度传感器（8）可以感知水箱水量、空调开机使用情况和热量回收情况等，控制器（5）使用带数字处理的智能模块。

33.4.2 本设计效果

其换热器串联接入制冷系统压缩机与冷凝器之间，使压缩机输出的高温高压冷媒在进入冷凝器之前先进入换热器，被水箱里的水吸收热量，降低或免除制冷系统冷凝器（空调外机）的散热，节省能源，避免给公共空间带来热岛效应，提升了制冷系统制冷效率，减少了制热能耗，降低了碳排放，实现节能减排，符合当前碳达峰、碳中和的政策走向。

33.5 设计原理与实施方案

33.5.1 附图说明

图 33-1 为本设计实施例原理示意图。

图 33-2 为本设计实施例原理框图。

33.5.2 具体工作原理与实施方案

图 33-1 为本设计实施例原理示意图。换热器（2）管路材质最好与制冷系统相同，管径不小于制冷系统的原管，并布置有热交换翅片，其浸没在水箱（1）内，串接在制冷系统压缩机与冷凝器之间。在制冷系统制冷量不是很大（如公司办公室空调），热量回收需求比较大（如为游泳池提供温水）的情况下，本设计可以直接取代冷凝器。

本设计基本型配置时，不需要任何传感器，也不需要控制器，换热器（2）浸没在水箱（1）内；水箱（1）入水口（11）接水源，出水口（12）接用水端，输出回收热量后的水，换热器（2）入口（21）、出口（22）分别接入冷媒循环回路，串接在制冷系统压缩机与冷凝器之间的冷媒回路，或者直接取代冷凝器。

33 制冷系统热量回收器

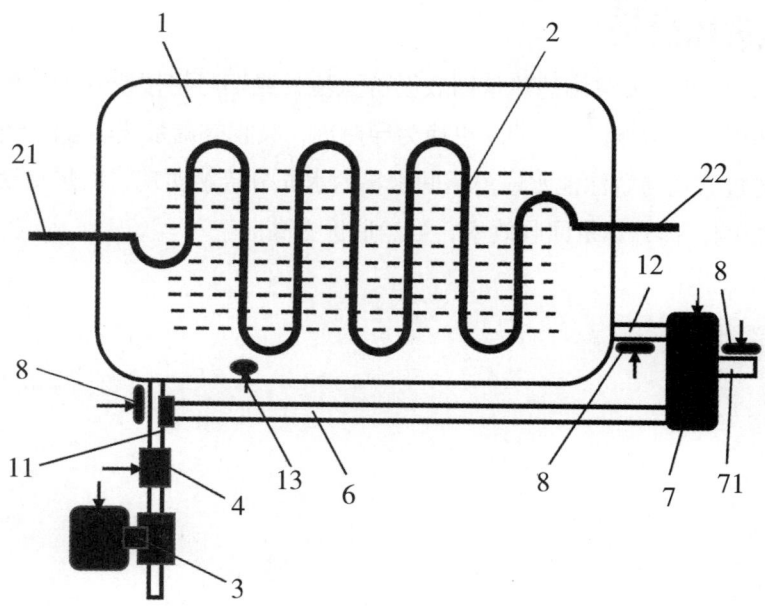

图33-1

水路上串接增压泵（3）、水流传感器（4），均接控制器（5），这样则组成提升型。增压泵（3）用于保障水压和流速，水流传感器（4）感知用水需求，控制器（5）可以用简单的逻辑控制器。

入水管经三通接旁通管（6），出水管与旁通管（6）尾端接电控混水阀（7），电控混水阀（7）控制端接控制器（5），以控制水箱与旁通管出水比例，调节出水温度。水箱体装有水位传感器（13），水箱入水口（11）、混水阀出水口（71）分别装有温度传感器（8），水位传感器（13）、温度传感器（8）均接控制器（5），这样就组成了智能型。水位传感器（13）、温度传感器（8）可以感知水箱水量、空调开机使用情况和热量回收情况等，控制器（5）使用带数字处理的智能模块。

针对中央空调系统，或者接入智能建筑平台的制冷系统，本设计可以实现与制冷系统联控。本设计的出水端可以接入电热水器的进水端，也可以直接提供所需热水。

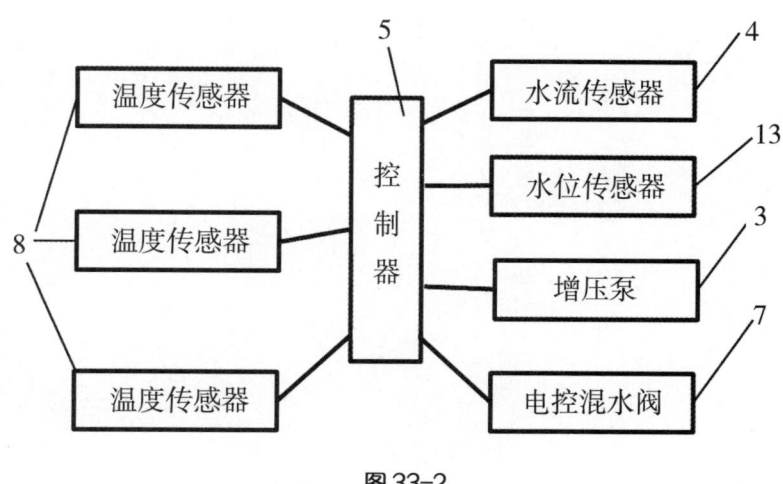

图33-2

图33-2为本设计实施例原理框图。如图33-2所示，标明了本设计各个部件的电连接关系。

33.6 后续优化措施

在大型实施例中,如把中央空调的热量回收至游泳池,或把写字楼或办公楼中央空调的热量回收到楼内各个淋浴间的水箱中,把水箱(1)的水更换为导热剂,吸收空调系统热量的导热剂在循环泵驱动下,在管道里闭合循环,通过管道与游泳池水或淋浴间水箱的水充分接触实现二次热交换;组成热量回收系统,可减小对原有水路的影响,提升热量回收效率,当然造价更高。

34 指向斑马线

34.1 方案概述

自行车、电动车、摩托车、快递小哥、送餐小哥、步行人等交通参与人在走斑马线的时候常常正反向穿插交错通过，普遍形成了不靠右行的不良习惯，严重地影响通行效率和参与人的通行安全。为此对斑马线进行分隔，形成正向和反向两个方向分开通行的斑马线，正反向斑马线再分别分成步行和骑行两个部分，或者斑马线先分成步行和骑行两个部分，再分成正反两个方向，并用箭头、人脚印、动物行走状态、交通工具行走状态，或者斑马线本身朝行走方向折弯等个性化设计来指示行走对象和方向。用智能摄像头判别步行人或骑行人违章情况，以声光或图像警示，或上传图像、视频，进行曝光、处罚、扣分。

34.2 创造性特征（图34-1~图34-4）

1. 一种指向斑马线，其特征是：对斑马线进行分隔，形成正向（1）和反向（2）两个方向分开通行的斑马线。

2. 如创造性特征1所述的指向斑马线，其特征是：正反向斑马线再分别分成步行（3）和骑行（4）两个部分，或者斑马线先分成步行和骑行两个部分（图34-2），再分成正反两个方向。

3. 如创造性特征1或2所述的指向斑马线，其特征是：对斑马线进行分段（5）而实现分隔，或者斑马线之间划有分隔实线（6），以把不同通行方向和不同通行对象分隔开。

4. 如创造性特征1或2所述的指向斑马线，其特征是：各部分斑马线覆盖有通行方向标志。

5. 如创造性特征4所述的指向斑马线，其特征是：通行方向标志的图案是箭头（7），或者人脚印，或者动物行走状态，或者交通工具行走状态，或者是斑马线本身朝行走方向折弯（8）。

6. 如创造性特征1或2所述的指向斑马线，其特征是：有智能摄像头（9）就近安装，接声光警示器或图像显示器（10），或接通信模块（11），其正对斑马线。

34.3 技术现况及设计目的

34.3.1 技术领域

本设计涉及交通管理和智能化技术领域。

34.3.2 技术现状

城市道路斑马线是行人的生命线，然而自行车、电动车、摩托车行也穿行其中，加之近年共享单车的投入运营，快递、送餐小哥数量的爆炸性增长，使繁华街区的斑马线不堪重负，而且上述交通参与人普遍存在不良习惯，在斑马线上都忘记了靠右行的规则，严重地影响通行效率和参与人的通行安全。

34.3.3 本设计目的

提供一种指向斑马线，以解决上述问题，促进斑马线通行流畅，保障参与人安全通行。

34.4 总体方案及效果

34.4.1 本设计总体方案

对斑马线进行分隔，形成正向（1）和反向（2）两个方向分开通行的斑马线；正反向斑马线再分别分成步行（3）和骑行（4）两个部分，或者斑马线先分成步行和骑行两个部分（图34-2），再分成正反两个方向；对斑马线进行分段（5）而实现分隔，或者斑马线之间划有分隔实线（6），以把不同通行方向和不同通行对象分隔开。各部分斑马线覆盖有通行方向标志；通行方向标志的图案是箭头（7），或者人脚印，或者动物行走状态，或者交通工具行走状态，或者是斑马线本身朝行走方向折弯（8），可以根据不同城市的情况进行个性化设计。用智能摄像头（9）判别步行人或骑行人违章情况，以声光或图像警示，或上传图像、视频，进行曝光、处罚、扣分。

34.4.2 本设计效果

本设计达到了正向、反向分道通行，同时步行人、骑行人也分道通行，使斑马线通行效率提高，交通参与人通行更加安全。

34.5 设计原理与实施方案

34.5.1 附图说明

图34-1为本设计实施例先分正向、反向，再分步行、骑行的分隔指向方案示意图。

图34-2为本设计实施例先分步行、骑行，再分正向、反向的分隔指向方案示意图。

图34-3为本设计实施例实线作为分隔线，箭头作为指向标志的方案示意图。

图34-4为本设计实施例斑马线本身折弯作为指向标志的方案示意图。

34.5.2 具体工作原理与实施方案

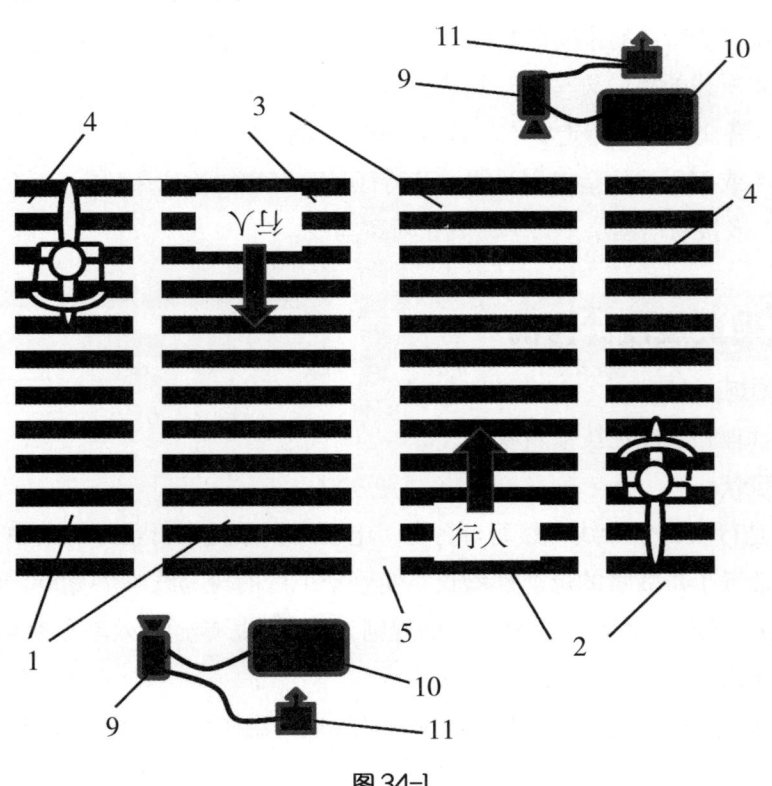

图34-1

图 34-1 为本设计实施例先分正向、反向，再分步行、骑行的分割指向方案示意图。有智能摄像头（9）就近安装，接声光警示器或图像显示器（10），或接通信模块（11）。其正对斑马线，对不按道通行的步行人或骑行人的行为进行识别，对判定违章者进行抓拍，在显示屏上曝光，或启动声光警示对其喊话警告，或上传到交通指挥中心进行处罚扣分。

图 34-2

图 34-2 为本设计实施例先分步行、骑行，再分正向、反向的分隔指向方案示意图。

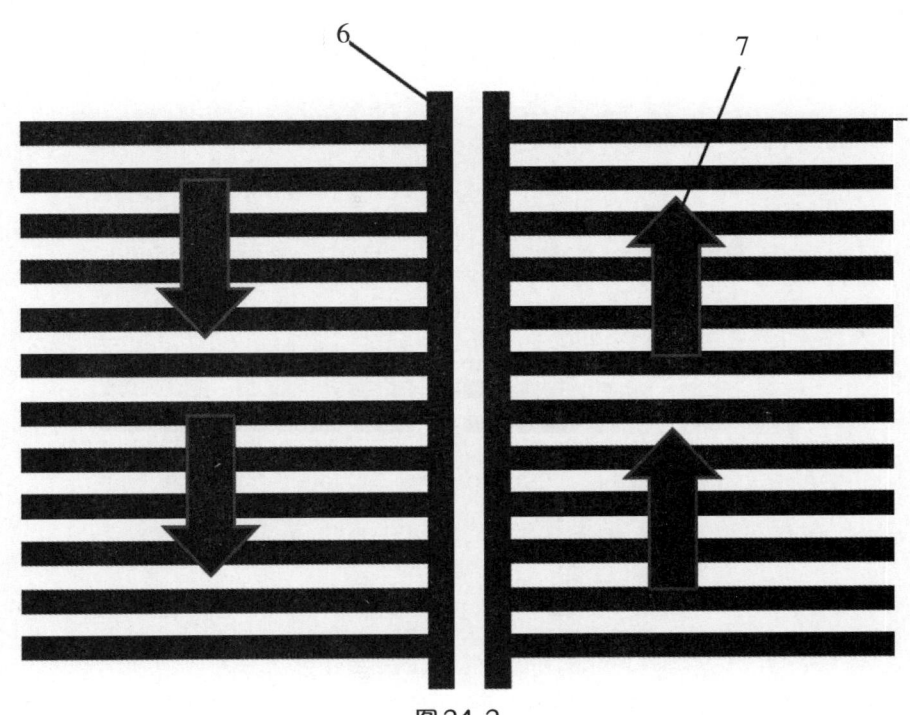

图 34-3

图 34-3 为本设计实施例实线作为分隔线，箭头作为指向标志的方案示意图。

图 34-4

图 34-4 为本设计实施例斑马线本身折弯作为指向标志的方案示意图。

吴文平电子产品设计能力证明

证 明 书

兹证明由中国西安卫星测控中心厦门科技开发部指派的工程师吴文平先生为我公司研究设计了如下有线电视系统设备：

1、卫星电视接收邻频调制一体机　（NEE-M2A/B/C）
2、中频处理邻频频道变换器　　　（NEE-M3A/B/C）
3、混 合 放 大 器　　　　　　　（NEE-MA12/16）
4、有线电视系统控制器　　　　　（NEE-TC-6A）
5、干 线 放 大 器　　　　　　　（NEE-22A/33A）
6、卫星电视功分器　　　　　　　（NEE-2/4SRF）

以上设备电路先进，结构合理，造型美观，工作稳定可靠，由原广电部抽样检测，技术指标优于国标[报告号：（广95）电仪测字128号]，至2000年5月销售额共2800万元，获较好经济效益，产品覆盖约280万收视户，具有较好社会效益，同时该产品批量远销新加坡等5个东南亚国家。

谨此证明吴文平先生的产品设计能力和水平。

厦门长岛电子工程有限公司

二○○一年八月九日

关于吴文平同志产品设计开发能力的证明

厦门市公安局：

贵局信通处吴文平同志于 2005 年间为我公司设计开发了视频分配放大器（型号：JB-2000F），已通过公安部定点检测机构检测合格，获得公安部《安全防范产品生产登记许可证》并正式投产，大量应用于视频监控工程，尤其是小区楼寓可视对讲系统，经三年多产销跟踪，该产品效果好、技术指标高、性能稳定，受到用户的好评。

厦门立林科技有限公司
二〇〇八年五月二十日

吴文平同志产品设计开发能力证明

厦门市公安局高工吴文平同志，独立为我公司设计开发了"公路 LED 道钉及其控制器"，已通过有关部门检测，并正式投产，大批量应用于我国高速公路、国道等已 1 年多。实用证明，该产品功能强、性能稳定，提高了道路设施技术含量及交通安全性，受到用户的好评。

特此证明吴文平同志电子产品设计开发能力。

厦门新三泰科技有限公司

二〇〇八年十月十日

吴文平同志设计开发能力证明

厦门市公安局高工吴文平同志，独立为我公司设计开发了大型商用洗碗机控制器，已通过有关部门检测，并正式投产，应用于餐馆、食堂等场所已1年多。经使用，该产品控制灵敏、操作简便、功能强、性能稳定，受到用户的好评。该产品设计、试制过程全部由吴文平同志独立进行。

特此证明吴文平同志电子产品设计开发能力。

厦门申颖科技有限公司

二〇〇八年十月十日

厦门市人民防空办公室

吴文平同志设计开发能力证明

厦门市公安局：

兹有贵局信通处高工吴文平同志，协助我办设计开发一种嵌入式防空警报器，用于接收和播放防空警报及其他报警，兼顾被嵌入机（如移动手机）的使用功能，解决了专用防空警报系统覆盖难、盲点多、不易分辨警报种类、对市电依赖性大、维护工作量大、需专门空间、利用率低、失效不易被发现等问题。该项目已申请国家实用新型专利（申请号200820133615.1），并已正在实施开发。吴文平同志参与总体方案确定，负责具体电路设计及技术文件起草。

　　特此证明

厦门市人民防空办公室
二〇〇八年十月十日